心理学经典教材译丛

创造性
问题解决之道
（第三版）

改革与创新的框架

【美】斯科特·G.艾萨克森（Scott G. Isaksen）
K.布莱恩·多瓦尔（K. Brian Dorval）
唐纳德·J.特雷芬格（Donald J. Treffinger）◎ 著
孙汉银 ◎ 译

北京师范大学出版集团
BEIJING NORMAL UNIVERSITY PUBLISHING GROUP
北京师范大学出版社

Creative Approaches to Problem Solving: A Framework for Innovation and Change(3rd edition), by Scott G. Isaksen, K. Brian Dorval, Donald J. Treffinger

Copyright © 2011 by SAGE Publications, Inc.

本书的英文版权归属于 SAGE Publishing,出版地位于美国,英国,印度新德里。本简体中文版版权得到了 SAGE 的许可和授权。

本书中文简体字翻译版由北京师范大学出版社出版。未经出版者书面许可,不得以任何方式复制或抄袭本书的任何部分。

北京市版权局著作权合同登记号:01-2017-0325

图书在版编目(CIP)数据

创造性问题解决之道/(美)斯科特·G. 艾萨克森著;孙汉银译. 一北京:北京师范大学出版社,2017.5
(心理学经典教材译丛)
ISBN 978-7-303-21833-2

Ⅰ.①创… Ⅱ.①斯… ②孙… Ⅲ.①创造心理学一教材
Ⅳ.①B84

中国版本图书馆 CIP 数据核字(2017)第 007444 号

营 销 中 心 电 话　010—58802181　58805532
北师大出版社高等教育分社网　http://gaojiao.bnup.com
电 子 信 箱　gaojiao@bnupg.com

CHUANGZAOXING WENTI JIEJUE ZHIDAO

出版发行:北京师范大学出版社　www.bnup.com
　　　　　北京市海淀区新街口外大街 19 号
　　　　　邮政编码:100875
印　　刷:北京东方圣雅印刷有限公司
经　　销:全国新华书店
开　　本:787 mm×1092 mm　1/16
印　　张:20.5
字　　数:302 千字
版　　次:2017 年 5 月第 1 版
印　　次:2017 年 5 月第 1 次印刷
定　　价:58.00 元

策划编辑:何　琳　　　　责任编辑:齐　琳　邸玉玲
美术编辑:焦　丽　　　　装帧设计:焦　丽
责任校对:陈　民　　　　责任印制:陈　涛

谨以本书献给亚历克斯·F. 奥斯本（Alex F. Osborn，1888—1966），我们都受益于亚历克斯·F. 奥斯本、西德尼·帕内斯（Sidney Parnes）、露丝·诺勒（Ruth Noller）等人的开创性工作。奥斯本的工作为创造性问题解决勾勒出了一个清晰的轮廓，西德尼和露丝则以此为基础开展了大量的学术研究，这些都为我们继续努力奠定了很好的基础。

奥斯本是天联广告公司的创始人之一，该公司尽力发挥员工的创造性潜能以满足顾客的需求。奥斯本为了帮助团队提出创造性的想法，发明了头脑风暴法，并于1930年在自己的公司里推广这个方法。奥斯本是第一个试图深入研究和开发创造性的人。

奥斯本对人类的想象力有着极大的兴趣，同时也投入极大的热情将其清晰地描述出来，最终在这个领域取得了辉煌的成就。我们受到奥斯本的好奇心和开放的心胸的鼓舞。他对创造性问题解决做了多次修改和完善，并出版了多本著作。

奥斯本为理论与实践的结合建立了很高的标准，因此，我们需要承续他的努力，发扬他开创的布法罗大学传统，继续将理论与实践有机地结合起来。

我们将永远缅怀我们的朋友和同事艾伦·布鲁克斯（Allan Brooks），他已于2000年7月4日去世了，他在这个领域里的工作对我们产生了深远的影响，他倡导利用全球信息系统开展创造性问题解决的研究，并取得了很好的效果。艾伦永远值得怀念。

最后，当我们准备出版本书的时候，诺勒博士也不幸去世了。对于我们的工作，她给予了热情的鼓励和积极的支持，同样值得我们永远缅怀。

为了让创造性问题解决（creative problem solving，CPS）在运用时更加顺畅、自然，更加有价值和有效，必须建立一个很好的模型，使其在理论上和实践中更易于理解，最新版本的《创造性问题解决之道》（*Creative Approaches to Problem Solving*）就满足了这些标准。

我对创造性和创造性问题解决的迷恋始于 1964 年，当时我已在布法罗大学数学系任教 20 年。出于好奇，我参加了在布法罗大学举办的为期一周的"创造性问题解决"课程，几乎参加了所有的讨论，听到了大量赞美的和批判的言论。后来我才知道，这是由于缺乏对于创造性整个过程和方法的了解。

很多人认为我转向创造性问题解决是顺理成章的事，因为我已经解决了所有的描述性数学问题。我在布法罗大学教学以及在哈佛大学参与为期两年的美国国家航天局开展的火星 1 号

---

① 作者注释：当本书准备出版时，我们的朋友露丝·诺勒却驾鹤西去。在这个领域里，露丝对我们三位都产生了巨大的影响。作为创造性问题解决的研究先驱之一，在我们传承和发扬奥斯本—帕内斯传统的过程中，她是一位积极的支持者和导师。尽管这是她为 2000 年版的书做的前言，但是为了纪念她，我们予以保留。

计算机项目(自动序列控制计算)时，都遇到了这类创造性问题解决的问题，我决定揭开这些过程的奥秘。我首次发现了创造性问题解决的一些独特之处，这又激励我继续去探索这些独特之处的来源。在本书每一个新的版本中，我都发现了一些新的特征。

我对于创造性过程的深入研究得益于参与了"创造性研究项目"，这个独特的实验性学术项目用来传授想象力的技术，鼓励学生释放自己的想象力，让他们在日常生活和学习中能够充分运用自己的创造性潜能。随着创造性问题解决研究的深入，我发现我和我的学生都变得更好了。这让我意识到，作为一种解决问题的工具，使用创造性问题解决对所有人都是有价值的。于是，我继续研究这个过程，并深入探讨如何培养创造性潜能，寻找新的方法来完善这个技术和程序，本书体现了这些最新研究成果。

作者们在各种教育和商业组织进行了七年的实践、探索和完善，形成了本书的最新版本，它澄清了困扰实践者和新学者的许多问题。我一直觉得，早期版本的创造性问题解决有点像菜单或手册之类的东西，导致许多新学者产生这些过程"在哪里"的困惑。最新的版本不再是线性模型，它是一种描述性的而不再是一种指令性的，它更倾向于目的驱动。因此，它更强调促进"可能性的思维"。遵循非线性原则，本书新版是一种更加灵活的多层次模型，其焦点在于"谋划自我路径"，问题解决者根据计划有目的地对本书的各种要素进行删减，然后依次进入"理解挑战""产生想法"或"准备行动"阶段。

创造性问题解决的各个成分将会帮助人们以自认为可行的方法来完成解决问题的过程，而不是像早期版本中的线性过程那样，必须按部就班地经过所有的过程。"谋划自我路径"建议在思考和行动中要依据个人的经验来独立思考，它是自然的创造性问题解决的一部分，尤其是聚焦于日常生活，它更强调独立思考，而不是像早期版本那样采取按部就班的态度。因此，它更具有个人化的色彩，更加灵活。

新版本的另一个特点是其语言的改变，它基于多年对顾客和大学生的研究，希望这些语言更容易理解和使用。例如，在数学学习中，发散(diverge)和辐合(converge)这些术语就非常容易理解，但是对于一般人来说就需要更多的解释。因此，我们就用更容易理解的术语——生成(generate)和聚焦(focus)来代替。另外，前六个阶段原来都是被冠以"发现"这样的术语，现在都被作者以更清晰、更友好、更能描述这个阶段特征的词汇替代。

我认为本书呈现的材料基本满足了要求创造性问题解决在实践中更顺畅、更自然、更有价值和有效的标准。创造性问题解决已经被很好地模型化，因此，它在理论上和实践中都很容易理解，相信作者能够为问题解决的创造性路径提供一个新颖的、全面的图像。

纽约州立布法罗大学 创造性研究中心

终身荣誉教授 露丝·B.诺勒博士

（为本书 2000 年版做的前言）

第三版的序言

21 世纪更加强调创造性和创新，变革节奏的加快、全球竞争的加剧以及处理复杂性事物的迫切需求，都凸显了创造性问题解决的重要性。这就需要加强对个体终生技能、有效的团队策略和组织建设性改革方法的研究。对商业机构来说，有目的地培训员工的创造性技巧是事关其生存和发展的大事。你可以有创造性而没有创新，但是没有创造性你是绝不可能有创新的。出于对这个问题的思考，越来越多的教育工作者开始鼓励学生发展创造性思维和问题解决的技巧。

为了全面介绍最新版本的创造性问题解决（创造性问题解决6.1 版本，由创造性问题解决集团和创造性学习中心共同开发并拥有所有权），我们于 2000 年出版了本书。在过去的几十年里，我们已经对创造性问题解决做了大量的结构性和技术性修订。过去八年中，我们一直维持框架的稳定性。认知科学的大量研究成果以及我们在教育和其他机构中实践的得失经验，使我们对框架进行不断的完善。自然的和描述性的语言、各种思维工具以及生成和聚焦的指导原则已经在研究和运用中经受住了考验，并得到广泛的认同。

本书的 2000 年版销售完毕以后，我们就决定出新的版本，增加更多的参考资料和在问题解决风格方面积累的最新研究成果。本书的结构仍然保持原样，因此，我们把 2000 年版的序言保留下来以便预览每一章的内容，理解我们最初写这本书的指导原则。本书仍然集中于创造性问题解决，而不是试图去介绍所有的变革方法，我们希望这种描述多少能够对你有所帮助。

2000 年版的序言

社会需要对各种重大挑战做出新的反应。学习如何创造性地解决问题、实现目标，从处理生活挑战和机会中获得满足感，对于每一个人来说都是非常重要的。学校试图为年轻人处理与个人生活、职业和好公民有关的真实问题和挑战方面做好准备。组织雇用这些学生，需要他们更有效地在小组和团队中工作，以迎接更加激烈多变的市场竞争。这就需要帮助他们用更好的方法去捕捉各种机会，生成各种创造性的观点，并实施和完善这些洞见，而创造性问题解决提供了一个非常重要和实用的框架来满足这些需要。

《创造性问题解决之道》第一版于 1993 年完成，1994 年出版。三次印刷以后，出版商提出了一些修改意见，我们三位作者一致同意进行修改。

在过去的七年中，我们与数以千计像您一样对创造性和问题解决感兴趣的人一起工作，并幸运地与来自世界各地的教育、商业和非营利组织的人一起共事。我们从顾客和学生们那里获得了各种反馈。我们持续地开展研究工作，组织各种工作坊、训练课程，并参与各种变革实验，我们还借鉴了其他领域对于创造性、变革和领导力等方面的研究成果。通过这些努力，我们了解了很多问题解决方法的优点和不足。我们坚信，修订后的创造性问题解决版本将会更加有用。

我们聚在一个宾馆里，认真分析过去那些年获得的各种反馈和建议。我们最初的目的是对书中内容进行小改动，诸如将发散思维和辐合思维改成生成和聚焦这样的语言，计划对具体章节进行微调，更改全书的关键信息。然而，当我们真正开始工作时才发现，各种意见实在是太多了。我们迅速认识到，不是要进行小打小闹地润色，而是需要对其进行彻底的改造，包括创造性问题解决的语言以及运用它的方法。于是，微小的润色就变成了彻底的修订，我们希望本书的效果能够得到显著地提高。

我们真正开始探索创造性问题解决大约是在 1982 年，当年我们出版了《创造性学习手册》(Treffinger, Isaksen & Firestien)。后来，我们出版了《创造性问题解决：基础课程》(Isaksen & Treffinger, 1985)。之后，我们开展了一系列的研究和推广工作，而不是千方百计地试图去证明它的独特性。作为善于思考的实践者，我们坚信创造性问题解决的价值和重要性。我们转而开始关注不同的人是如何学习和使用创造性问题解决的，我们开始对那些可以有效发挥创造性的环境感兴趣，这些问题及其引发的研究将我们引导到一个重要的方向上。通过创造性学习中心、创造性研究中心和创造性问题解决集团的共同努力，我们取得了丰硕的成果，我们还将研究中获得的一些感悟转变成更加成熟的学习和运用创造性问题解决的方法。

在这个过程中，我们遵循以实践为主的原则。回顾这段历程也是很重要的，这样他人就可以理解我们曾经走过的路程。我们努力汲取最新的科学研究成果，并将这些成果糅合进我们的实践工作中。不管是从学术探究还是成功实践的角度来看，寻求一个框架都很有必要。当然，如果这项工作能够在科研院所与企业合作中进行，将更为有利。我们希望这个一般性的框架能够得到广泛运用。修订后的第二版，主要目的就是描述我们最新版本的创造性问题解决，它将全面介绍创造性问题解决的框架、语言和各种工具。

第二版中的修改部分

本书在许多方面与第一版存在着差异。

第一，我们改变了标识创造性问题解决框架中的基本元素使用的部分语言。这些新颖的、友好的和有针对性的语言，能够更好地描述不同阶段发生的具体事宜，能够更好地促进创造性问题解决的灵活使用并鼓励"可能性思维"。这些语言也是自然的，这将使你能够更容易地将创造性问题解决融入你本来就有的创造性、决策和问题解决之中。

第二，我们改变了创造性问题解决框架本身，加入了一个新的成分，它将帮助你更好地选择方法，从而能够根据不同任务的特点取得最佳的效果。为了使模型更加清晰和准确，我们还更新了模型的图示。

第三，我们加入了大量的事例和真实案例研究，以便将每一章的内容更好地与生活联系起来。每一章开头的故事确立了本章的目的，每一章结尾部分中的"故事的余音"向你证明，运用本章内容你可能得到的收获。每一章都围绕这些故事来探究关键的事宜和内容。

本书的目的在于激发你的创造性。我们描述了创造性问题解决的框架、语言和工具，它将帮助你理解并有效处理日常事务。阅读完每一章之后，你可以立即尝试着去使用它们，而不必等到将整本书阅读完以后再去使用创造性问题解决的框架、语言和工具。

本书的内容可以激发团队的创造性，也可以使一个组织从它们的创造性资源中获得更好的生产率。如果你之前已经掌握了促进性技巧或领导过类似工作，你将会发现本书提供的知识、诀窍和建议对于促进团队工作和推动组织变革是非常有帮助的。如果你希望了解更多有关团队背景中使用创造性问题解决的内容，请参考艾萨克森（Isaksen，2000）的文章。

本书的结构

本书每章开头都会给出学习目的，帮助您聚焦于本章的核心内容。在进一步阅读之前，可以运用这些内容梗概帮助你梳理自己的思维，阅读完本章内容以后，要总结从本章中学到的知识。

第一章　问题解决的创造性路径

本章介绍"问题解决的创造性路径"的含义。我们为您介绍本书的宗旨，考察一些核心概念（例如，什么是创造性？什么是问题解决？什么是变革的路径）及其相互关系，从而为理解全书内容打下基础。

第二章　创造性问题解决

本章为您介绍"创造性问题解决"，描述创造性问题解决最新版本的总体框架、语言和各种工具的含义和具体内容。考察创造性问题解决的脉动（生成和聚焦），并简要地介绍了生成和聚焦的指导原则以及 19 种本书将要详细考察的工具。

第三章　理解挑战

本章介绍"理解挑战"成分，指出您需要为这个成分输入哪些内容、在这个成分中会发生哪些加工过程以及使用这些加工过程会得到哪些结果，举例说明某些特殊语言和工具的使用。虽然我们是在某个成分中介绍某个具体的工具，但是需要记住，所有的工具在创造性问题解决的所有成分中都可以使用。

第四章　产生想法

本章介绍"产生想法"成分，指出了与这个成分有关的输入、加工和输出，并举例说明某些创造性问题解决工具的使用，尤其是生成大量的、各异的和不寻常想法的工具，还为您提供了一个模型，基于您所希望引发的变革类型不同，该模型可以帮助您选择不同的生成工具。

第五章　准备行动

本章介绍"准备行动"成分，帮助您理解什么时候使用这个成分、使用这个成分时会发生什么以及通过它您可能得到什么。考察这个成分的输入、加工和输出，举例说明某些工具尤其是聚焦工具的使用，还为您提供一个模型，基于您正在考虑的想法的不同特点，该模型可以帮助您选择不同的聚焦工具。

其余的五章主要介绍"谋划自我路径"成分，其中，第六章介绍这个成分的主要内容，第七章到第十章介绍与理解任务和恰当使用创造性问题解决相关的一些关键问题。

第六章　谋划使用创造性问题解决的路径

为了选择恰当的机会使用创造性问题解决，从而最大限度地发挥其作用，本章介绍当您处理一个任务的时候需要注意的一些关键事项。简要介绍"谋划自我路径"成分以及它包括的两个阶段——评价任务和设计过程，还介绍当您使用创造性问题解决推动变革的时候，需要考虑的其他一些重要事项。

第七章　创造性解决问题的人

本章详细地探讨与解决问题有关的人的一些关键事项，定义并描述了所有权、差异性、任务经验以及它们对于您使用创造性问题解决可能产生的影响，指出在使用的过程中涉及人的问题时，您需要考虑的关键问题。

第八章　运用创造性问题解决的背景

本章考察支持建设性变革所必需的创造性背景，确认并描述您如何知道背景是否准备好了，是否能够支持变革。本章重点考察气氛、文化、历史、战略优先性、变革领导力、精力、时间、注意力和资源的影响，以图示的方式描述这些问题如何影响您有效地使用创造性问题解决去管理变革。

第九章　内容的作用

本章考察在使用创造性问题解决的过程中任务内容的角色和重要性，提供有关如何拿捏所需要的新颖类型、期望的变革范围、处理任务的最佳切入点等方面的知识。本章还提供了用于理解内容的具体问题，从而为您定制自己独特的创造性问题解决方案提供准备。

第十章　作为一种变革方法的创造性问题解决

本章详细介绍创造性问题解决为什么及如何帮助人们进行变革，考察它作为一种方法的独特品质，指出使用它对于哪种类型的任务会最有效，指出如何确信它的价值以及使用它可能的支持者和反对者。

最后两章(第十一章和第十二章)主要是帮助您设计自己使用创造性问题解决的方

法，并提供行之有效的故事、诀窍和建议。

第十一章　通过创造性问题解决来设计自己的方法

创造性问题解决是一种可以灵活处理各种不同类型问题的方法。本章将帮助您定制自己使用创造性问题解决的方法，以最大限度地使其符合具体任务的独特要求；帮助您为使用创造性问题解决建立恰当的范围，选择其框架中合适的元素；帮助您琢磨如何使他人参与进来，将环境变得更有利于使用创造性问题解决。我们还为此提供一些小诀窍。

第十二章　运用创造性问题解决

当您认真考虑了人、方法、内容和背景构成的系统以后，创造性问题解决就能够发挥最大的效用。本章为您提供几个案例研究的结果，说明如何使用创造性问题解决以满足团队和组织的具体需要，还为您提供如何通过使用创造性问题解决获得最大收益的一些小诀窍和建议。

我们提供一些参考书目以及可以帮助您进一步了解有关创造性问题解决内容的相关资源。

我们希望本书提供的内容和方法能够为您带来帮助。当您开始自己创造性解决问题的时候，请随时与我们联系并分享您的经验。

斯科特·G. 艾萨克森

K. 布莱恩·多瓦尔

唐纳德·J. 特雷芬格

致　谢

在创造性和创造性问题解决领域，很多人给我们提供了帮助。这些人一直在创造性研究中心工作，尤其是西德尼·帕内斯、露丝·诺勒、安吉洛·比昂迪、桃乐西·亨特、弗恩·英尼斯、格雷丝·古泽塔以及大量在他们之后来到中心的人，这些人为我们提供了相互学习和交流的环境。这个领域的一些先驱性研究者，诸如吉尔福特、托兰斯、麦金农、高恩、斯坦等也对我们的工作以及整个创造性领域做出了巨大贡献。多年来，我们与许多优秀的学生一起共事，他们贡献了许多真知灼见，促使我们在创造性和创造性问题解决方面持续不断地学习、研究、写作和教学。

我们曾经与不同类型的顾客一起工作，他们帮助我们将研究和服务扩展到学术以外的许多领域。有些重要机构顾客里的关键人物帮助我们发现了创造性问题解决对于商业和工业组织的价值，比如，宝洁公司的兰伯特·比尔、瓦尔格伦·玛丽，普华永道的米尔顿·弗兰克、戴维斯·特雷弗，埃克森公司的泰勒·唐、勃兰特·查克和萨兹曼·乔治，美铝公司（ALCOA）的卡特·汤姆，阿姆斯壮世界工业公司（Armstrong World

Industries)的贝蒂·唐、汉恩·南希、博兰格尔·玛丽，欧美达公司(现在的通用电气医疗集团)的沃德·罗斯、古德里奇·克里斯托弗，温伯格校园公司(Weinberg Campus)的杜克勒曼·戴维，国际大师出版公司(International Masters Publishers)的麦克默特里·西蒙、祖巴·格雷格、斯特德·萨曼莎、唐奈逊·阿尔夫、撒切尔·戴维、布鲁尔·吉莉安、克拉克—尼尔森·戴比，美国国际商用机器公司的霍利亨·丽塔、埃斯波西托·布鲁斯、林奇·艾德、胡斯塔·威尔，匹兹堡交响乐团的特普利茨·吉迪恩，宝丽来的梅里特·苏珊娜，贝塔斯曼出版公司的海因茨·阿吉，奥美集团(Ogilvy & Mather)的麦克·金及其同事，布尔信息技术公司(Bull Worldwide Information Systems)的布鲁克斯·艾伦、威尔金斯·安迪、里斯·约翰、莱特·保罗，杜邦公司的里昂·彼得、普拉瑟·查理、科默·迪克以及创造性学习中心有限公司的克里斯齐维奇·斯坦、费伯·安妮等人。

近年来，一些教学和研究机构的有关人士也帮助我们认识到，必须对创造性问题解决进行必要的改进以保持它的活力和有效性。这些人包括印第安纳州立大学的利特尔约翰·比尔、沃尔夫·普里西拉、邦妮·巴德尔、皮特曼·杰基、柯林斯·加里以及创造性问题解决团队的成员，威廉斯维尔中心学区的维蒂希·卡罗尔及其所有资优教育专家，纽约市纽瓦克学区的谢泼德森·辛蒂、萨纳·伊冯，密歇根州霍尔特学区的杨·格罗弗等人，俄亥俄州莱克伍德学区的创造性问题解决团队，未来问题解决项目的杰克逊·詹宁、所罗门·玛丽安和休姆·凯瑟琳，福特汉姆大学的豪兹·约翰、埃斯基韦尔·吉赛尔、赛贝·艾德，头脑奥林匹克项目(Odyssey of the Mind，OM，现在叫未来憧憬项目)的斯库诺弗·帕特及其同事，国家创新思维协会的威廉姆斯·安迪、卡斯纳·詹、卡那多·玛丽恩和已故的马洛斯基·伦纳德等。

许多国际性的学者、实践者和顾客帮助我们认识到，创造性问题解决对于其他文化到底有什么样的价值和作用，以什么方式发挥作用。帕克·马乔里和格罗浩特·佩尔首先邀请我们去挪威讲学。卢克·德·斯基维带我们去了比利时和荷兰。路易斯·韦恩帮助我们熟悉了英国和法国，埃克瓦尔·高兰和罗尔夫·尼尔斯塔姆向我们介绍了瑞典。斯瓦兹·鲍勃、张·艾格尼丝、赛尔·丹尼斯、迈耶·诺拉等人邀请我们在新加坡合作开展"思维型学校、学习型国家"项目。达布道布·莉莲把我们带进了墨西哥，海伦娜·

吉尔·德·科斯塔则把我们引进到葡萄牙，锡尔·安科将我们带入德国，普拉托的普力娃德·吉多和普力娃德·罗伯塔将我们介绍到意大利。加拿大的许多朋友在北美洲积极地推广创造性问题解决，这些人包括不列颠哥伦比亚考伊琴校区的奥斯丁·迪安娜、安德希尔·丽诺尔等人，萨斯喀彻温省的亨根·汤姆等人，马尼托巴地区的麦克拉斯基·肯、奥哈根·赛、菲尔·贝克尔以及安大略省的宾汉姆·格雷琴、斯佩兰齐尼·格温和芭比古·巴巴拉等人。

在本书早期版本的写作过程中，像考夫曼·吉尔这样的创造性研究中心的研究人员以及创造性问题解决小组的网络认证人员，如威尔逊·格伦、高林·约翰、斯图尔特—考克斯·凯特、法里斯·拉里、瑞德·道格、威尔金斯·安迪都提供了宝贵的意见。布里兹·亚历克斯、弗里曼·塔姆拉、阿内特·艾伦、蒂西耶·李·吉恩-马克、谢泼德·比尔、科克娜·玛吉等专业人士为我们提供了友好的人际氛围，尤其是奥斯本·亚历克斯的同事之一——克拉克·查理的鼓励。对于第三版的修订，还有更多的研究人员和从业者对我们的工作提供了支持。

创造性问题解决集团的核心成员玛维斯、埃里克、格雷格、比尔、李、克里斯廷以及创造性学习中心的核心成员卡罗、卡罗尔、帕特、艾德和格罗佛等人，都对我们的工作提供了耐心细致的帮助。特别要感谢马腾·洛维斯在实习期间帮助我们充实第三版的内容，也要感谢汉斯·阿克曼斯帮助我们完成本版的最终润色。

斯科特：唐和布瑞恩是我最好的朋友和同事，我与他们一起工作完成这项挑战性的任务。玛维斯、克里斯廷、埃里克和他的妻子克莉丝为了使这个项目早日完成，多年如一日地提供帮助，使我周末和夜晚都能够工作（他们经常帮助我料理家务）。他们的爱和接纳是我生活的中心，但愿这项工作有助于释放上帝赋予人类的创造性潜能。

布瑞恩：在与斯科特和唐合作写这本书的过程中，我对自己的创造能力有了更深的了解。谢谢你们！我还要感谢萨曼莎敏锐的洞察力以及她给予的无私的爱和支持，我希望这项工作有助于人们实现上帝的期望。

唐：与斯科特和布瑞恩的长期合作一直是，并将继续是我的激情、灵感和创新的源泉，能够与好朋友一起工作是一种享受！朱迪的爱和她对我怪癖的宽容一直让我感激涕零。上帝通过人类的创造性在惊人地工作，让信仰和科学携手同行。

当奥斯本还是一位广告公司的负责人时，就曾经提出著名的"头脑风暴法"以促进员工的创造性，并且取得了巨大的成效。为了让"头脑风暴法"更广泛地服务于大众，退休以后，他来到布法罗大学，成立了"创造性研究中心"，系统地开展创造性理论和干预方法的研究。奥斯本坚信，人人都有创造性，只是表现的形式和领域不同而已；创造性与其他任何才能一样不是固定不变的，而是可以通过系统化的方法不断地培养和完善的。他在1953年出版的《应用想象力》一书中最早提出创造性问题解决的雏形，经过帕内斯、诺勒、艾萨克森、特雷芬格、多瓦尔等研究者持续60多年的不断发展和完善，成为本书介绍的最新版本，即CPS6.1。

CPS是英文 creative problem solving 的首字母简写，意思是创造性问题解决，它是从创造性思维入手，帮助人们协调使用发散思维与辐合思维、释放创造性潜能的一套结构化系统，包含两种思维形式、四种成分、八个阶段和众多工具。CPS认为，创造性的核心是创造性思维，而创造性思维是由发散思维与辐合思维之间动态平衡、协同作用构成的。这两种思维形式具有不同的功能，需要的条件也各不相同，两者不能同时进行，需要隔离开来、分别运行。发散思维就是充分利用想象力提出大量的、各异的和不寻常的想法，因此就需要严格遵守以"延迟评判"为核心的指导原则；辐合思维则需要充分利用逻辑思维对发散思维所提出的各种想法进行分析、甄选和完善，因此就需要严格遵守以"肯定评判"为核心的指导原则。CPS 将创造性问题解决过程划分理解挑战、产生想法、准备行动和谋划自我路径四种成分和捕捉机会、探寻数据、表述问题、产生想法、完善解决方案、寻求接纳、任务评估和过程设计八个阶段，其中，谋划自我路径成分（包括任务评估和过程设计两个阶段）是最新提出来的，它们负责对是否使用 CPS 以及如何高效地使用 CPS 进行谋划与管理。CPS 将有助于人们发挥创造性思维能力的技术、方法、手段或策略，它是研究者们从创造性实践中总结和提炼出来的，根据其功能可以区分为发散思维工具和辐合思维工具。

　　既然人人都有创造性，CPS 就不是去填补人们缺少的创造性或代替人们天生就有的创造性，而是用来加强和完善个体天生就有的创造性解决问题的能力。因此，在实际使用 CPS 的过程中，并不需要完全按照固定的顺序以及使用所有的阶段和工具，而应该根据实际需要灵活处理。但是，运用任何一个阶段都需要始于发散思维，止于辐合思维。并不是所有的问题都适合使用 CPS，它适合解决那些真实的开放性问题，而不适合解决那些有唯一正确答案的封闭性问题，它既适合个人使用，也适合团队解决问题；既可以使用多种不同的工具，也可以只用一种工具。

　　创造性思维总是形成于、表现于问题解决活动中，如果能够在问题解决的不同阶段恰当地使用这两种互补性思维，并辅之于创造性工具的熟练掌握，就可以大大提高人们创造性解决问题的能力。帕内斯在 20 世纪六七十年代，主要将 CPS 作为教学内容，用来培养和训练学生的创造性技能。著名创造性研究学者托兰斯（Torrance，1972）曾经对142 篇利用不同方法来培养创造性的研究进行了比较，结果发现，CPS 模式是最有效的方法之一，在 22 篇有关 CPS 训练创造性的研究中，有 20 篇报告的结果都是积极的。近年来，艾萨克森、特雷芬格和多瓦尔等人主要专注于将 CPS 运用于组织培训，许多著名的跨国公司都是他们的客户，在改善组织创新能力上取得很好的成绩，获得广泛的赞誉。我国港台地区于 20 世纪 80 年代开始引进 CPS，但主要运用于学校教育中，我也从

2012 年开始在北京市部分中小学开展 CPS 课堂教学实验，也都取得了不错的成效。因此，CPS 不仅具有深厚的理论背景，还具有广泛的实践基础，在"大众创业、万众创新"的时代背景下，CPS 是一种值得借鉴和推广的结构化创新方法。

《创造性问题解决之道——改革与创新的框架》(第三版)一书对创造性之道和创造性之术阐述得条理清楚、案例丰富、接近生活、深入浅出、通俗易懂，是普通读者了解创造性并不断提高自身创造性的好教材，也是广大中小学教师开展创造性教育过程中不可多得的参考材料。

本书的翻译工作由我和我的研究生合作完成。承担具体翻译工作的有：舒婷(第一章、第四章、第七章和第十章)、黄竞悠(第二章、第五章、第八章和第十一章)、景文超(第三章、第六章、第九章和第十二章)。最后，我对照原文校对全部译稿，并做了部分改译、补译和整理工作。

尽管我们已经付出了大量的努力来翻译本书，并力求体现本书的特色，但是，由于学识水平和翻译能力有限，疏漏之处在所难免，恳请读者批评指正。

孙汉银

北京师范大学心理学院

2017 年 4 月

第一章

问题解决的创造性路径

无论对社会的发展还是对人类的精神张扬，创造性都值得去研究、关注和培养。

——西尔瓦诺·阿瑞提

本章探讨"问题解决的创造性路径"的含义。读完这一章，你需要做到以下几点：

1. 从四个角度去理解创造性系统；

2. 解释"创造性""问题解决"和"创造性问题解决"及其在变革管理中的意义；

3. 解释创造性如何与问题解决联系在一起，进而导致变革的发生。

跟风的人一般不会比众人做得更好，而特立独行的人有可能发现别人从未到过的地方。

生活中的创造性总是与阻碍形影不离，因为独特性总会伴随着藐视。对于你做出的超前的事情，当人们最终认识到你是正确的时候，他们常常会说这是显而易见的事情。

生活中你可以有两种选择：要么随波逐流，要么卓尔不群。要想卓尔不群，你就必须与众不同；为了与众不同，你必须做别人不敢做的事情……

——无名氏

本书的宗旨是帮助你创造性地做决策、解决问题，不断地完善自我、实现梦想。为此，本章探讨"问题解决的创造性路径：创新和变革模型"所包含的核心概念，从而为你掌握全书的内容做铺垫。

我们将介绍一种创造性的路径，你可以利用它来有效地和前瞻性地管理变革和实施创新。但是，我们有一个预设：你已经拥有管理变革的经验。因此，我们首先从你对本书核心概念的内隐想法入手。

活动 1-1　定义创造性和问题解决

花点时间思考并写下

当你看见或听到"创造性"这个词时想到的所有词汇；

当你看见或听到"问题解决"这个词时想到的所有词汇。

尽可能多地列举你对创造性和问题解决这两个核心概念的理解，这样有助于你更好地厘清"问题解决的创造性路径"的含义。建议你在继续阅读本章内容之前，花点时间完成这个活动。

对于你列举的内容，你发现了什么？在我们的训练课程和工作坊中做这项练习时，学员们对这两个概念都给出了大量不同的答案。然而，虽然这些学员有不同的文化背景，但在各种答案中还是可以发现某些一致性的内容。现在我们就来看看他们是如何完成这项活动的，并运用他们的答案来考察每一个概念。

一、　什么是创造性

创造性是各行各业中杰出人物的突出特征。

——E. 保罗·托兰斯

大多数人都能轻易地想到"创造性"的非正式定义。他们经常将创造性与诸如新颖的、不寻常的、理想的、杰出的、想象的、独一无二的、令人兴奋的、古怪的、开放的、模糊的或者完全不一样的等词汇联系起来。他们也常将创造性与艺术联系起来，如创作、表演戏剧、雕塑、绘画、音乐、写文章等。在各种文化中，创造性常常与各种积极词汇相关联。

此外，有些人并不总是把创造性与有用的、有价值的和有意义的词汇联系在一起。深入研究后发现，他们经常将创造性视为一些没用的，甚至在某种程度上是消极的东西。对于创造性，他们认为存在三类主要的迷思（myth）：神秘、神奇、神叨。

有些人认为，创造性是神秘的（mystery），它来自于一种个人无法控制的外在力量，无法有效地进行研究。当这种观点抑制或干扰人们弄清楚创造性究竟是什么以及如何运用自己创造性的愿望或能力时，这便成了一个问题。

另一些人将创造性与神奇（magic）联系在一起，认为只有少数天才拥有。它是拥有特殊才能的人所知道的魔术，如果谈论这些魔法是怎样运作的，它就会失去"魔力"。当持有这样的信念时，你就会把人分为两类：有创造性的人和没有创造性的人。这种观点不鼓励人们去探讨如何使用或培养创造性的问题。

第三种常见的迷思是将创造性与神叨（madness）相联系。换句话说，想要具有创造性，你就必须是怪异的、奇特的和不正常的。这种观点认为，创造性是一种应该避免的不健康行为（见图1-1）。

面对这么多的错误观念，难免让人怀疑创造性是否被认真地研究过。然而，还有其他的一系列信念和假设允许我们建设性地了解和开发创造性，例如，创造性是自然的

乔治——做些什么吧！你是有创造性的！

图 1-1   创造性的一般观点

（每个人都有）、健康的、愉快的、重要的、复杂但可理解的。

尽管创造性是一个复杂且具有挑战性的概念，没有一致认同的定义，但它还是可以理解的。50多年来，人们一直在观察、了解、研究创造性，并提出了许多理论、实验研究，为我们理解、认识和培养创造性提供了大量的证据。

罗森博格（Rothenberg）和豪斯曼（Hausman）对于创造性研究寄予很高的期望，他们说："创造性研究处于时代的前沿，因为它有可能阐明行为科学和哲学中某些重要的问题，这些问题事关我们的生存。当我们利用的常规方法过时和失效时，创造性能够帮助我们更好地理解与完善自己与世界。"

创造性是人的本性，不是少数天才的专利，人人都有创造性（表现为不同水平和不同风格）。我们面对的挑战在于，到底如何理解和利用我们所拥有的创造性，对于了解什么是创造性以及如何发展创造性的我们来说，这个信念非常重要。

获得和运用创造性能够释放压力并帮助人们过上健康的、更加充实的生活。许多大众性的创造性文章倾向于关注那些杰出艺术家或科学家的故事，这些人常常以离奇或者怪异的行为而闻名，常常忽视那些过着"正常"生活的创造性个体，这很容易让我们落入一个陷阱：为了获得创造性，就必须表现出不寻常的行为。没有实验证据显示，为了具有创造性，人们必须是病态的、非正常的或者不健康的，恰恰相反，大量的证据表明，学习如何理解和使用创造性能够使人们身心更加健康。

创造性是愉快的，因为它会带来满足感、成就感、回报感。当你学习和应用创造性时，它能给你带来宁静和愉悦感。创造性之所以重要正是因为利用它得到的结果对于个人、团队和组织来说有价值。创造性可以为所有人的生活和工作带来好处，并且能够提高整个社会的生活质量。

我们并不是第一个试图给创造性下定义的人，先前的学者收集和综合了成百上千种不同的定义。例如，格瑞斯格威斯基（Gryskiewicz, 1987）将创造性定义为有用的新颖组合，这一定义来自于400多位组织管理者的访谈和对创造性故事的分析。我们喜欢这个定义，原因在于它简单明了，保留了新颖性与有用性之间固有的张力。定义中的新颖性与大部分人对创造性的理解相一致，然而，有用性（usefulness）这一点常常会引起人们的质疑：难道创造性必须要有用吗？这个定义还会引起另外的问题：谁来决定哪些是新颖的或有用的？谁来决定创造性出现没有？

布法罗州立大学终身名誉教授诺勒为创造性创建了一个方程式。她认为，创造性是社会对于积极与健康地运用创造性的态度与其他三个因素——知识、想象力和评价的函数（见图1-2）。一般情况下，儿童具有很好的想象力，但是他们需要帮助以获得知识和经验，并掌握评价想法或行为的合适标准。相反，专业人士通常掌握了大量的知识，并具有一定的评价能力，但是想象力却不足。

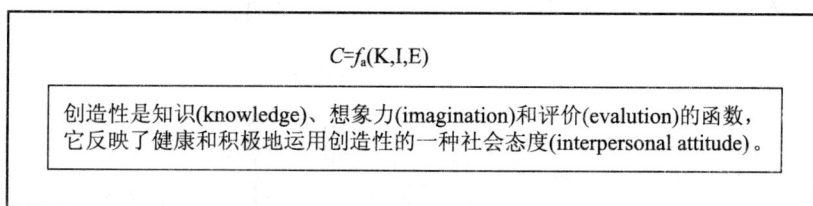

$$C=f_a(K,I,E)$$

创造性是知识(knowledge)、想象力(imagination)和评价(evalution)的函数，它反映了健康和积极地运用创造性的一种社会态度(interpersonal attitude)。

图1-2 诺勒的创造性方程式

从诺勒的创造性方程式中你可以学到很多东西。首先，创造性是一个动态的概念，它会随着经验的改变而改变。其次，创造性总是发生在特定背景或知识领域中。尽管专业知识是创造性的必要条件，但它不是创造性的充分条件。最后，创造性需要在想象力与评价之间保持动态的平衡。

尽管创造性的定义各种各样，但还是能够从中发现一些规律，你只需看看在活动1-1中写下的内容就能够明白一二了。正如韦尔施（Welsch，1980）所说："创造性的定义有无数种，这些定义不仅在概念上有差异，而且在子概念和类似术语上也存在差异。然而，这一领域的学者对于关键特征还是存在着一定程度的共识。根据各种文献，我们认为，创造性是通过改变现有产品以产生独特产品的过程。这些产品必须对于创造者来说是独特的，并且满足创造者的目的和价值标准。"

与其试图给创造性下一个标准的定义，还不如运用罗兹（Rhodes，1961）最先提出的一种宽泛的框架来组织各种不同的定义。罗兹收集了56种创造性定义后说："当琢磨所收集到的定义时，我发现这些定义并非相互排斥，而是相互重叠和交织的。创造性就像一根棱柱，各种定义的内容组成了棱柱的四条边，在理论上，每一条边都有其独特的作用，只有把这四条边综合起来，才能有效地描述创造性这根棱柱。"

罗兹(还有其他一些学者)发现，只有在这四个相互交叠的主题之中来描述创造性才会更有效。这些主题包括创造性人格特征、创造性操作过程、创造性结果或成果以及创造性情境或环境。艾萨克森(Isaksen，1984)将这四个主题放进了一个维恩图中(如图1-3)，以表示这四个因素之间的相互作用，突出了需要将其视为一个整体才能够获得创造性的完整图像。

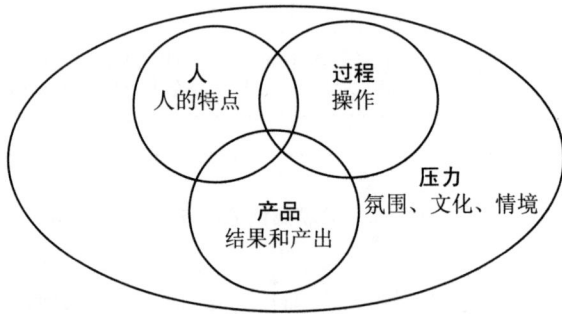

图1-3　创造性系统观

在创造性研究领域，有一些人认为这个框架已经过时了，不再适用了，应该被抛弃。然而，他们中并没有人能够提出一个替代性的框架。我们知道两个概括创造性研究领域的一般性模型，一个聚焦于具体的研究设计(Isaksen，Stein，Hills & Gryskiewicz，1984)，另一个则是为未来的创造性学科提供框架和命名(Magyari-beck，1993)。

那些抱怨4P模型(人、过程、产品和压力，如图1-3)的人提出的论据，非常类似于那些抱怨元素周期表的人。这四个宽泛的主题仅仅是创造性被解释以及如何在文献中查阅的方法。因为它提供了一个包含各种不同重要观点的综合模型，可以加深我们对创造性的理解，所以我们认为它是非常有价值的。它还提供了一种创造性系统观，之所以称之为系统观，是因为其中的每一个要素对于创造性概念来说都是必需的和相互联系的，每个因素也会影响其他要素。如果缺少其中的任何一个要素，都很难得出创造性完整的或者透彻的理解。

下面，我们将对 4P 模型中的每一个 P 做简要的概述。

（一）创造者的人格特征

创造性人格是创造性人物具有的一些特质模式，创造性模式表现于诸如发明、设计、策划、创作和计划等创造性行为之中。

——J. P. 吉尔福特

大多数最初对创造性感兴趣的心理学家和实践领域工作者，都好奇于高创造者如何才能够展现出他们的创造性。研究者试图发现和描述那些公认为高创造性个体的特征，然后去评判其他个体是否具有创造性。运用这一方法，我们获得了大量的关于高创造性人物的认知和情感特征方面的知识。

这一领域的早期学者通常热衷于描述创造性天才——那些拥有特殊的和显著的才能和天赋的人。最近，学者们采取了一种更具包容性的方法，开始在普通人身上寻找超凡的创造性。大多数研究者和教育者比较强调人们身上的创造性水平特点，对于他们来说，其最主要的问题是"你有多少创造性"。这对于历史上的天才来说是很简单的，但是当我们审视日常的创造性活动时就比较困难了。正如麦金农（MacKinnon，1978)指出的那样，人们获得全面发展的路径和表达创造性潜力的方式是不同的且多样的。一个全面而完整的创造性人物需要许多形象，因此，不能将创造性人物放入单维的模型中。

这类研究得出了与高创造性人物相关的大量特征，然而，当你看到图 1-4 所列的清单时，你一定会问如下问题：

• 具有创造性难道必须具有列表上所有的特征吗？如果不是，那又需要多少呢？

• 是否真的有人表现出所有这些特征？始终都是这样吗？这似乎有点不大可能吧？

• 能够描述人们创造性行为特征(人格中始终存在的方面)的词汇就是这些吗？

• 面临的任务不同，如何看待这些任务、如何处理这些任务也不同，难道这些特征不会改变吗？是始终不变还是在某些情境中会改变呢？

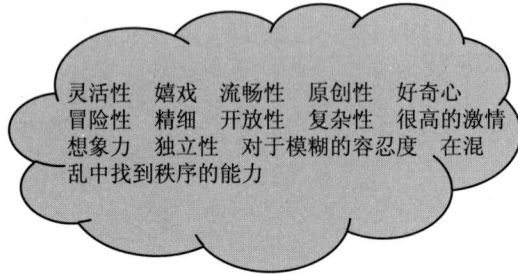

灵活性　嬉戏　流畅性　原创性　好奇心
冒险性　精细　开放性　复杂性　很高的激情
想象力　独立性　对于模糊的容忍度　在混乱中找到秩序的能力

图1-4　创造性人物的一些特征

这些问题虽然很重要，但并不容易回答。高创造性人物特质的传统观点致使人们以为只有那些位于塔尖的人才具有这些特征，事实上，人人都具有这些特征，只不过水平和程度不同而已。

许多人也许仍然认为，这些特征是固定的、不可改变或难以提高的。我们的经验和研究结果都清楚地表明，这些创造性特征是动态的和可改变的。尽管许多学者强调甄别创造性水平的重要性，但是，强调培养或者发展每个人的创造性特征也许更恰当。

最近，关于创造性人格的研究开始转向关注人们是如何表现自己所拥有的创造性，不是问"我有多少创造性"（How creative am I），而是问"我如何表现创造性"（How am I creative）这样的问题。这个问题更多地涉及创造性的形式、种类和风格，而不是创造性的水平、程度或数量。

我们坚信，认识、了解和获取创造性天才的个性特征是非常重要的，包括人们追求创造性的固有差异以及人们在创造性地解决问题时表现出来的各种知识、能力和技能差异，了解自己的创造性和周围人的创造性有助于你更有效地运用自己的创造性。

有关这方面的内容以及它与创造性问题解决的关系，我们将在第七章详细介绍。

（二）创造性过程

思维的艺术就像跑步的艺术或者演员的手势艺术一样，是一种通过有意识努力以改善人类已有行为的尝试。

——格雷厄姆·沃拉斯

创造性过程也是理解创造性不可缺少的要素之一，它关注创造性是如何产生的，考察人们发挥创造性时的心理或认知过程。早期研究者大多利用高创造者对他们如何发明产品的回忆报告进行研究，这种研究基于的假设是：我们能够就一个成就或思想——产生新的理论、发明，或新想法可能的表达方式——追问它究竟是怎么产生的；然后，我们能大致解析出一个连续的过程，它具有开始、中间以及结束部分。

研究创造性过程就是要对人们内在的思维过程进行精确的描述，以便让创造性过程更可视化、更可理解，从而提高人们的创造性思维。许多艺术家、科学家、作曲家、诗人以及发明家都尝试去描述他们的创造性时刻。20 世纪以来，大量的学者开始对生产性思维、反思性思维以及思维艺术感兴趣，于是，许多人都试图去描述人们是如何实现最佳思维的。

沃拉斯(Wallas，1926)根据许多著名艺术家和科学家的描述，提出了一个著名的创造性四阶段理论(见图1-5)：①准备期——对问题的各个方面进行探究；②酝酿期——以无意识的方式思考问题；③豁朗期——"好主意"出现了；④验证期——验证其有效性，并将想法简化成精确的形式。这表明，你可以精确地识别创造过程。

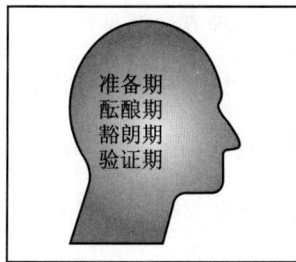

图 1-5 沃拉斯的创造性过程

20 世纪 30 年代，奥斯本致力于人类想象力的研究，他阅读了大量的文献，并与同事一起对激励创造性思维的实践程序展开研究。在沃拉斯、斯皮尔曼以及其他一些学者研究的基础上，他提出了最早的创造性问题解决，帮助人们改变了创造过程只能直觉地或内隐地产生的看法。他还致力于为发挥团队创造性开发一些有意识的策略。

对于创造性过程研究的一个意外收获是，它们演变成了大量有助于提升人们创造性的策略和方法。这些策略包括运用类比和隐喻改变对问题的认知、将问题搁置一边以获得酝酿和顿悟以及从伟大的音乐或艺术作品中寻求灵感等。高创造性人物故事中蕴含的策略，与创造性人物故事一样丰富多彩。

许多增强个人创造性的策略往往得益于对创造性思维障碍的了解和移除。你可能注意到，在某些情境下你充满自信，相信自己有能力成功地完成任务，而在另一些情境下，你却不是这样。正如图 1-6 所描绘的，你发挥创造性的一种方法，就是要意识到阻碍你创造性思维和行为的障碍。

恐惧制造了障碍
障碍窒息了创造性

图 1-6　创造性思维的障碍

人们对于新奇性的抗拒是天生的，因为新奇的事物总是需要你改变已有的方法、行为和思维方式，还可能要求你学习新的东西。你的心理状态一般是由你与所处环境或情境之间的交互作用而形成的。减少障碍的一种方法就是扩展你的各种优势，另一种方法就是搞清楚它们是什么以及它们是否使你无法有效利用自己的优势。当你意识到这些障碍的存在和影响时，你就能够有效地克服它们。

存在三种一般性的、相互交叠的障碍：个人障碍、问题解决障碍和环境障碍（情境的）。个人障碍包括自信或自我意象的缺乏、保持一致性的倾向、对于熟悉性的需要、习惯思维、情感麻木、餍足、过度热情、各种价值观和文化的影响以及想象力控制的缺乏。

琼斯（Jones，1987）在文献中发现，存在四类主要的个人障碍：策略性、价值观、知觉性和自我意象。策略性障碍是指无法找到和使用各种问题解决的可能性，包括不愿使用想象力、无法容忍不确定性以及不能对新观点持开放性态度。价值观障碍是应用个人价值观、信念和态度时缺乏灵活性，包括苛刻的习俗束缚、与已有模式保持一致的强烈欲望、对创造性思维顽固的消极态度。知觉性障碍是指以固有方式来看待事物，包括感觉敏锐性的特点和环境意识：难以多维度地看待问题、强加不必要的约束、不能运用所有的感官以及刻板化。自我意象障碍指的是人们不能坚持己见或利用可能的资源。有时，人们特别恐惧失败，因此不愿意发挥影响力，或者仅仅是错误地使用了周围的资源。这些障碍很容易与问题解决和情境障碍联系起来。

问题解决障碍是指那些限制你将自己的能力聚焦于问题解决活动、产生和识别各种想法以及将想法转化为行动的策略、技能或行为，包括功能固着、草率判断、习惯迁移、使用低效的问题解决方法、缺少训练、差劲的语言技能、各种阻碍信息接收的直觉模式以及刻板化。

环境障碍是指干扰你解决问题的背景、环境或情境因素，包括对于创造性结果只需要一种思维模式的信念、拒绝新想法、封闭、对待创造性思维的消极态度、独断专行的决策、对专家的依赖、限制资源使用的各种策略障碍、对竞争或合作的过分强调。我们将在创造性背景那一章节深入讨论这些障碍以及移除它们所需要的条件。

今天，我们相信大部分创造性方法都有共同的内在机制，并且与沃拉斯和奥斯本提出的创造性过程有关。尽管这些方法在表面上差异很大，但是它们都是由可信赖的理论所指导，而这些理论又与高创造者如何自然地使用他们的创造性密切相关。

目前，对于创造性过程的研究仍在继续。除了那些追随奥斯本传统的著作之外，还有一些书籍，如《伟大的心灵》（Gardner，1993）和《最佳思维状态》（Perkins，1981）。此外，认知神经科学的发展可能为揭示创造性过程提供更多的真知灼见。

本书主要关心理解创造性过程的一种特殊路径，即创造性问题解决，我们将在第二章全面介绍这个路径。

（三）创造性产品

创造性可以简单地定义为无中生有的能力。

——弗兰克·巴伦

创造性的产品或成果可以在各种不同的背景下产生，以不同的尺寸和形状出现。提到创造性产品的时候，很多人立即就会想到一场轰动的戏剧、一部杰出的小说、一个振奋人心的画作或歌曲、一项重大的发明或发现。实际上，创造性产品不限于艺术或科学，它们可以出现在艺术、科学、人文社会学科或任何其他人类涉足的学科或领域。它们既可能是个人努力的结果，也可能是团队合作的结晶，它们可能具有不同程度的新颖性和有用性。

创造性产品既可能是有形的，也可能是无形的；既可能是具体的或可感知的，如一项发明或有市场前景的产品，也可能是无形的，如学习和个人成长、新服务的开发或者对现有服务的改善、新过程或新工艺的设计等。

由于关注的是产品而不是过程，许多人更愿意将这方面的研究称为"创新"（innovation）而不是"创造性"（具体的区别见图1-7）。因为我们通常将创新视为是将想法商业化的过程，所以把它视为创造性系统的一部分。一些人更愿意用创新而不是创造性，是因为他们更关注获得具体的成果，关心什么是有用的和易懂的，或者避免像创造性人格和创造性过程那样的混合概念。我们的态度很简单，没有创新你可以有创造性，但是没有创造性你绝对不可能有创新。

创造性	创新
想象力	执行力
过程	产品
生成	完善
新颖性	有用性
软性的	硬性的

图 1-7　创造性与创新

麦金农认为，研究创造性产品非常重要。他说："说实话……对于创造性产品的研究是所有创造性研究的基础，要是这个基础再夯实一点的话，创造性研究也许会取得更大的进步……简言之，甄别创造性产品的精确标准被普遍忽视了，因为我们内隐地知道（或者我们觉得我们知道）当我们看见它的时候就会知道什么是创造性产品。"

贝西默（Besemer，1997）提出了一种有趣的方法来考察创造性产品的特征，她与她的同事开发出一种运用评价量表来评估一个具体产品或成果的创造性。她们的评估最初被称为创造性产品分析矩阵，后来改为创造性产品语义量表（the creative product semantic scale，CPSS），这个评价量表是基于对人们认为有创造性的产品应该具备哪些特征的访谈而得到的。

如图 1-8 所示，创造性产品或成果可以通过三个维度来评价：新颖性、解决性和风格。新颖性考察的是产品属性中新颖与原创的程度；解决性考察的是产品能在多大程度上解决问题；风格考察的是使产品简洁、精致和综合的程度和形式。例如，它会考虑到诸如包装和呈现的因素是如何引人入胜的。

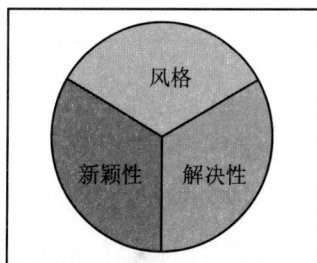

图 1-8　贝西默的创造性产品特征

许多致力于新产品开发的组织，都以类似的方式来分析和发展新概念。邓白氏公司对 51 家美国公司进行了一项研究，结果如图 1-9 所示。值得注意的是，获得一个成功的新产品平均需要 50 多个新想法，需要将大量的想法进行筛选或选择以供进一步的商业分析。最近对于私营部门的研究表明，这些机构平均每天能够产生 100 多个想法，并且在将这些新想法商业化方面做得很成功（Davis，2000）。当然，也有人认为，这取决于你从什么时候开始计算这些想法。例如，史蒂文斯和伯利（Stevens & Burley，1997）发现，需要多达 3000 个原始的、未记录下来的想法，才能够产生 300 个左右可以进入正式筛选程序的想法。显然，只有在一个想法丰富的环境中，才能够生产出创造性的产品。

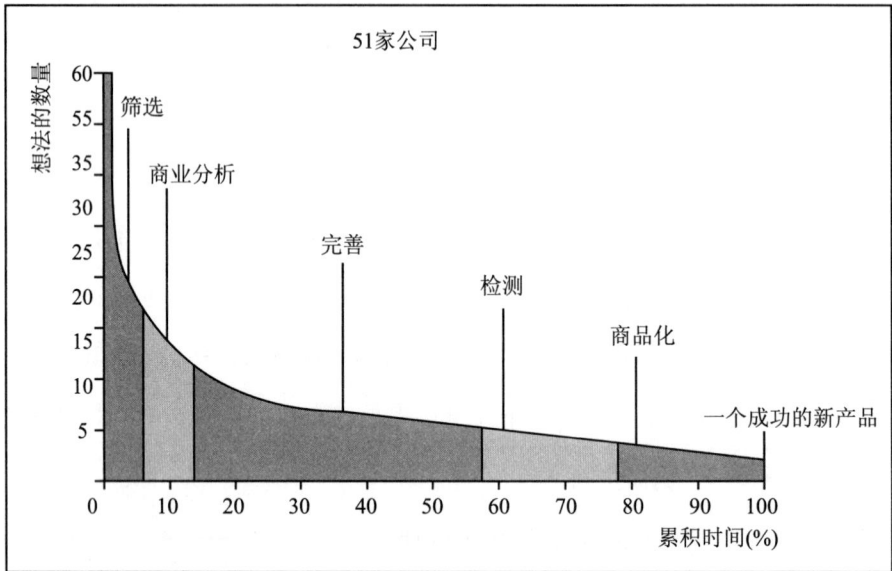

图1-9 创新产品衰减曲线

当前，在我们研究的许多机构中，对于新概念和产品发展，出现了一些有趣的趋势。许多机构都在试图缩短研制新产品的时间，也在试图将所有的生产过程都充满更多的想法，从而得到更多成功的新产品。

这对于开发新产品的种类会产生显著的影响。减少时间、增加产量以及别的对于新产品开发的要求，似乎正在降低产品的新颖性程度。相反，这个趋势似乎推动了那些有用的、风格各异的产品的推出。例如，对于宝洁公司来说，汰渍洗衣粉初次生产时就是一个非常新颖的产品，而汰渍漂白洗衣液就是一个缺少新颖性却侧重有用性的新产品。这种趋势的最终结果就是我们能够看到更多现有产品的改进和提高。由贝西默开发的测量工具可以有效地运用于考察产品和服务、检验顾客的需求等。发明者和公司可以将精力集中于那些能够满足市场需求的新产品的开发。

创造性产品与成果的研究丰富和完善了创造性的概念，发明、发现、创新和新的、改善了的服务与产品的开发，为理解创造性及其应用提供了有形和无形的证据。最近，这个领域的发展超越了传统的强调产品的新颖和有用的范围，风格维度扩展和丰富了我们对创造性产品的看法。创造性产品的发明越来越被视为一种协作的成果。许多机构试图通过在相关领域的跨团队合作来缩短产品开发的周期，这说明创造者可以在特定的环境中，运用特殊的创造性方法，合作性地创作产品或成果。这仅仅是创造性系统的四个方面如何关联的一个例子。

（四）创造性的背景（context）

勇敢地创造性地活着吧。创造性环境是没人去过的地方，你要离开舒服的城市走进直觉的荒野。只有通过艰苦的努力，冒险且茫然于自己正在做什么，而且不能乘坐公共汽车才能达到那里。你将会发现更精彩的自己。

——艾伦·阿尔达

创造性背景指的是创造性发生的环境、地点、情境或气氛，它主要考察促进或抑制创造性行为的因素。创造性气氛问卷一般询问诸如下面的问题："什么因素阻碍了人们创造性的发挥""最有益于创造性的环境、背景或情境是什么""人们怎样才能够创设一个有利于创造性发展的宽松氛围"。

压力是人们经常用来描述这个宽泛领域的术语，它意味着人与情境的交互作用。环境中的因素促进或阻碍着人，同时，人身上的因素、行为和特质也会促进或阻碍环境。当你考虑前面列举的各种阻塞与障碍性环境因素时（见图 1-10），你就会明白气氛是如何对个体施加影响的，交互作用为什么又被称为压力。

图 1-10　创新的障碍

鼓励创造性的环境究竟是什么样子？"创造性学习中心"在研究创造性的组织性障碍时发现了许多对创新起阻碍作用的因素，包括组织特征、过于官僚化的不恰当的奖励系统、跨部门合作的缺乏等，缺乏对做什么或如何做的决策权、对于完成任务的冷漠知觉、糟糕的项目管理、对不恰当的评价系统的知觉、资源和时间的缺乏以及过于强调安于现状。

同样的研究也发现了许多激励创造性的因素，包括选择做什么或如何完成任务的自由、好的项目管理、充足的资源。鼓励想法的管理——创造一个总体不具威胁和开放的环境、一个跨层级和跨部门的合作气氛、一个创造性工作会得到适当的回报的环境、承认和奖励新观念、足够的时间、有趣的挑战性问题、对于机构的重要性或问题的背景的认识以及内心的紧迫感。

我们对支持创造性的环境研究是建立在艾萨克森和埃克瓦尔（Isaksen & Ekvall，2007）对创新和创造性氛围的研究基础上的。我们将在第八章提供更多关于创造性背景以及它如何发挥作用的内容。

下列对创设和维持创造性氛围的建议，来自许多学者的研究。这不是一个结论性的列表，这些建议有助于你形塑一个有助于创造性和创新的氛围。下列每一条对于创造性的产生都是必要的，当然也可能需要其他的因素。

创设和维持创造性氛围的建议

- 提供尝试新方法完成任务的自由，允许和鼓励以自己的方式、方法获得成功，通过提供资源和空间而不是限制和控制来鼓励发散性的方法。

- 允许个体在活动、任务或手段上的差异从而承认个体差异、各种类型和观点的价值。

- 当个体进行创造性、探索性或批判性、完善性思考时，通过支持和强化个体的不寻常的想法和反应来建立一个开放的和安全的气氛。

- 通过鼓励个体进行选择和卷入目标设置与过程决策，从而使个体对做什么和怎么做有一种控制感。

- 支持在工作和任务中恰当地学习和运用创造性问题解决的工具和技巧。

- 为任务的完成提供合适的时间，在限定的时间里提供合适的任务。

- 通过沟通与同事建立信任从而提供一个非惩罚的环境，把失误作为积极的因素来帮助个体认识到错误和实现可能的标准来降低对失败的关注，并提供肯定性的反馈和判断。

- 认识一些以前不了解和未使用的潜能，激励个体用新的方法解决和完成任务，问一些刺激性的问题。

- 尊重个体独自在小组中工作的需要，鼓励自我发动的项目。

- 至少在一段时间里容忍复杂性和无序性，即使是在最好的组织，对于目标清晰的计划，也需要一定程度的灵活性。

- 在个体之间创设一个相互尊重和接纳的环境以便他们可以合作性地分享、发展和学习，鼓励相互信任的情感和团队工作。

- 鼓励高质量的人际关系，注重如合作精神、公开地面对和解决冲突、鼓励观点表达等。

理解创造性的四个主题将会贯穿此书，只有牢记这四个主题，才能够用综合的、系统的观点来理解问题解决的创造性路径。正如罗兹指出的那样，这些主题是相互交织在一起的，创造性最好的和最为综合的图像需要这四个主题的相互作用。总之，创造性不是单维度而是多维度的事物。尽管在这一领域中取得了一些进步，但是我们永远不会减少对人类固有创造性的探索。我们坚信，采取整体观会增加成功解决问题的机会。然而，什么是问题解决？它与创造性是如何关联起来的？

二、 什么是问题解决

对于人类来说，没有什么比活动更有趣，其中最典型的人类活动就是解决问题，有目的地思考，设计方法以达到期望的结果。

——乔治·波利亚

在创造性与问题解决的词汇列举活动中，我们常常能得到许多与问题解决相关的词语。在某些情况下，人们将注意力聚焦于"问题"一词上，将其视为坏事情或需要消除的事情；在另一些情况下，人们将问题解决与逻辑、分析、结构、缩小差距、满足需要、克服困难、使工作更好、数学和科学联系起来。

我们的态度是，问题解决是缩小你想要什么与是什么之间差距的一种过程，它是解决各种疑问、弄清不确定性或者领悟之前没能理解的事情的活动。当你在从事诸如计算食品店的营业额或者琢磨如何找到一个特殊的建筑物、办公室或产品等日常活动的时候，你就在解决问题。你可能会试着去记住某个重要人物的生日，想着为你生命中重要的人做点什么，或者寻找有助于你完成作业的内容。你也可能会有更重要的事情需要解决。例如，你可能需要换车或者搬家，需要对家庭的节日做决策，决定大学时修什么课程或者给你的员工提供什么样的反馈。

问题解决一般包括设计一种方法以回答问题，满足一个充满挑战、能提供机会、受关注的情境要求，缩小你拥有的与你想要的之间的差距。寻求答案的过程常常基于你的经验或已有的知识。很多时候，挑战的领域是结构良好的，解决方案具有清晰的路径和方法。机会可能也会提供清晰的界限、重点、角色和方向以找到有效的甚至是"正确的"答案。对于这一类问题，你可以运用如下方法去解决：

• 查阅文献（是否已经有人对这个问题或类似问题提出过恰当且有用的解决方法）。

• 运用历史上已有的解决方案（其他人在类似的情况下取得了什么样的成功）。

• 请一个顾问（局外人是否能够带来一些新视角以帮助你获得新的选择，防止身在其中的局限？顾问的经验可以节省你的时间、精力和金钱吗）。

• 将任务委托给他人（他人可以处理这种情况吗？难道推卸责任不是一个好的选择吗）。

• 自己做得了（如果你确实知道该做什么，只是一直在拖延或回避，为什么不立即做完它呢）。

• 研究它（也许通过实验、田野调查等可以有效地解决这种情境）。

• 组成一个委员会或任务小组（关键人物是否能提出有效而恰当的策略）。

• 阅读手册（俗话说："当一切都失败的时候，试着阅读说明书"）。

• 运用已有的算法（是否有与此相似的已经设计好的方案或程序）。

在许多情况下，这些方法都是有用的。然而，当你需要创造性的问题解决方法时，该怎么办呢？

（一）什么是创造性路径

我们说本书是有关问题解决的创造性路径，这是什么意思？简单地说，路径就是你迈向、推进或接近某事的方式。在本书中，路径是指变革发生的方式，至少存在两种变革发生的路径：创造性的和非创造性的。

创造性路径意味着你试图获得一个新的、非结构化的和开放的结果。在这种情况下，常常涉及结构不良的问题和未知的解决方法。虽然你也需要运用已有的知识和技能来解决问题，但是创造性解决路径更需要发挥你的想象力，因为没有现成的答案，更需要你采取全面的观点，兼顾人、方法、内容和背景整个系统。

使用创造性路径还意味着你要有勇敢的态度：对新经验的开放、忍受模糊性、敢于在陌生的领域里冒险。这样的态度是必需的，因为创造性路径就是要帮助你从熟悉的领域来到一个不同的、未知的、结果不确定的领域。为了进一步理解问题解决的创造性路径，请认真思考表 1-1 中列举的创造性与非创造性问题解决路径的例子。

表 1-1　创造性与非创造性问题解决路径的例子

创造性问题解决路径	非创造性问题解决路径
积极建构大量的、各异的机会并找出最有前途的一个，进行探索和深入的考察；对各种可能性采取开放和欢迎的态度；解决那些今天根本不存在的、着眼于未来的问题。	盲目地固守现状，拒绝探索新的机会。
通过各种不同的视角来检验事实、印象、感情和意见，愿意深究假设背后的深意。	依据和使用错误的假设或不正确的数据。
从各种不同的角度来看待问题或挑战，能够把玩各种可能性。	运用单一的方法看待问题或挑战。
产生大量的、各异的和不寻常的想法，它们极有可能以一种新的和有价值的方式来处理问题或迎接挑战；在需要的时候能够想出办法并悬置判断；思维有深度。	运用陈旧的或习惯性反应，得不到预期的效果或难以解决现实问题。
投入精力和智力来获得一个激进的或不寻常的想法，修改、提炼和完善想法以得到一个可行的解决方案，坚持不懈。	忽视提高、改善或发展一个试探性解决方案的需要。
考虑环境特点从而使解决方案获得其他人的认可，对周围的环境和人保持敏感性，愿意获得他们的支持与接纳。	在没有获得他人同意和许可之前就行动（仓促执行或下结论）。
拥有大量的可能性来应对给定的环境、挑战或问题，意识到过程的力量。	不加批判地使用一种路径，仅仅是因为它以前提供了可靠的结果。
在选择自我路径的时候，能够反思各种不同的因素。	在反思可能的方法之前，对环境进行直接反应。

问题解决的创造性路径能够让你更好地运用自己已有的知识和技能，它将创造性与问题解决很好地联系在一起。

（二）将创造性与问题解决相联系

当我们提出问题解决的创造性路径时，有人质疑创造性与问题解决这两个概念之间的关系。他们会问："你是说创造性与问题解决是一样的吗？"创造性与问题解决相联系的想法会让一些人感到紧张。我们在写这本书时遇到的一个挑战就是证明创造性与问题解决之间存在富有成效的联系，它将会使你从两种思维形式中获得最大的收益。

研究人员之前就曾经研究过创造性与问题解决之间的关系，并且提出了许多答案。例如，吉尔福特（Guilford，1977）认为，问题解决与创造性是紧密联系的，创造性思维产生新的结果，而问题解决包括根据新的形势产生新奇的反应和结果。问题解决常常有创造性的特征，但是创造性并不总是问题解决。纽厄尔、肖和西蒙（Newell，Shaw & Simon，1962）说："创造性活动似乎仅仅是问题解决活动的一种特殊类型，以新奇性、非常规性、坚持性和问题界定的困难性为特征。"

我们不是将创造性与问题解决隔离开来，而是将两者有机地联系在一起，这种路径需要你有效地运用想象力和智力、发散和辐合、逻辑与记忆以及情绪与综合进行推理。通过将两个概念结合起来，你将获得大量的策略、工具和途径，从而使你可以轻松应对各种机遇和挑战。

联结创造性和问题解决的最好的例子是两面神思维（janusian think），这种思维是以罗马神话传说中的门神杰纳斯（Janus）命名的。作为门神，他需要同时兼顾屋里和屋外，能够同时关注两种对立的想法，罗森博格（Rothenberg，1999）将这种思维称之为两面神思维。他将两面神思维过程描述为：同时积极地构想各种相反或对立的想法……在创造过程中，相反的或对立的想法、观念或主张都在意识中同时存在。尽管看起来是非逻辑和自我矛盾的，但是这些结论是在逻辑清晰和理性的心理状态下建构的，因此能产生创造性结果。它们常常在科学理论和艺术作品发展的早期概念化阶段，或者是在创造过程的中间和后期的关键时刻出现。这些同时存在的对立或相反的观点通常会被修改或润色，并且在最后的创造性产品中很少能直接察觉到。

罗森博格提供了这类过程存在于艺术和科学领域以及大部分的创造性工作中的证据。他收集了历史的和轶事的证据以及大量精神治疗的数据以支持他的理论。

在各种不同的领域中，积极地和同时地考虑对立观点似乎是创造新颖、有用反应的关键部分。我们在许多杰出的创造性研究者中，尤其是对创造过程感兴趣的研究者中，都发现了支持这一观点的证据。两面神思维的核心是试图描述创造性过程的一个特点，而这个过程是运动的和动态的。当你面对机遇和挑战的时候，将问题解决和创造性有意识地联系起来，将为你采用两面神思维提供机会。

三、　为变革提供的一种模型

我们常常听到"变革是不可避免的，而发展是可以选择的"，可惜，不知道是谁最早说的这句话。当我们谈论变革的结构时，这句话是非常合适的。本书提供了创造性问题解决的最新描述———一种将问题解决的创造性路径组织起来的系统，这个系统包括一个明确且灵活的结构、一种特殊的语言以及一套可以随时随地用来有效指导变革的工具。

变革将会发生，这是一个不争的事实。创造性问题解决就是用来帮助你以一种能够让你成长和成熟的方式来处理变革事宜的。无论你是主动变革还是被动变革，创造性问题解决都将会为你提供一个灵活的结构，你可以单独使用，也可以在小组或团队中合作使用。在你运用自己的创造性管理变革的时候，它会提高你的工作效率，还能改善和提升组织甚至整个社会的工作和生活品质。

创造性问题解决包括四种成分和八个阶段。这些成分和阶段将帮助你厘清需要产生的变革类型，提出各种可能的变革想法，形成有效的解决方法和实施变革的计划。它还会帮助你慎思变革可能涉及的整个系统，使你更有效地完成变革。无论是花费十分钟还是数年来规划和启动变革，创造性问题解决模型都会灵活地支持你的工作。

创造性问题解决模型提供了一份内容丰富的菜单，你只需要根据特定情况从中选择具体的成分、阶段、工具和语言，甚至可以按照任意的顺序使用模型中的元素。本书的最初几章主要介绍菜单中每个条目的详细内容，在后面几章中再解释如何将这些元素结合起来。我们开始认识创造性问题解决模型吧！

四、 将本章内容运用到工作中

本章主要聚焦于什么是创造性问题解决。我们考察了创造性和问题解决的一些概念，然后将两者联系在一起以便更好地理解问题解决的创造性路径。

反思和行动

做一两项下列的活动以加深你对本章内容的理解，并在真实情境下练习使用这些内容。如果你将本书作为一门课程或研究小组的一部分，你可以先自己做，然后将你的答案与小组进行对比，或者与其他成员一起做。

第一，当一名迷思侦查员。看看人们在使用创造或创造性这个概念时，是否有错误的现象。

第二，试着列出一堆事情——它们可能受惠于问题解决的创造性路径或者传统路径。试着以日记或博客的形式记录或分享这些创造性挑战。

第三，思考某个让你吃惊的创造性人物，然后列出你对这个人印象深刻的特征，将你列出的特征与本章所说的特征进行比较。

第四，思考某个让你感觉特别有创造性的时间或地点。列出这些场合的特点——什么因素在支持你的创造性？将你的答案与本章包括的创造性环境描述进行比较。

第二章

创造性问题解决

创造性过程出现于相对新颖产品的产生行为中，一方面源于个体的独特性；另一方面源于材料、事件、人或其生活环境之间的相互作用。

——卡尔·罗杰斯

本章对创造性问题解决进行总体性介绍，并对它包含的具体成分、阶段、状态和相关工具进行简要概述。学完本章之后，你需要做到以下几点：

1. 解释创造性问题解决；

2. 画一张图或表，展示你个人自然的创造性问题解决过程；

3. 描述创造性问题解决的三个过程成分与六个阶段，并说明它与你自己的创造性问题解决过程之间的相同点或不同点；

4. 解释"路径谋划"这个管理成分不同于其他三个过程成分的理由；

5. 解释创造性问题解决过程中"生成"与"聚合"这两种互补性思维之间的关系；

6. 解释进行"生成"与"聚合"思维的四条基本原则；

7. 解释创造性问题解决中用于"生成"与"聚合"思维的主要工具。

本章我们将创造性问题解决作为思维、问题解决以及管理变革的框架来进行介绍和考察。它为指导人们在解决问题和管理变革中运用两种互补性思维——尽量产生各种可能性(生成)与将思维聚焦(聚合)——提供了一个基本的框架。创造性问题解决框架还包含各种工具，用于辅助人们识别与聚焦于挑战、产生想法和为新机会做好行动准备。创造性问题解决还提供了一个菜单以帮助你组织与选择工具、有效的语言以及解决途径。你可以将其用于各种要求结果实用与新颖的挑战与机会之中。

我们将界定创造性问题解决体系的基本结构，并对当前的图形模式进行说明。本章我们还将介绍"生成"与"聚合"思维这两个概念，它们是使用创造性问题解决的关键，并介绍一些你将会在本书其余部分使用到的具体工具。

一、 什么是创造性问题解决

早期在研究创造性过程的时候，人们的兴趣主要集中于高创造性人物在解决问题时运用创造性的自然路径。因此，对于这个领域的研究者与专家们来说，面临的挑战就是如何使他们的这些创造性过程更明确、更易于观察，这一挑战激励着我们几代人为研究创造性问题解决过程而不懈地努力。诺勒等人(Noller，Parnes & Biondi，1977)将创造性问题解决等同于创造性决策，他们认为："我们首先猜测可能是什么，凭感觉预测一切可能的结果与影响，然后选择与发展所有想到的方案中最为优秀的一个。"后来，诺勒通过给"创造性""问题""解决"三个核心词汇下定义界定了创造性问题解决这一概念。

"创造性"意味着拥有新颖性元素，并且至少与方案提出者具有相关性；"问题"意味着任何一个呈现挑战、提供机遇或使你担忧的情境；"解决"意味着设计一种方法来回答问题、应对问题或消除问题，调整自己以适应情境或改变情境使之适应自己。创造性问题解决是一个过程，是一种方法，是运用想象力的方法导致有效行动的处理问题的一个系统。

创造性问题解决是一种组织各种工具以帮助你构思和发展新颖且有用成果的普遍适用的框架，它提供了一个结构化的系统。使用这个系统时，要运用生产性思维工具以理解问题与机会，产生多种多样不寻常的想法，评估、完善并实施可能的解决方案。这个系统既包含各种成分、阶段、状态和工具，还兼顾涉及的人、情境或背景、内容的性质与期待的结果等因素。创造性问题解决使个人与团体能够识别机会、应对挑战、消除担忧。

二、 创造性问题解决的起源与历史

一般认为奥斯本是创造性问题解决的提出者与发展者，他是天联广告公司的创始人兼合伙人之一。奥斯本对人类的想象力有着浓厚的兴趣，同时也十分关心如何在个体与组织中释放人的创造性潜能。他于 20 世纪 30 年代开始了有关创造性问题解决的实验研究，并因提出"头脑风暴法"而闻名于世。在《应用想象力》(1953)一书中，奥斯本提出了最初的创造性问题解决模型。在这之后，奥斯本持续而广泛地研究创造性，并向同事和朋友推荐自己提出的创造性过程以及各种工具。

奥斯本的研究成果对那些有志于充分发展和运用想象力的人们产生了深远的影响。《应用想象力》多次重版，并被译成多种语言，已成为创造性领域的经典著作。他于 1954 年成立了布法罗创造性教育基金会，旨在将创造性的春风吹向教育领域。1967 年，一本专注于创造性主题的杂志创刊发行，同年，在布法罗成立了一个学术项目，为一些重要的实验研究与发展提供了难得的机遇。

创造性问题解决的观点来自于 50 多年来在各种不同项目与背景中的研究、开发与实验，我们仅仅是继承和完善奥斯本初始想法的三代研究人员中的一部分。有关创造性问题解决框架历史发展的具体细节，可以参见艾萨克森和多瓦尔(Isaksen & Dorval，1993)，艾萨克森、多瓦尔、诺勒和怀尔斯汀(Isaksen，Dorval，Noller & Firestien，1993)，艾萨克森和特雷芬格(Isaksen & Treffinger，1985，2004)，艾萨克森、特雷芬格和多瓦尔(Isaksen，Treffinger & Dorval，1997)，帕勒斯

(Parnes，1992)，特雷芬格(Treffinger，2000)以及特雷芬格和艾萨克森(Treffinger & Isaksen，2005)等人的文章和著作。

本书主要聚焦于一个随着我们几十年的研究、发展与现场经验而不断完善的创造性问题解决框架体系。当然，创造性问题解决也有其他版本，有的与我们的理论基础相同，有的与我们的理论基础不同。这些版本的详细介绍与比较并不在本书范围之内，但我们在第十章为大家提供了有关这些版本的概要。

三、 个人的解决问题活动

我们每天都面临着解决问题、做出决策和寻求机会等状况，这些情况可能会出现在工作中、学校内或家庭里。通过长期处理这些事务，你已经拥有了一些自己解决问题的有效方法或策略，而在另外一些情境下，你可能体会到使用这些方法不能取得良好的效果，需要获得其他的解决策略才能够取得更好的效果。

本书的目的在于帮助你将创造性问题解决理解为一种加强和完善已有问题解决方法或策略的工具。它并不需要你抛弃自己已有的、可以发挥你的创造性来解决问题的知识和经验，而是鼓励你寻找使用创造性问题解决来增强自己已有的问题解决方法。

活动 2-1　将你自然的创造过程描绘出来

1. 回想一个问题情境，它是……

真实的；

需要新方法；

具有挑战性；

具有刺激性；

你可以影响其中某些事情；

你成功解决了。

2. 用图形勾勒出你自己的创造性过程。

3. 与你的团队分享你所画的过程。

4. 找出相同点与不同点。

5. 与更大的小组分享你们团队的关键发现。

由于我们的目标是要加强和完善你原有的问题解决方法，而不是取代它，所以，在我们深入了解创造性问题解决之前考察自己原有的问题解决过程是非常有益的。活动 2-1 让你回顾自己曾经解决了的问题，并勾画出其基本的解决过程。这个活动需要你在纸上勾画出这个流程，而不是用语言描述它，因为一旦你将自己的解决过程写在纸上，你就很容易发现它与其他人画出的自然过程之间的关系。

我们邀请了数百名学生、科学家、艺术家和专业人士进行这一练习，通过分析多元化人群的创造过程图，我们发现了其中的一些相似与不同之处。相似之处包括使用相似的符号或词汇来描述这些过程，在这些过程中存在类似的阶段，能够从完成的任务中识别出具体的过程。不同之处主要在于包括的阶段数量、每个阶段耗用的时间、在过程中投入的情感程度不尽相同。作为这项活动的结果，表 2-1 列举了活动参与者所描述过程的相似点与不同点。

表 2-1　各种自然的创造过程之间的相似点与不同点

相似点	不同点
识别问题	文字与图片的数量
使用了共同符号	过程的精细水平
采取了成功的行动	任务的性质
能够识别出整个过程	过程中各阶段所耗费的时间
产生想法以解决问题	过程中投入的情感水平

你可能有各种运用创造性来解决问题的方法，而你使用的解决方法往往依赖于任务的类型、截止日期、牵扯的人或可利用的资源。这些因素都会影响你在各种不

同活动中使用的做事方法的种类、顺序以及持续时间。

　　拥有一个自然而流畅的框架有利于你运用创造性更有效地解决问题。这个框架应该设计成支持你自己的做事方法，而不是取代你已有的做事方法。它不仅要与其他人使用的做事方法具有共同的元素，而且还要具有足够的灵活性以满足不同情境或不同团队合作时的独特需要。

　　你是否发现，在你自己做事流程中的某个点往往就是你产生想法以解决问题的那一刻？你是否曾经尝试过寻找自己想要解决的问题究竟是什么？你是否实施了提出的想法？尽管各种活动中的顺序、类型以及耗费的时间各有不同，但是问题解决的这几个方面常常出现在各种不同的流程图中。因此，任何有效的流程图都应该包括这些成分，并且提供描述它们的通用词汇。然而，在行为层面上，这些做事方法并不总是以同样的方式表现出来。你最终如何发挥你的创造性，还会受到图 2-1 所说因素的影响。

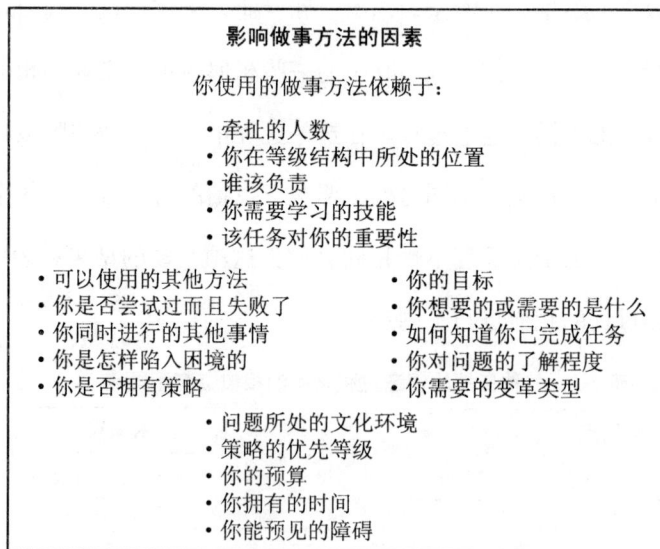

影响做事方法的因素

你使用的做事方法依赖于：

- 牵扯的人数
- 你在等级结构中所处的位置
- 谁该负责
- 你需要学习的技能
- 该任务对你的重要性

• 可以使用的其他方法	• 你的目标
• 你是否尝试过而且失败了	• 你想要的或需要的是什么
• 你同时进行的其他事情	• 如何知道你已完成任务
• 你是怎样陷入困境的	• 你对问题的了解程度
• 你是否拥有策略	• 你需要的变革类型

- 问题所处的文化环境
- 策略的优先等级
- 你的预算
- 你拥有的时间
- 你能预见的障碍

图 2-1　影响创造性过程的因素

四、 创造性问题解决的框架

我们可以在各种不同的水平上来描述创造性问题解决，在笼统的水平上，它包括四个成分（三个过程成分和一个管理成分）。成分（component）是指在人们创造性地解决问题时所要处理的活动类型与领域。创造性问题解决的过程成分包括理解挑战、产生想法和准备行动，管理成分是路径谋划。

每个成分中包含着具体的阶段（stage）。阶段是创造性问题解决中更细致、更具体的操作。创造性问题解决框架的四个成分总共包含八个阶段。理解挑战成分中包含捕捉机会、探寻数据和描述问题三个阶段；产生想法成分中仅包含一个阶段，名称与成分相同，也叫产生想法；准备行动成分中包含完善解决方案和寻求接纳两个阶段；路径谋划成分则包含任务评估和过程设计两个阶段。

接下来，在更具体的水平上，创造性问题解决三个过程成分的每个阶段又包括两种状态，一种状态是生成，它负责提出或产生大量的、各异的和不寻常的备选方案；另一种状态是聚合，它负责对生成状态提出的大量方案进行分析、完善或提炼。生成状态与聚合状态之间必须要达成动态平衡、协同作用。

最后，创造性问题解决框架中最具体的层面是生成和聚合工具。我们使用工具一词来描述作为创造性问题解决一部分的、用于完成一个具体操作的任何一种结构化方法，工具将会指引你在生成和聚合状态中的行动。本章后面的"创造性问题解决工具箱"部分将介绍各种常用的生成与聚合工具。

准确地理解我们使用的具体术语的含义，将有助于你准确、高效地学习与应用创造性问题解决，特别是当人人都能用相同的名称指代相同的事物时，可将人际间的误解与混乱降至最低。这对于需要合作解决新颖问题的人们来说尤为重要。

仅仅拥有一组共同的语言还不足以形成一个有效的问题解决框架，我们还需要通过使用一套共同的符号与图案集以促进人与人之间的沟通交流。如图 2-2 所示，我们将创造性问题解决框架绘制成一张图，将框架中的四个主要成分形象地呈现出来。

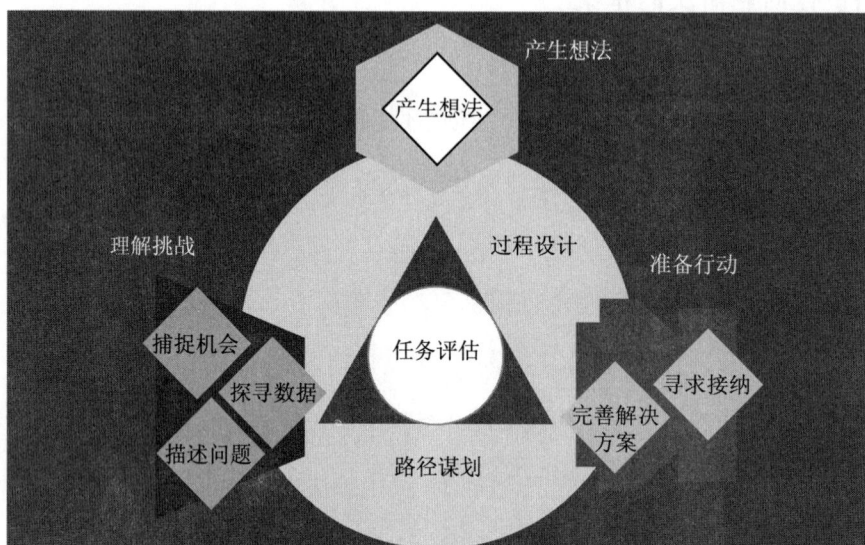

图 2-2　创造性问题解决框架图

问题解决者无须按照特定的顺序或预设的固定时长来使用这些成分、阶段或工具。正如我们在"个人问题解决过程活动"中提到的那样，在自然的问题解决过程中，阶段或步骤的顺序都不尽相同。创造性问题解决的框架体系应该适用于描述问题解决的自然过程中可能会出现的各种活动类型，而不是说在应用中必须要有明确的、严格的、固定的顺序。

在本章接下来的部分中，我们将对创造性问题解决的过程成分及其包含的阶段进行简单的介绍。在本书接下来的章节中我们会详细介绍每一种成分，其中第三章是理解挑战，第四章是产生想法，第五章是准备行动，第六章是路径谋划。

（一）理解挑战(understanding the challenge)

这个成分的主要目的在于帮助你对自己的问题解决活动获得一个清晰的聚焦。很多情况下，确保自己做正确的事情往往就能够产生重大的突破。做好准备并且正确地陈述问题、挑战与机会，总是有利于人们找到并获得建设性的答案。这个成分的三个阶段(捕捉机会、探寻数据和描述问题)的作用在于帮助你形成一个清晰的关注区域或定义良好的机会，具体描述如图 2-3。

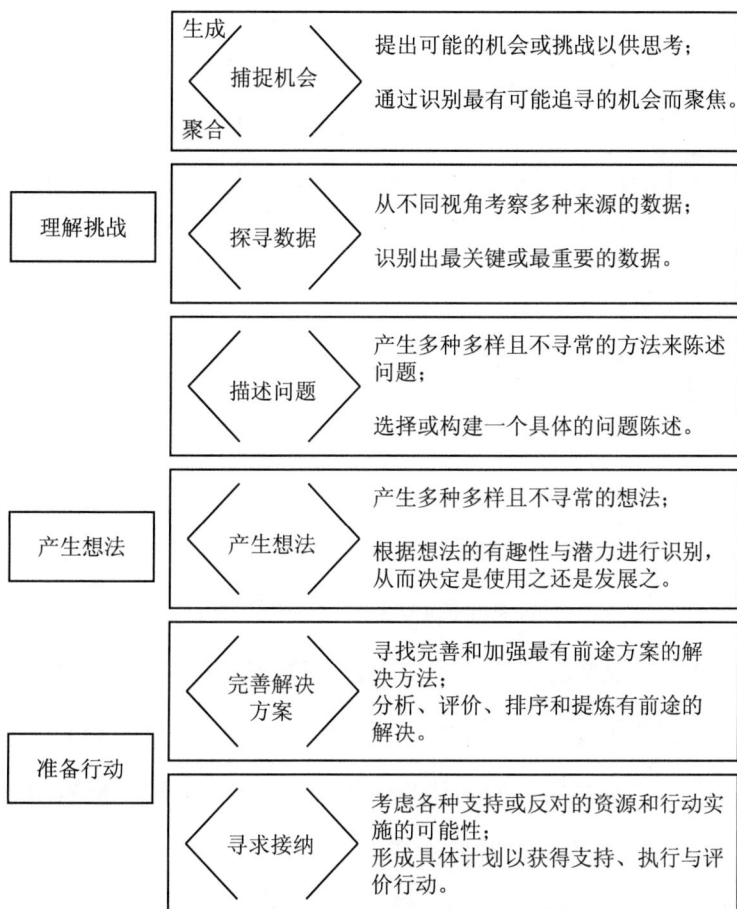

图 2-3　创造性问题解决的各阶段与分阶段

1. 捕捉机会（constructing opportunities）

捕捉机会要处理的问题是：我们将要进行的工作中，有什么样的挑战？又有什么样的机会？在这个阶段，"机会"（opportunity）一词意味着环境是模糊的、宽泛的、一般的、定义不良的。你总会遇到纷繁复杂的任务，而在任何一个宽泛的任务中又都存在许多潜在的机会。本阶段的主要目的在于为你的工作确认和选择一个宽泛的、简要的、有益的目标。

例如，1963 年 8 月 28 日，备受尊崇的马丁·路德·金在华盛顿举行的人权运动游行中发表了《我有一个梦想》的演讲。尽管当时绝大多数非裔美国人的生活条件十分艰苦，但他对未来的憧憬给许多人带来了希望。作为20世纪最著名的演讲之一的演说者，他对未来的描述为整个人权运动提供了一个共同的焦点。他对于梦想的描述就像是一个结构化的机会，在今天仍然具有挑战性（即使在2008年大选中，第一位非洲裔美籍黑人总统上台），并将继续指引着人们为改善人权而奋斗。如果用创造性问题解决中的机会来说，金的梦想就是"我们试图扩大与加强所有美国人的机会平等"。

2. 探寻数据(exploring data)

在探寻数据阶段，你的工作应聚焦于找到多种多样的信息，这对于你审视自己的机会或帮助你陈述问题都将起到重要的作用。在这个阶段中，你应从多种角度来考察环境从而获得各种各样的信息(information)、印象(impressions)、感受(feeling)和情绪。然后，再确定到底哪些数据最有助于你更好地理解问题。

例如，杰克逊·波洛克(Jackson Pollock)以其独特的画技——"滴画"而闻名于世。他不像其他人那样以传统方式用画刷作画，而是用画刷或其他工具将颜料滴到画布上。在波洛克的创作过程中，他将自己的记忆和情感与绘画材料和意象相互作用融合于主题中。波洛克独特的绘画技巧、能力与风格形成了大量不同的数据来源，使他成为20世纪最著名的美国艺术家之一。

3. 描述问题(framing problems)

描述问题阶段用于帮助你发展出一个可行的、激励性的和具体的问题陈述(problem statements)。当你想要或需要提出一个具体问题时，你就在描述问题。在这个阶段中，你先产生大量的问题陈述，然后选择或构建一个具体的陈述。这样就为你接下来的工作提供了一个确定的且定义良好的问题陈述，它能激发你产生许多新异的想法和可能的解决方案。创造性问题解决的这个阶段将会帮助你确定一条通往理想目标的路径。

例如，在19世纪末20世纪初，玛丽·居里(Marie Curie)不远万里从波兰来到巴黎大学学习。那时候贝克勒尔(Becquerel)已经发现，铀会放射出奇怪的射线，玛丽·居里选择跟进这一研究主题，并将其作为自己的博士论文。当她测量沥青铀矿时，发现它比铀放射出更多的射线，她因此而发现了镭。玛丽对她的发现过程进行再构造，这个意义远远大于发现一种新元素。她意识到，自己使用的检测放射性物质辐射量的过程，完全可以作为发现新元素的方法。这为探索物质的性质提供了重要的途径，同时也打开了进入核时代的大门。

（二）产生想法（generating ideas）

尽管理解挑战成分有三个目标明确、任务具体的阶段，但是，产生想法成分却只有"产生想法"一个阶段，如图 2-3 所示。当你需要大量的、新颖的或不寻常的想法来解决一个界定完好的问题时，你就会用到这一阶段。

例如，托马斯·A. 爱迪生（Thomas A. Edison）一生共申请了 1093 项发明专利。为了达成这个数字，他通过一种非常系统的方法来产生大量的想法。1876 年，爱迪生在门洛帕克建立了一个实验室（这也是世界上最早的正式研究与开发的实验室之一），不久之后，他同时制订了 40 个不同的研究计划，并且在一年之内提出了 400 多项专利申请。爱迪生因其源源不断地产生想法而闻名遐迩。

（三）准备行动（preparing for action）

准备行动成分的目的在于将有趣而富有前途的想法转化为有用的、可接受且可实施的行动。这一成分的最终成果是一份深思熟虑的行动计划，包含完善解决方案和寻求接纳两个阶段，如图 2-3 所示。

1. 完善解决方案（develaping solutions）

完善解决方案阶段是对有前途的想法进行分析、提炼与完善。有时，这个阶段强调对备选方案进行分类、压缩与选择；而另一些时候，其主要目的则可能是产生与应用评价准则。这个阶段为你提供了仔细审查那些有前途想法的机会，以便进一步完善它们。仅仅拥有想法是远远不够的，根据定义，新颖的想法总是需要花费大量的时间和精心地推敲方可为他人理解和接受。

例如，亚历山大·弗莱明爵士（Sir Alexander Fleming）因其在 1929 年发现青霉素而闻名于世，但在当时他却默默无闻，直到几位关键人物花费多年时间分离、提纯和测试青霉素，并使这一药物得到批量生产和广泛应用之后，他才声名鹊起。由霍华德·沃尔特·弗洛里男爵（Baron Howard Walter Florey，一名供职于牛津大学雷德克里夫医院的医学教授）、威廉·邓恩爵士（Sir William Dunn，来自于牛津的一所病理学校）和恩斯特·B. 钱恩（Ernst B. Chain，生物化学的领头人）等人组成的小组直到1941年才最终有效地实施了弗莱明的想法。他们的奖章静静地躺在了牛津市的阿什莫尔博物馆里。弗莱明、弗洛里和钱恩三人也于1945年共获诺贝尔生理学及医学奖。

2. 寻求接纳（building acceptance）

这个阶段要求你以他人的眼光来审视备选方案，同时，以能够导致有效行动的方法来审查自己的潜在解决方案。寻求接纳阶段用于制订实施变革方案的行动计划，或真正实施已成熟的解决方案。当你主要关切的在于方案的贯彻实施、承诺与支持，同时，最大限度降低或化解潜在的或实际的反对与阻碍时，你便处于寻求接纳阶段，这一阶段的最终结果是一份行动计划。

例如，查尔斯·F. 凯特林（Charles F. Kettering）是通用电气公司研发部门的负责人，他于1947年退休时，总共拥有147项专利。凯特林最著名的故事之一是，他认为可在一小时内给一辆汽车喷完漆，但当时却需要三周才能完成。凯特林不仅想大幅度减少喷漆时间，还想同时给汽车喷不同颜色的漆，因为那时的汽车只有黑色。为了克服可能的阻碍，他偷偷地利用午饭时间将一些重要股东的汽车喷上他们喜欢的颜色。做完这件事后，凯特林遇到的阻力大大减少了。

（四）路径谋划（planning your approach）

之所以将路径谋划视为管理成分（management component），是因为当你运用创造性问题解决时总是离不开它。这个成分的作用是确保你的思维朝着期望的目标、按照预定的轨道运行，包括监控自己的思维、选择加工过程中对于工具和位置的选择，然后修正自己的路径以取得最好的效果。这个成分包括任务评估和过程设计两个阶段。

1. 任务评估（appraising tasks）

在任务评估阶段，你首先需要确定创造性问题解决是不是处理具体任务的最好选择。在这个过程中，你必须认真权衡承诺、约束并有效运用创造性问题解决必须考虑到的条件。同时，你还需要考虑牵扯的人、你所期待的成果、你的工作背景以及可以利用的方法等因素。

例如，我们正与一位全球出版机构的首席执行官共同开展一个有关领导力开发的项目。我们与他分享了一份由我们开发的、用于帮助组织了解员工是否对变革做好心理准备的组织气氛量表的研究结果。这个结果对于正在与我们一起开展研究的组织高管团队来说意义很大，于是，这位 CEO 请求我们对他们整个机构都进行这一项目的研究。在项目开展的过程中，我们获悉，该组织中不少部门的负责人都在进行重大调整。很显然，他们暂时不适合进行这样的测量，或者只有等到这些岗位调整完毕不再有变化之后再开展这个项目。因此，我们建议这位 CEO 再等一等，或重新考虑他的请求。

2. 过程设计（designing process）

在过程设计阶段，你应该将自己对于任务的知识和自身的需求综合起来，考虑创造性问题解决的哪些成分、阶段或工具最适合用于实现自己的目标。因此，在这个阶段，你要运用创造性问题解决来定制自己独特的路径。

例如，我们曾与某个学区的员工发展团队一同共事过，当时，团队的领导正忙于针对高中教师的暑期课程开发项目。通过前期合作，我们认定团队领导们已经有了清晰的任务，同时，他们对解决方案也构思了一些很好的想法。因此，我们的工作主要在于帮助他们提炼与完善这些想法（完善解决方案阶段），预测在目标团组中可能遇到的支持和阻碍，同时为推进、实施和评价暑期项目制订一份详细的行动计划（扩大接受性阶段）。这一项目吸引了大批参与者，受到了广泛认可，并且在高中课程中获得大量优秀的原创成果。

路径谋划成分帮助你审慎地考虑任务涉及的人员、环境、需求以及期望的结果等因素，你从这个成分中获得的信息将会帮助你修改即将实施的方案。当你定制自己的路径时，必须考虑人员、背景、内容和方法四个要素，我们将会在后面的章节中做更为详细的介绍：第七章将考察人员的特点，第八章考察背景因素，第九章探讨方法问题，第十章则考察你期望的结果。

五、 创造性问题解决的"脉动"

心跳为心脏的脉动提供了一个可以听得见的信号，它是你的健康和生命至关重要的天然信号，而创造性问题解决的心跳则包括两种互补性的思维——"生成"（拓展你的搜寻范围，以产生多种多样不寻常的方案；常常与"创造性"思维相联系）和"聚合"（分析、提炼、完善与选择方案；常常与"批判性"思维相联系）之间的动态平衡，或称之为脉动（heartbeat）。这种动态平衡需要将"生成"与"聚合"思维隔离开来，鼓励高效地使用每一种思维。脉动就是生成的时候要尽量扩展你的思维，聚合的时候要尽量收缩你的思维。动脉的健康舒张有助于延年益寿，两种思维的健康舒张也会促进创造性问题解决的运用。

创造性问题解决框架强调协调运用批判性与创造性思维，因为我们坚信，问题解决者只有运用这两种思维才能够有效地解决问题。在创造性问题解决过程中，创造性思维与批判性思维两者共同作用、相辅相成。创造性思维处理的是产生和表达有意义的新联结。当你运用创造性思维的时候，你能观察到差距、挑战或关切，想出大量的、各异的或不寻常的可能性或者精炼并扩展你的想法。批判性思维处理的是分析、评价或完善你的选择，当你使用批判性思维的时候，你需要筛查、选择和支持某些可能的方案，对备选方案进行比较和对比，做出归纳和推理，完善或提炼方案，从而做出有效的判断和决策。

只使用创造性思维或只使用批判性思维，都不足以帮助你解决某个问题。仅仅产生大量粗糙的想法，只能导致无意义的指令或行动（"我有 50 个主意，但我仍然不知道该做些什么"）。同时，如果你仅有极少的普通想法，那么，即使是最深刻的分析，也难以从中得出一丝令人兴奋的憧憬。因此，最明智、最富有建设性的选择就是协调运用创造性思维和批判性思维。

知道如何有效地保持"生成"与"聚合"思维之间的平衡，是人们成功应用创造性问题解决的重要前提。正如创造性思维与批判性思维对彼此来说都很重要一样，"生成"与"聚合"思维也是创造性问题解决框架中不可或缺的重要成员。也许在某些时刻，两者之间的平衡很难控制，但是我们仍然需要牢记，只有这两种思维协调一致时，创造性问题解决才能满足你解决问题的需求。虽然图2-4中的天平是平衡的，但实际中你将会体验到，这个天平会经常摆动，只能达到动态的平衡。

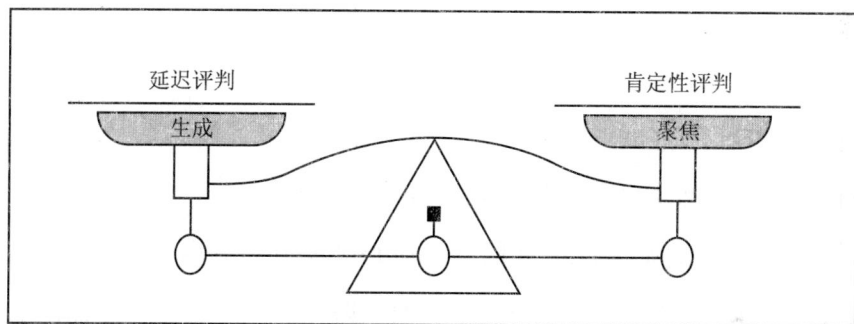

图2-4 动态平衡——创造性问题解决的"脉动"

寻求两种互补性思维与问题解决之间的平衡，有助于你决定什么时候该充分发散，什么时候该有效聚合。在某些情况下，会更强调"生成"思维的重要性，并可能会耗费更多的时间与精力在方案的产生过程中；而在另一些情况下，则可能会更强调"聚合"的重要性，这时，分析、评价与改进方案就更具有迫切性。在你应用创造性问题解决的过程中，你需要的平衡很可能会受到多种重要因素的影响，不过，这些影响因素绝大部分都是情境和任务的需求。追寻和达到这种和谐平衡的最佳途径之一，就是明确地区分这两种不同类型的思维，并且创设适合它们各自高效运行的独特条件。

（一）生成思维的指导原则

每当你正在构思想法的时候，任何评价都有可能会妨碍你。因此，让想法在心里自由、奔放地流淌而不给予任何的评价，就成为"生成"思维必须遵守的最重要的指导原则(见图 2-5)。通过推迟或悬置判断，人们就可能对新思想保持开放性，为探索更多的可能性提供机会，即延迟评判。

图 2-5　产生方案的四个原则

1. 延迟评判(defer judgment)

延迟评判是所有生成原则的基础，它要求推迟评判与分析，直到你提出了所有可能的想法。虽然评判是问题解决的一个部分，但它更适合作为一项单独的活动来进行。延迟评判不但包括延迟积极的和消极的评判(表扬与批评都是评判)，还包括内部评判和外部评判。在说出来之前就对自己的想法做出评判(即内部评判)，很可能会抑制你将其看作备选的想法；在他人产生并表述观点时进行评判(即外部评判)，可能会导致他们不愿表达想法或停止生成想法。

2. 以量求质(strive for quantity)

数量总会蕴含着质量，因此，备选想法越多，其中包含新颖且有价值的解决方案的可能性就越大。这一原则要求参与者尽可能产生数量众多、种类繁杂的备选方案或想法。为了更好地提升想法生成的数量，可以尝试仅用几个词汇将这些想法简单明了地表达出来(如报纸的"新闻标题"，或者采用"电报式语言")，而不必像完成书本那样将事情复杂化。

3. 自由驰骋(freewheel)

这个原则强调捕捉或记录每一个浮现于脑中的想法或方案，而不必考虑这些观点是否过于粗糙或愚蠢。你要尽情地享受这个过程，谋求独特的或原创的想法。有时，最粗糙的想法往往是你或团队中其他人新想法产生的跳板。如果粗略想法被枪毙了的话，那么，粗糙想法之间的独特联结和新方案就不可能产生。自由驰骋也提醒你，尽情施展想象力是非常重要的，因为任何人都很容易陷入思维惰性，仅仅在一些常规、熟悉的观念或习惯上徘徊，或是将自己的心智局限于某一狭窄的范围内。

4. 寻求组合(seek combinations)

这个原则建议你对已有的方案进行调整、变换或以原有方案为基础做改变。你可能经常见到一个想法是如何促进其他想法产生的，甚至在非正式的谈话中也会出现这样的情况。当某人提到了某些能让我们产生新点子的事情时，我们常常会说："噢，是的……这让我想到了……"我们试图在个人情境中或是团队应用创造性问题解决时充分利用这一体验，所以，你或团队成员应该对那些有可能将观念联结起来的新方法保持高度的警觉，这也叫"借力"或"搭便车"。

我们将在本章的后面部分介绍创造性问题解决框架中经常用来生成想法的工具。头脑风暴法是创造性问题解决的一个基本工具，与生成思维指导原则的联系最为密切，接下来便要对其进行细致的介绍，因为它是很多工具的基础。

(二) 头脑风暴法

尽管有人总是将头脑风暴法等同于创造性问题解决，但它其实只是创造性问题解决框架中众多产生想法的工具之一(Treffinger，Isaksen & Young，1998)。头脑风暴法作为一种团队合作进行创造的方法，最早由奥斯本提出(如图 2-6)，它可能是创造性问题解决的工具箱中最广为人知，但同时也是人们误解最多的一种工具。

在创造性问题解决的任何一个阶段都可以有效地使用头脑风暴法这个工具。例如，在创造性问题解决的捕捉机会阶段，头脑风暴法常常被用于产生一系列可能的机会陈述(opportunity statements)。该工具还能在探寻数据阶段用于产生数据，在描述问题阶段产生可能的问题陈述，在产生想法阶段产生大量的想法，在完善解决方案阶段产生更多的标准，在寻求接纳阶段提出更多的支持或阻碍性资源。简言之，它是你工具箱中功能最多的工具之一。

图 2-6   头脑风暴法示意图

1. 头脑风暴法不等于团队讨论

我们常被人邀请去参加"头脑风暴"，但是，在分享想法之前，他们就可能把这些想法消灭。因此，明确地理解其基本的指导原则并在实践中遵守它是十分重要的。当然，头脑风暴法包含的内容远远不止前面提到的四个基本原则。

2. 在头脑风暴法中必须有人组织会议

仅是告诉团队成员遵守头脑风暴法的原则不足以成功开展这一活动。因此，奥斯本在设计这个工具时加入了一个领导者角色。头脑风暴法是一种用于团队活动的工具，必须有一个受过良好训练或高素质的人士对团队中五至七名来自不同背景的成员进行指导和管理。领导者的任务便是协调好各成员之间的互动，调动成员的热情，并确保无人违反原则。

3. 头脑风暴法要求记录过程中产生的所有想法

奥斯本最初开发这一工具时建议头脑风暴法中每个团队都有一个专职秘书提供技术支持并记录小组成员提出的每一个想法。会议中有了这个人，就意味着团队成员可以专注于想法产生的过程，不会因记录而阻断思绪。

4. 头脑风暴法需要更多的努力

帕尼斯（Parnes，1961）发现，在运用指导原则产生想法的时候，会议的早期产生的想法比后期更传统，更平淡无奇或更常用。随着时间的推移，产生的想法会越来越新奇或不寻常。在活动的最后阶段，人们常常会将一些熟悉的想法与罕见或新颖的想法相糅合，从而产生一些新奇而有实用性的想法。因此，他指出，在产生方案的过程中延长你的努力时间将会带来有益的结果，因为产生更好的想法总是需要花费更多的时间。鼓励组员花费更多的努力是团队领导者或促进者的关键任务之一，促进者可以通过提出一些具有刺激性的问题或引入另一种工具来维持团队成员的动力从而有效地完成任务。

5. 头脑风暴法可以补充个体思维

头脑风暴法是团队使用的一种工具。个体独自使用时不能简单地遵守这些原则，因为你无法"搭乘"他人想法的"顺风车"了。然而，如果你决定独自使用这个工具刺激想法，你就需要更多地依赖"增强性工具"来帮你更好地工作。例如，当你或一个团队的观念生成受阻或生成速度开始下降时，你可以选择其他生成想法的工具（见表 2-2）来激发更多的独特想法，诸如强制联结法（forcing relationships）或检核表法（如 SCAMPER）等。

表 2-2　创造性问题解决工具箱中的生成与聚合工具

生成工具	聚合工具
属性列表（attribute listing）：拆解问题从而产生改变。	优点、缺陷、独特之处与克服缺陷（ALUo）：提供一种积极评判的方法来加强新的选择。
头脑风暴（brainstorming）：让小组产生大量的、各异的和不寻常的选项。	评价矩阵（evaluation matrix）：使用结构化的方法而不是具体的标准来评价想法。
便是贴头脑风暴（brainstorming with post-its®）：通过允许小组成员写下和大声地分享自己的想法从而提高所产生想法的数量。	准则（criteria）：帮助产生特殊的准则从而评价选项。
书面头脑风暴（brainwriting）：允许个体系统地和匿名地以他人的选项为基础提出自己的选项。	选择击点（selecting hits）：运用个人经验和判断确认和选择最有前途的想法。
强制匹配（forced fitting）：在挑战与看上去无关的事物之间强行建立联系。	需要/想要（musts/wants）：以重要性为根据对想法进行排序。
想象跋涉（imagery trek）：通过远离挑战（类似去远航）从而发展出新颖的关系。	成对比较分析（paired comparison analysis）：通过成对比较确定优先顺序。
抽象阶梯（ladder of abstraction）：有助于使搜索更为抽象、宽泛与一般化；或更为具体、有限与明确。	突出亮点（highlighting）：将大量的想法压缩成可管理的主题。
形态矩阵（morphologic matrix）：提供一个结构化的方法以识别与综合任务所涉及的元素。	短期、中期和长期（short, medium, long）：按照时间线对选项进行短期到长期的分类。

续表

生成工具	聚合工具
SCAMPER：将刺激想法产生的问题分类为六个概念(各以一个字母表示)，用以产生新方案。 形象化地找出关系(visual identifying relationship,VIR)：使用视觉远距离地审视挑战，从而激发原创性的反应和新观点。	

头脑风暴法是一种为团队设计的、以产生大量想法的工具。后来，奥斯本细化了其中每一道程序以确保取得最好的成果。他建议为每个小组成员准备一份包含任务背景的正式书面邀请函，保证个人有足够的酝酿时间，并在头脑风暴会议之前进行充分的构思。其他建议可参见艾萨克森、多瓦尔和特雷芬格(Isaksen，Dorval & Treffinger，1998)以及艾萨克森和戈兰(Isaksen & Gaulin，2005)等人的著作。

（三）聚合思维的指导原则

当聚敛想法的时候，评价和批判思维就成为基本的任务，从而构成了另一个互补的指导原则。不幸的是，很多人似乎仅仅知道评价观点的一种方法——以极为生猛的方式！这就像开车时仅仅知道猛踩刹车片这样一种方法来停车一样。面对备选方案时，他们会说："你看，我已经尽我最大所能延迟评判了，现在该是消除那些愚蠢方案的时间了吧。"于是他们也给自己的心灵来了一次急刹车——他们通过寻找想法的缺点以及仅限于寻找唯一正确的答案或最好的答案

图 2-7　肯定性评判是聚合思维的重要原则

（正如图 2-7 描绘的那样），常常将自己陷入无效的"二择一"的思维中（我们只能这样做或那样做，这是可能的或者是不可能的），而不是想方设法仔细地、建设性地审视这些想法，或者是用发展的眼光来完善那些看上去吸引人的或有前途的想法。为了克服那些天生的、有时甚至是极其强烈的趋势，尽可能消灭新奇事物，记住并

使用肯定性评判的指导原则是非常重要的，它是创造性问题解决各个阶段中"聚合"思维都必须遵守的基本原则。使用这个原则是为了帮助人们克服当考虑新奇性的时候条件反射性地说"不"的倾向。

当产生了多种多样不寻常的想法之后，你很可能会被这大量而繁杂的想法吓倒。遵循这些指导原则就是鼓励你保持开放的态度，并认真考虑各种新颖的想法。这些原则是用来帮助你以建设性的而不是破坏性的方式分析和评估你的想法的。"肯定性评判"是"深思熟虑""重视新颖性"和"牢记目标"等其他聚合思维指导原则的基础，如图 2-8 所示。

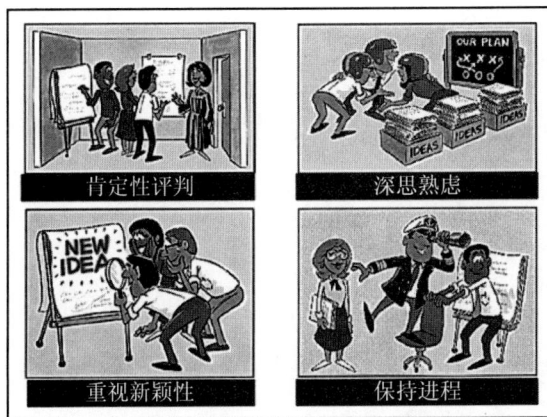

图 2-8　聚合思维的四个原则

1. 肯定性评判（use affirmative judgment）

这个原则要求首先应该寻找备选方案的优点或长处，然后再将你的注意力转入方案的缺陷或需要改进之处。然而，当你指出想法的缺陷时，要避免任何可能扼杀想法的措辞，最好以问句的形式提出你的担忧，这样可以推动想法的完善与改进。例如，以"如何做（How to）……""可能会如何（How might）……"的方式提出你的问题，这样的问句可以激发你更深入地思考这些想法，而不是丢弃它们。肯定性评判原则提醒你，评估与决策其实也是想法完善的过程，其目的不仅仅是批判想法，还在于从备选想法中选出最好的。

2. 深思熟虑(be deliberate)

这个原则能够促进聚合过程中具体工具或策略的有计划使用，帮助你以系统化的方法分析、完善、提炼各种备选想法。有效的聚合常常会涉及对备选想法的选择或决策，在聚合过程中深思熟虑，有助于解决团队决策可能面临的冲突与矛盾。将决策的具体过程公开化，有助于避免"暗箱操作"或决策标准不统一的现象，公开自己的决策过程会促进能力的有效利用。

3. 重视新颖性(consider novelty)

如果你想要获得新颖而有用的结果，那么，你就必须积极地发现与拥抱新颖性。在聚合思维中，人们常常会简单地略过具有高度新颖的想法，而选择一些风险较低、与他们原有思维方式较为吻合的想法，结果很多人常常误以为生成思维毫无意义或不重要。重视新颖性这个原则，就是用来确保在聚合思维中培育和完善那些新颖或新奇的想法。

4. 保持进程(stay on course)

这一原则强调，牢记聚合思维的目标或初衷是非常重要的，就像在大海中航行一样，你需要始终将注意力保持在预定的目的地上，不断地修正自己的航线。特别是在充分的发散之后，你体验到的兴奋与激动很容易导致你迷失最初的目的。如果你所有的想法都令人着迷，那么，你的目标或希望实现的愿景将成为你选择和完善想法最重要的"路标"。

正如产生想法时你需要伸展你的努力一样，全神贯注于"聚合"也会给你带来好处。就像在图 2-9 中你看到的那样，如果你在生成备选想法时已经很好地完成了任务，那么，通过适当延长努力的时间，在常规答案区域之外，你将会发现大量而多样的新奇想法。我们发现，在很多会议上，人们几乎花费所有时间在产生备选想法上，并填满了许多挂图。会议负责人常常发现他们基本上没有多少时间用于聚敛想法了，于是，他们只能"急刹车"，同时，经常会避开那些具有极高新颖性的想法。这些会议负责人往往会选择常规回答区域中较优的方案，而这会让那些参会人员感觉自己的努力都白费了。如果聚合思维都是如此组织的话，那么长此以往，人们将会认为生成过程只不过是在浪费时间罢了。

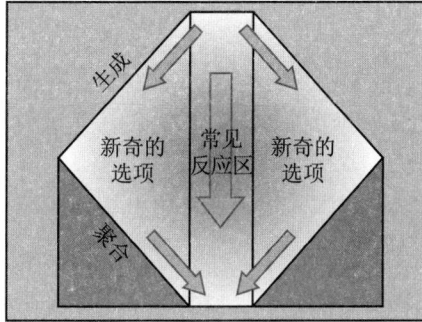

图 2-9　尽力聚焦于新颖性

　　这就是使用聚合思维指导原则和工具的原因，这样有助于保留下那些在生成过程中提出的新颖方案，支持人们审慎地筛查、选择想法，并对新颖想法的完善提供必要的支持。在创造性问题解决框架内使用所有的聚合工具都必须遵循这些原则，其中，与聚合思维指导原则联系最为密切的工具是 ALUo 法（Advantages—优点，Limitation—缺陷，Unique Qualities—独特之处，Overcome Limitations—克服缺陷）。

（四）ALUo 法

　　在聚合状态，时常会出现高新颖性想法被人们忽略、忽视甚至是公开批判或攻击的现象。ALUo 法（见图 2-10）是专门为团队有效地分析与完善新颖的想法、避免

图 2-10　ALUo 法示意图

常规性想法而设计的一套结构化工具。在人们分享新奇想法的时候，很可能会出现"想法大屠杀"这一情况。你会发现，特别是在教育领域，人们还会把这一工具称为"ALUo"，但其与"ALUo"是完全相同的，只不过是命名上稍有不同而已。

ALUo是严格按照聚合思维的指导原则对想法进行分析、完善与提炼的一种工具。

1. 识别优点、长处或强项

ALUo法首先考察的是方案的优点、强项或长处，这说明它用的是肯定性评判原则。对优势的考察鼓励人们以积极的心态参与到方案的分析之中，有助于人们克服反射性否定新颖方案这一习惯——为了充分地发现方案的优势，这一点必须在思考过程中诚心诚意地接受（即使是暂时的）。注意！要避免那些不重要的优点或伪装的缺陷（事实上是弱点，但看上去是优点），使方案的优势合法化是十分重要的。你必须努力去找到它们，这就是为什么在这个部分首先提出的原因！

2. 识别缺陷或可以改善的地方

任何备选的方案都是不完美的。ALUo法引导人们谨慎地考察方案的缺陷、弱项以及与之相关的挑战，通过让人们以问句的形式与团队成员探讨方案的缺陷，如采用"如何做""可能会如何"的方式将方案的缺陷转化为问题的陈述，避免了因缺陷而导致的对方案的"彻底放弃"，同时也鼓励人们想出新的想法来克服缺陷从而完善方案。

3. 识别独特之处

通过发掘备选方案的与众不同之处，ALUo法帮助你有意识地考虑方案中新颖或不寻常的元素。这种审慎地考察新颖性的行为，就像"安全网"一样，保障了团队对新颖方案的分析与完善。你需要谨慎地质询："本方案有没有其他方案没有的特点?""这个方案中是否存在着一些独特之处或与众不同的方面?"……这有助于你保留新颖性的方案，并聚焦于保留方案中那些既有用又珍贵的新颖方面。事实上，你并不需要挖掘太多的与众不同之处，只需要找到方案中最核心或最关键的独特性元素，所以，你可以轻而易举地做到这一点。

4. 克服缺陷

ALUo 工具的一个重要作用就是找到方案中需要克服的最重要缺陷。一旦确认这些缺陷，你就应该集中时间与精力，采取实际行动克服这些缺陷并完善方案。这样的话，ALUo 工具就在分析方案、增加新颖性与有用性之间起到了平衡作用。在你想方设法克服关键缺陷时，你可以参考方案的长处来帮助你产生新想法以增进与完善选项。同时，你也应牢记，在改进方案时要避免误删你想要保留的那些新颖元素。

（五）生成与聚合的结合带来创造性

在任何一个阶段中交替专注于生成与聚合状态，都能够为整个创造性问题解决过程提供充沛的能量并保障创造性问题解决过程的自然流畅，也正是因为这样的交替，我们才会用菱形图案来表示创造性问题解决的各个阶段。每个阶段都包含生成和聚合两种状态，每种状态中你花费的时间、精力与工作量会受到很多因素的影响，并最终达到"动态平衡"。如果你没有在生成状态中投入足够的精力，那么，你就有可能会在聚合状态中对于过时的、无用的方案枉费精力。所有的分析与评估工具都不可能生成可以有效处理混乱且富有挑战性情境的新颖方案，为生成状态创设的条件就是要充分地发挥你的想象力，此外，还需要一定的酝酿期和豁朗期。

此外，如果你没有在聚合状态中投入足够的精力，那么，你就可能会发现自己选择的方案并不完善或不为他人所接受。因此，一些比较粗略的想法在被分享或实施之前必须经过精细的加工。为聚合状态创设的条件就是让方案充分地发育、发酵与成熟，直至这个方案已经为运用或收获做好准备。

我们常常因看到高创造性的案例并发现两种状态动态平衡的证据兴奋不已。弗兰克·劳埃德·赖特（Frank Lloyd Wright）在他的职业生涯中完成了将近 11000 个建筑设计，其中只有约 1000 个设计真正地得到实施。在世界上每 100 处最重要的建筑之中，赖特的作品就占据了 10 个份额。

艺术类作品中也有类似的情况发生。巴勃罗·毕加索（Pablo Picasso）很可能是

20世纪最著名的艺术家之一，他的职业生涯延续了将近75年，他利用各种各样的材料创作了数以千计的雕塑、绘画、刻章、陶器作品。在巴塞罗那参观毕加索博物馆时，你会看到他的一幅关于一个小女孩的作品。这是有一天他参加一个上流社会的聚会时，被荷兰皇室会员维拉斯克斯的一幅作品激发所创作的。他所有的注意力都集中于作品中的小女孩身上，创作了44幅有关小女孩的不同作品，直到他选出最满意的作品为止。毕加索一生创作了大量的作品，所以，后人才能够从中找出一些伟大的作品，如《格尔尼卡》《宫女》等。

上述指导原则及工具有助于创设特定的心理状态，而这是生成思维与聚合思维有效发挥作用所必需的。遵循它们不一定能保证你成为赖特或毕加索，但能让你更好地意识到自己的创造才能更好地激发它们。已有证据表明，应用创造性问题解决及其相关工具，能够提升你的创造性水平。

六、 创造性问题解决中的工具

头脑风暴法和ALUo法是"生成"与"聚合"思维中经常使用的两种典型工具。然而，还有其他数百种工具能够帮助你生成和聚合想法。表2-2列举了十余种最常用的创造性问题解决工具，我们将会在本书的后面章节中做详细的介绍。

如果你想了解更多的有关工具的知识，请查阅其他资料：伯格纳等人（Bognar, et al.，2003），库格（Couger，1995），戴维斯和罗威顿（Devis & Roweton，1968），埃利奥特（Elliot，1987），福布斯（Fobes，1993），福斯特（Foster，1996），格斯奇卡、肖德和斯奇里克斯普（Geschka, Schaud & Schlicksupp，1973），霍尔（Hall，1995），希金斯（Higgins，1994），艾萨克森、多瓦尔和特雷芬格（Isaksen, Dorval & Treffinger，2005），凯勒—马瑟斯和普乔（Keller-Mathers & Puccio，2000），米哈尔科（Michalko，1998），帕勒斯等人（Parnes, et al.，1977），雷和威利（Ray & Wiley，1985），斯特拉克和罗林森（Straker & Rawlinson，2003），特雷芬格（Treffinger，2003），特雷芬格和纳萨比等人（Treffinger, Nassab, et al.，2006），

特雷芬格和纳萨比（Treffinger & Nassab，2000，2005），范甘迪（VanGundy，1992），范·洛文和泰尔亨纳(van Leeuwen & Terhürne，2002)等人的著作。

七、 我们怎样才能知道创造性问题解决是有效的

有两种方法可以让我们知道创造性问题解决是有效的。其一，通过我们自身多年的实践与体验。有许多案例贯穿全书，同时你也可以从第十一章中了解到创造性问题解决在各种应用水平中的有效性。其二，我们也可从各种文献与著作中了解到创造性问题解决的有效性和影响力。

（一）来自实践经验的知识

我们运用创造性问题解决来帮助团队或组织战胜各种挑战，包括完善愿景和宗旨、设计学校课程、建立有效的工作小组、长期规划、全面质量管理、持续改进、开发新产品和服务项目等。我们训练人员并给他们颁发证书，同时给各种国内和国际组织使用创造性问题解决流程及其相关材料的授权。我们不断地从各种人群中获得大量积极的反馈，他们在单位、家庭、学校中使用创造性问题解决都取得了有成效的和有价值的结果。

最常听到人们谈论自己决定使用创造性问题解决的理由之一是，这个框架体系在广泛的领域中取得了大量正面的实证结果。因为许多实践者在各种各样的情况下都应用了创造性问题解决，所以我们了解到在不同层次的实践水平上创造性问题解决都能够起作用。人们也常常要求我们帮助他们在各种教育、商务和非营利组织中使用创造性问题解决，我们将会在第十一章与大家分享一些在不同情况中应用创造性问题解决的案例。

（二）来自文献资料的知识

文献中九个主题或类别以及大量的引述都支持创造性问题解决对个人、团队和

组织有效这一结论(Isaksen & Deschryver，2000)。我们了解到创造性问题解决能够给人们带来影响是因为以下几点。

1. 有坚实且明确的理论基础

无数的文章指出，历史的事实与发展、各种理论方法及一般的哲学都支持人们去理解和开发创造性。

2. 持续的研究与发展

由创造教育基金会和创造性研究中心通过布法罗基地完成创造性问题解决的研究与开发工作，至今我们仍然与来自世界各地的其他组织和学者继续共同研究。

3. 设置了正式课程

自早期在布法罗成功开发培训课程以来，现在在世界范围内，已开发与投入使用了更多的创造性问题解决培训课程，其中包括针对学术的、政府的和产业界的课程。这些提供证书的课程，既有面向儿童的，也有面向高年级学生、大学生、大专生以及成年专业人员的。

4. 完成了对课程与项目的评估

我们对这些课程和项目进行实验研究、个案分析和正式评估，证明它们是有效的。此外，已完成了许多跨学科的学位论文。

5. 有推广知识的机构

有大量且不同层次的相关的文集、出版书目、手册、学术文集和综述等随着创造性问题解决的发展不断更新。此外，还有一些专门性杂志，供对这一主题感兴趣的人群阅读。

6. 有推动实践的机构

有大量的国际网络或其他组织，作为其宗旨的一部分，召开会议、分发材料、交换最好的实践信息。

7. 有证实的责任

来自各种学科的文献都描述了知识的本质、创造性思维技巧的重要性以及这些技巧的可迁移性，表明很多情境都需要创造性，而创造又是一种令人愉悦的、自然的过程，它是建构知识的基础。

8. 有实验证据

通过大量有关头脑风暴法的研究以及课程效果，我们已完成了早期的基础性实验研究。

9. 创造性问题解决被广泛使用

已有很多创造性问题解决在特殊人群，包括天才学生、残疾学生、低龄儿童以及各类成年人人群中应用的文献案例。此外，人们还出版了不少有关创造性问题解决如何在不同问题与需求下应用的案例研究。

创造性问题解决集团在其网站上每天都更新各种创造性问题解决取得成效的证据，你可以通过访问 www. cpsb. com 下载这一免费资源。

证明创造性问题解决有效性的证据多种多样，但是最佳途径还是你亲自尝试，应用这个模型为自己服务。如果你想获得更多帮助或信息，请阅读第十二章中的建议。

创造性问题解决模型有助于增强你自然的问题解决能力，本章简要介绍了创造性问题解决的框架体系、语言、结构、指导原则以及相关工具，并提供了确认创造性问题解决有效性的方法。接下来的三章，我们将详细介绍创造性问题解决模型中的三个过程成分：理解挑战、产生想法和准备行动。

八、 将本章内容运用到工作中

本章简要介绍创造性问题解决，并对创造性问题解决模型中的具体成分、阶段、状态和相关工具进行了概述。

反思和行动

完成下列活动，以加深对本章内容的理解，并在真实情境下练习使用这些内容。如果你将本书作为一门课程或研究小组的内容，你可以先自己做，然后将你的答案与小组进行对比，或者作为团队的一员共同去做。

　　第一，设想一个或多个情境，在这些情境中你是团队的领导人或普通参与者，你的任务可能是管理变革或是处理一个复杂、具有开放性答案的问题或挑战。认真思考本章探讨的创造性问题解决成分、阶段、状态和工具，指出你所考虑的具体方法中包括或忽略了创造性问题解决框架中的哪些元素。

　　第二，当按照问题1来反思自己的经验时，有关创造性问题解决的知识以及你有意识地使用这些知识，是如何帮助你成功地解决问题的？

　　第三，随着你对创造性问题解决了解的深入，请找出个人或职业场合中你认为可以应用创造性问题解决各成分、阶段、状态与相关工具的机会，并将创造性问题解决投入到自己的实践中。请你制作一个将创造性问题解决融入"工作日程"中的计划。

　　第四，在同伴或同事组成的小组中，讨论以下两个问题中的一个：①当人们说到试着去"解决一个问题"时，你是否会发现最终他们提出的往往是一个假问题，并没能把握到问题的核心或根本？如何使用创造性问题解决的相关知识帮助他们更有建设性？②我们假设创造性问题解决可以管理变革，你同意变革真的能被管理吗？而且我们真的想要去管理变革吗？为什么呢？又为什么不呢？

第三章

理解挑战

将无聊的责任转变为有趣的机会，有时仅仅是观点的改变而已。

——艾伯特·弗兰德斯

本章考察"理解挑战"成分，以及它在创造性问题解决中所起的指明方向、明确问题的作用。学完本章之后，你应该能够做到以下几点：

1. 在某个具体领域，搜寻大量创造性问题解决可以发挥作用的具体机会与挑战，并找出一个集中精力运用创造性问题解决的宽泛的机会或目标；

2. 从多个角度、用多种方法来探讨任务，考虑现状和预期目标之间的关系，并找出最重要的数据；

3. 为给定的任务提出多个不同的问题陈述，并建构或选择一个合适的、具有煽动性的问题陈述。

理解挑战包括捕捉机会、探寻数据和描述问题三个阶段，每个阶段的具体目标如下。

捕捉机会的目标

1. 发现许多可以用创造性问题解决来处理的具体机会或挑战；

2. 使用三个重要原则（宏观、简要、有益）以及所有权的三个准则（兴趣、影响力、想象力）来建构机会陈述；

3. 为具体任务选定恰当的机会陈述。

探寻数据的目标

1. 描述探寻数据的过程并解释其在创造性问题解决中的重要性；

2. 解释并使用五种不同来源的数据，举例说明它们之间的差异；

3. 描述和使用各种生成和分析数据的方法和工具，以便找出必须考虑的关键数据。

描述问题的目标

1. 举例说明问题陈述的四个关键要素（煽动性的词干、所有权、行为动词、问题解决目标或对象）；

2. 为既定任务生成大量不同的问题陈述；

3. 通过使用不同抽象水平、更改关键词或指出次要问题来扩大或重新界定问题；

4. 运用具体标准（简单、明了、合适的焦点、标准自由、发现想法的可能性）选择或建构有效的问题陈述。

一家跨国电脑公司的软件研发部人事经理以及他的高管团队面临一个即将到来的竞争难题。这个团队正处于困难期，因为研发部的大部分收入都来自于一个核心产品。不幸的是，五年后，该产品的专利保护就要到期了，届时，其他企业就有可能进入该产品领域。更糟糕的是，竞争性组织已经有了类似的、价格更便宜的产品，并准备打入该市场。如果真是这样的话，该研发部的市场地位将受到极大的冲击，甚至导致研发部的倒闭以及 750 多人下岗。

　　该高管团队知道，如果按照现在的形势发展下去的话，必将导致公司在三年内倒闭。因此，他们需要做出改变，找到一种方法帮助自己摆脱没有专利保护和过度竞争带来的危机。你如何将这个危机转变为改变和发展的机会呢？创造性问题解决可以帮助你或该研发部门创造一个新的方向或未来愿景吗？创造性问题解决可以帮助你找到实现美好愿景的关键问题吗？

　　本章将解决这类问题。我们考察创造性问题解决框架中的理解挑战成分，它将帮助你明确未来、把握现状，并找出为了实现愿景而必须处理的核心问题。

　　很多人认为，获得想法才是创造性问题解决的主要关注点。尽管产生新的、有用的想法非常重要，但是要想获得成功，你必须确保想法与正确的问题相匹配。对于一个伪问题或错误的问题，即使你给出了几十种反应也是毫无意义的。

　　所有创造性问题解决的过程成分都会对你解决问题发挥作用，产生想法（第四章详细探讨）可以为创造性问题解决方案提供许多新颖的想法，准备行动（第五章详细探讨）可以使有趣的想法转化成可行的解决方案，为创造性行动提供基础。本章我们将处理提出问题的事宜，从而确保你的问题解决行为在正确的方向上运行（真正是你想走的那条路）——搭建创造性的目标和方向。我们将介绍理解挑战成分的三个阶段以及你在这一成分工作时可以使用的工具。

一、　理解挑战的概述

　　理解挑战成分通过使用创造性问题解决语言和工具，帮助你聚焦于最想要的结果。这些阶段中的各种工具可以帮助你理解并找出现实和理想之间的差距，如图 3-1 所示。图 3-2 总结了这个成分的典型输入、加工和输出。

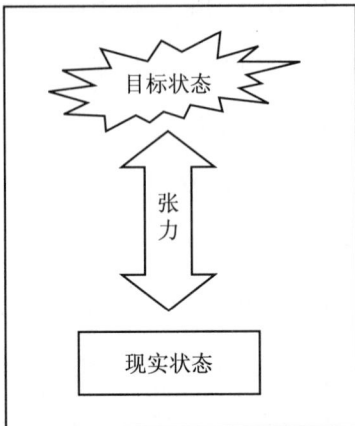

图 3-1 弗里茨的结构张力模型

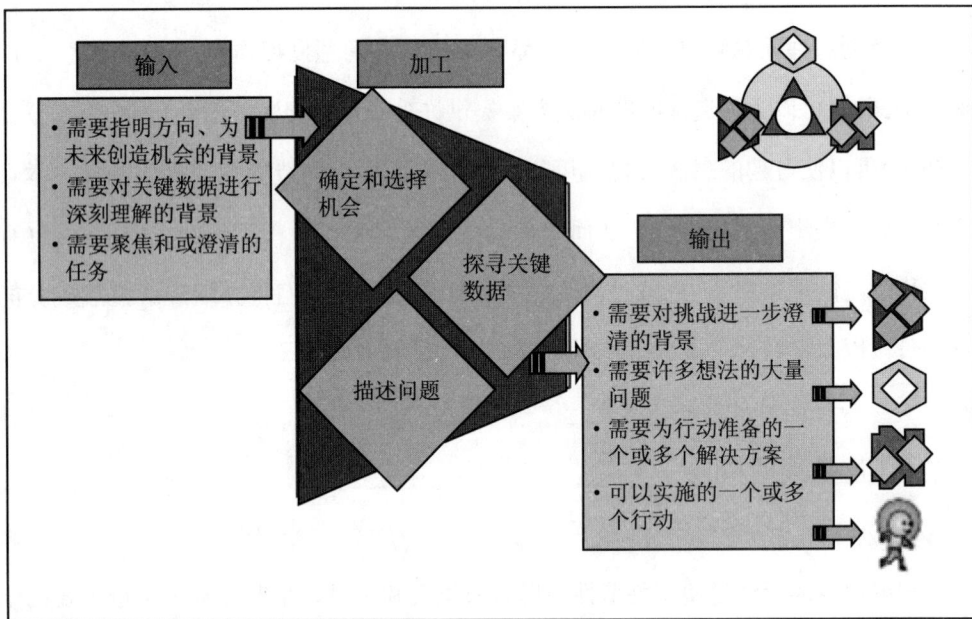

图 3-2 理解挑战的概述

(一) 输入

当你需要将解决问题的努力与日常工作联系起来、加深对任务背景的理解或确定使现状朝着预定目标前进的具体路线时，你就进入了理解挑战阶段。

理解挑战是创造性问题解决的必备成分，它帮助你确定一系列机会，然后聚焦于少量的选项，它通过确定和关注关键数据，帮助你澄清现实。最后，这个成分还通过生成和聚合具体的问题陈述，帮助你澄清现状和目标之间的问题和差距。这些努力将为下一步的想法生成提供明确的方向。

（二）加工

这个成分包括三个阶段：捕捉机会、探寻数据和描述问题。捕捉机会的目标是通过泛泛地搜索来确认在具体任务或背景下可能存在的一般性挑战和目标，搜索的结果将帮助你确定解决问题的大致方向。探寻数据的目标是通过收集数据（信息、印象、意见、问题）从而更清楚地了解现状，找到关键的数据将有助于你准确地把握和解释关键的事宜。描述问题的目标是找出缩小现状和目标之间差距的路线，在生成大量的问题陈述之后，选择那些可以激发新颖和有用想法的问题陈述。

理解挑战成分的三个阶段可以独立使用，也可以通过不同的组合、不同的顺序灵活地使用。具体的任务、背景、参与者和目标将决定你使用哪个或哪些阶段组合，采用哪些合适的步骤。例如，如果任务要求宽泛的想象或方向，就进入捕捉机会阶段；如果你需要加强对现状的理解，就进入探寻数据阶段；如果你需要厘清和界定有助于你朝着期望目标迈进的问题陈述，那么，就直接进入描述问题阶段。

（三）输出

运用理解挑战这个成分可以产生一系列的结果。你可能找到了某个需要新想法的具体问题，于是，你就直接进入生成想法成分。也许你会发现，背景杂乱无章，并不像原先想象的那样清晰，于是，你就需要在这个成分中的任一阶段继续开展更深入、更集中的工作。你也可能会发现，通过理解挑战，你可以进入准备行动成分，甚至退出创造性问题解决而直接行动。下面我们将详细介绍这个成分的三个阶段以及有助于捕捉机会、探寻数据和描述问题的语言和工具。

二、 什么是捕捉机会阶段

理解挑战的每个阶段都有自己独特的作用。我们在表 3-1 中用具体的题干来帮助你思考，它反映了这个成分中每个阶段的独特目的或作用。

表 3-1　理解挑战阶段指导你思维的语言

捕捉机会	探寻数据	描述问题
如果……不是更好吗？ 目的：生成机会陈述	数据——不需要题干 目的：生成更丰富的知识而不仅仅是收集事实	如何去…… 目的：生成问题陈述
如果……不是更糟吗？ 目的：生成挑战或障碍	谁？什么？哪里？什么时间？为什么？如何？ 目的：生成事实和意见	有可能如何…… 目的：生成问题陈述
		以何种方式会…… 目的：生成问题陈述

捕捉机会的目的在于帮助你厘清问题解决工作的焦点或方向。机会是宽泛的、模糊的、界定不良的背景、挑战、关切或者目标。在家庭、学校或工作场所，面临的各种机会或者挑战并不总是完好的、有序的，常常处于复杂的、模糊的背景之中，需要你重新组织，方可有效地解决它们(如图 3-3 所示)。

图 3-3　捕捉机会阶段

我们在第二章曾经说过，创造性问题解决的每个阶段都有生成和聚合两种状态。本章我们将举例说明，在真实情境下，每个阶段中的这两种状态是如何达成动态平衡的。对于每个阶段，我们都会介绍几种有用的工具(来自第二章所说的创造性问题解决工具箱)，并举例说明如何使用它们。记住，所有工具在创造性问题解决的任意阶段都可以有效地使用。

（一）捕捉机会中的生成思维

捕捉机会中的生成思维，你的目标是尽可能找出宽泛的任务领域，或者搜索你可能追求的大量机会或挑战。想想制作地图的历史吧，第一个地图制造者只能站在地球上，依赖星星来制作地图。因此，他们不可能把自己和所绘制的地图拉开距离，他们努力的结果由于受限于他们的视野，常常是无用的。

今天，地图制作者使用卫星在远离地球数千公里的地方拍摄地球。拉开地球表面与参照点之间的距离，使得他们可以对地球表面有更加全面的视角，制作出了更精确的地图。像绘制地图一样，与任务本身拉开足够的距离，可以保证你以更加宏观的视角来看待任务，或者以不同的、更加精确的方式看待任务。如果靠得太近或太局限于自己的专业领域，就会限制你的能力，使你不能发现更有创造性的方向或者可能性。

捕捉机会中的生成思维需要提出许多机会陈述。我们通常以问题的形式提出这些陈述，如图 3-4 所示，表达了与任务有关的一般性目标、期待、担心或者挑战。如果它们是宏观、简要、有益的陈述，就可以帮助你探索和澄清解决问题的可能方向（如图 3-5 所示）。

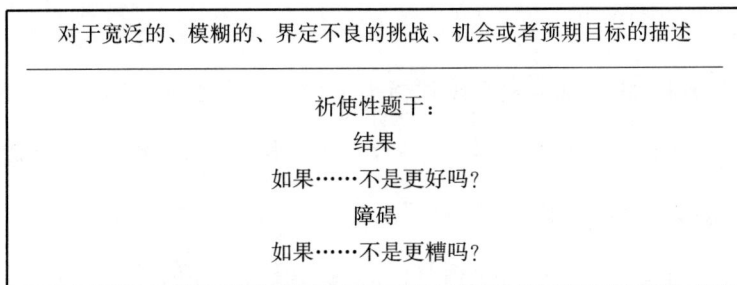

```
┌──────────────────────────────────────────────┐
│  对于宽泛的、模糊的、界定不良的挑战、机会或者预期目标的描述  │
├──────────────────────────────────────────────┤
│                                                │
│              祈使性题干：                        │
│                结果                             │
│         如果……不是更好吗？                      │
│                障碍                             │
│         如果……不是更糟吗？                      │
│                                                │
└──────────────────────────────────────────────┘
```

图 3-4　机会陈述的界定

```
宏观————一般性的；机会陈述不需要太具体
简要————简短的；以"书名"的形式陈述
有益————积极的；关注你想要的
```

图 3-5 机会陈述的原则

"宏观"(broad)意味着机会陈述只呈现一般性的目标，防止过早地限定和约束不成熟的想法。如果问题解决的焦点不清晰，而你又过早地试图去界定一个具体的方向，就有可能错过重要的机会或者挑战。例如，如果你的任务是寻找一份新职业，却对自己说"我想在新雇主那里得到一份新工作"，这就可能阻止你改善或者调整已有的工作，创立属于自己的职业或者在全新的生活方向上前进。

"简要"(brief)意味着用极少量的词来描述机会。用标题而不是一个故事或者段落来描述一个机会(一个简洁的陈述可以快速清晰地传递主要观点)，确保它简单而明了。例如，一个有效的机会陈述可能是："如果我的团队能够更有生产力不是更好吗？"相反，对于同样的挑战，一个差劲的机会陈述可能是："如果我有一个项目计划，这个计划有助于我将团队成员的精力集中到同一个方向上，相互帮助、共同提高生产力，并且有助于我的老板看到我们团队的精力正在以高效和有用的方式使用，这样不是更好吗？"虽然从你的角度来看，这样的陈述可能更精确，但是它没有有效地传达出创造性的机会，还有可能包含了几个不同的机会陈述。

"有益"(beneficial)意味着机会陈述指出了你想要前进的方向或者达成的目标，而不是你想要避免或者惧怕的失败。例如，"如果我可以保持健康不是更好吗？"就要比"如果我能够避免生病不是更好吗？"积极得多。

综上所述，捕捉机会的语言包括具体的生成机会陈述的题干，诸如"如果……不是更好吗"(Wouldn't it be nice if...? WIBNI...?)以及"如果……不是更糟吗"(Wouldn't it be awful if...? WIBAI...?)人们通常将任务视作一种担心或一种困扰、麻烦并可能阻碍他们的情境。更多地将挑战视为威胁而不是机会是很正常的，而且生活中也确实充满了威胁，否认这一点是幼稚的。很多任务本身就包含着需要被消除、避免或者克服的真实威胁或障碍，用你想要避免的障碍来帮助你确定想要达成的目标。捕捉机会要求你将想要避免或者克服的障碍作为起始点来考察你真正期待、期盼、梦想或者未来可能实现的目标。将关注点转向积极的、期盼的目标，相较于沉湎于挫折之中，会更有动力、更有帮助。机会陈述鼓励你朝着目标前进，而关注消极方面使你像被困在流沙中一样不能自拔。

我们用 WIBAI 的题干来表达那些有顾虑的问题，并将它们带到阳光下进行详细的探讨。然而，为了朝着创造性机会、想法或者行动迈进，你要盯着你想要去的、有远见的和建设性的地方，而不是紧盯着自己的错误、不快或自己的不利位置。因此，即使我们从一个担心（WIBAI）开始，仍然需要寻找那些包含有建设性的WIBNI 内容。

对于"使我的团队更具有生产力"这个例子中的挑战来说，其可能的机会陈述如下：

- 如果我的项目组成员有界定清晰的角色，不是更好吗？

- 如果我有一个项目管理系统，不是更好吗？

- 如果我们团队没能实现目标，不是更糟吗？（将它转换成如果我们的团队实现了目标，不是更好吗）

- 如果我们所有的团队成员都失业了，不是更糟吗？（将它转换成如果我们所有的团队成员都很成功，因此获得了奖金和认可，不是更好吗）

机会陈述也可能会使用一系列其他的题干，不要仅仅限于"如果……不是更好吗？"和"如果……不是更糟吗"。举例来说，考虑下面的机会陈述：

- 如果我有自己的方式……

- 如果我是王后（或者国王）……

- 我真希望像……

相反，你也可以问：

- 为什么我们不……

- 我想知道我是否能够……

现在，考虑这样的陈述方式：

- 如果……不是更糟吗？

- 如果我们无法阻止……不是更糟吗？

- 如果我不能避免……不是更糟吗？

相反，你可以问：

- 如果……不是令人非常不快吗？

- 如果……不是很可怕吗？

- 如果……我的生活不就毁了吗？

（如果你以消极的陈述开始，记住将其翻转，并发现积极的机会）

有时发挥想象力并发现存在于任务内的挑战或者机会似乎很困难。为了激发你想象出可能的机会陈述，你可以考虑下面的词汇。

- 你想要什么

矫正？	缩小？	改变？	翻转？
克服？	发明？	发现？	前进？
恢复？	解决？	逆转？	希望或期待？
用作他用？	消除？	提高？	说服他人？
优化？	最大化？	机械化？	修改？
计算机化？	人性化？	赠予？	发展？
增强？	生产？	刺激？	重建？
呈现？	确认？	检验？	产生？
适应？	捕捉？	定位？	找到？
展示？	告诉？	制造？	

- 存在……机会吗？

实验？	介绍？	组织？	程序？
项目？	产品？	战斗？	测验/工具？
发表？	政策？	公共影响？	计划？
服务？	模型？	建议？	奖金？
网络？	通讯？	宣传？	法律？

可以用第二章介绍的创造性问题解决工具箱中的任何一个工具来生成机会陈述。通常使用头脑风暴法来生成机会陈述会很有效，当然，你也可以使用其他的生成性工具来生成不同的结果或产品。

（二）捕捉机会中的聚合思维

在捕捉机会时使用聚合思维，你的目标是将努力的方向指向你想要解决的关键机会与挑战。第一步就是要搞清楚所有权，或者谁将负责完成任务。对于你或者你的团队来说，寻找到真正可以使用、运用的机会，做朝着有效的结果或者解决方案推进的事都是非常重要的。在创造性问题解决的所有成分和阶段中，所有权是必须考虑的重要因素，第六章、第七章和第十一章将会详细介绍。在捕捉机会阶段，清楚地了解所有权对于指导你有效地聚合思维是非常重要的。第七章将会详细介绍所有权的三个要素（兴趣、影响力和想象力）。

首先，将你感兴趣的事宜列成表（动机和承诺），然后根据列表来确定机会陈述。如果你在工作情境中缺乏动机和兴趣，那么，当遭遇到困难的时候就不可能有足够的能量与坚定的承诺。其次，寻找你可以施加影响的机会陈述，这意味着你对问题解决的结果有责任或权力。如果你没有影响力，那么你的精力就会被浪费，因为你在将想法转化成行动的过程中没有必要的权力、力量或者控制力。最后，寻找那些需要你发挥想象力才能发生改变或改善的机会陈述。如果不需要新颖的或者与众不同的结果，就没有必要使用创造性问题解决，也许用其他的方法会更合适。

你可以用这三个准则来筛查、分类或精选你的机会陈述，将关注点从不适合于创造性问题解决的机会陈述中移开，从而轻松地确定那些对你来说最有吸引力、最有趣或最有希望的机会。

在你产生了大量的、各异的和不寻常的机会陈述之后，再用所有权的这三个准则进行检验，此时，剩下的机会陈述仍然良莠不齐，你还需要继续去挑选那些更适合解决问题的最好的或突然击中你的那些观点。专注于自己的思想、直觉、本能、体验、情感或者预感，常常能够指导你确认那些最有趣、最勾魂的机会陈述。我们发现，信任自己的主观印象和判断常常是很有帮助的，尽管它们不是那么客观、精确和科学。诚实对待自己是非常重要的，因为这样你才有可能更信任自己的直觉并找到最重要的挑战或机会。你也可以使用第二章提供的创造性问题解决工具箱来帮助自己确定、建构或者选择有效的机会陈述。

（三）捕捉机会：一个案例的运用

图 3-6 是报纸上的一篇真实报道，故事的主人公是一个叫弗农·威廉姆斯的囚犯，在监狱里惹出了很多麻烦。弗农非常强壮，当他生气的时候就会挣脱手铐并伤害他人。监狱的看守和雇员们必须要找到一种管控弗农的方法，让监狱恢复以往的秩序。我们在第三章、第四章和第五章将持续使用这个案例，来说明创造性问题解决的各个阶段及其工具的使用。

巨人囚犯带来的问题

纽约——一名狱警作为警察工会的发言人在周五发表声明：一名新来的囚犯无比强壮，可以任意挣脱手铐，导致莱克斯岛监狱处于恐慌之中。

矫正官承认他们拿弗农·威廉姆斯没办法，他身高 6.3 英尺，体重 375 磅。

威廉姆斯受到包括袭警和抢劫在内的四项指控。在监狱里，他袭击了六名官员和两名护士。

一名矫正官说："如果事情不是这么严重的话，也许这是一件很有趣的事。"

据悉，周五，威廉姆斯又袭击了官员约瑟·阿庞特，并将他的鼻子打破。

那次事件以后，负责人菲尔·西利格就再也不允许他的手下接近威廉姆斯了。

图 3-6　弗农案例

记住，捕捉机会的目的是帮助你确定在既定任务中大致的努力方向。例如，在弗农案例中，监狱长可能一直在思考与监狱生活有关的一般性挑战（见图 3-7 上半部分）。然而，自从弗农事件发生后，监狱长可能将他的关注点转移到与弗农有关的问题上来了（见图 3-7 下半部分）。在考虑很多机会陈述后，作为监狱的安全负责人，他可能会从中选出最重要和最紧迫的问题。最后，他可能会从图 3-7 的中下半部分选择机会陈述。

机会陈述

在事件发生前，监狱长可能考虑如下问题：

- 假如我们有完善的监管系统，情况会更好一点吗？
- 假如我们改善资源的话，情况会更好一点吗？
- 假如我们有更多的咨询项目，情况会更好一点吗？
- 假如我们与州监察委员会有良好的关系，情况会更好一点吗？
- 假如我们有多种资金来源，情况会更好一点吗？
- 假如州政府减少我们的资金，情况会更糟吗？
- 假如我们与不同的监狱项目有更好的合作，情况会更好一点吗？
- 假如监察委员会与监狱官员有共同的目标，情况会更好一点吗？

在事件发生后，监狱长可能考虑如下问题：

- 假如我们有更好的方法来拘禁弗农，情况会更好一点吗？
- 假如监管人员可以安全地工作，情况会更好一点吗？
- 假如暴力在整个系统中蔓延，情况会更糟吗？
- 假如矫正官持续受到伤害，情况会更糟吗？
- 假如监狱没有受到弗农事件的影响，情况会更好一点吗？
- 假如监狱的资金因为这起事件受到削减，情况会更糟吗？

图 3-7　弗农案例中的机会陈述示例

三、 什么是探寻数据阶段

为问题解决找到焦点和方向，需要你清楚准确地了解自己的现状。收集任务现状的数据，可以为应该将你的精力集中于哪里提供一个很好的理由。如图 3-8 所示，探寻数据阶段可以帮助你更清楚地观察你所处的背景、涉及的人、期望的结果，进而找到"问题的关键所在"。

图 3-8　探寻数据阶段

（一）探寻数据中的生成思维

任何情境下需要考虑的许多重要因素常常是模糊不清的、不确定的或者根本没有意识到的。探寻数据阶段中的生成思维就是要帮助你真正地搞清楚自己当前的处境，避免忽视可能影响你对特定任务理解的重要的或基本的数据。"数据"（data）在这里指的是你对情境中的重要元素的察觉和理解，我们之所以用数据这个词，是因为它是一个一般性的术语，包括不同来源的信息或者不同类型的输入。图 3-9 指出了在探寻数据阶段可能生成的五种不同类型和来源的数据。

信息	感受	观察	印象	问题
知识	情感	注意	直觉	探寻
事实	情绪	知觉	预感	怀疑
情报	觉察	评论	想象	困惑
记忆	激情	考虑	理性的期望	困难
理解	需求	观看	信念	不确定性
回忆	敏感		模糊的概念	好奇
	同情/移情			

图 3-9　有助于理解现状的数据

信息：对于研究、实验或者教学中知识的认识、回忆和使用；对特定事件、人物、地点或者情境的知识；新闻；已知的和可感知、可计算、可证实、可发现或者可推论的知识。

感受：对于来自情绪、情感或意见反映的信息的感觉或察觉；对于和谐、关系或者人的影响的顾虑。

观察：通过所有的感官（视觉、听觉、触觉、味觉或者感觉）或者其他优势点注意、思考或者记录的信息。

印象：过去经验保留下来的意象或者影响；信念；直觉、概念、直观的想法或者看法；你的"第六感"。

问题：不确定或困惑、清晰度不足或信息缺乏的领域；好奇的领域；悖论；复杂的经验或者事件。

（二）探寻数据的工具：5W1H

为了帮助你生成数据，可以使用著名的探寻数据工具，即 5W1H。为了引出不同类型的数据，5W1H 工具涉及六类基本的问题。六类问题中五个以 W 开头，一个以 H 开头，具体如下：

- 谁(Who)？还有谁？

- 什么(What)？还有什么？

- 哪里(Where)？还有哪里？

- 什么时候(When)？还有什么时候？

- 为什么(Why)？还因为什么？

- 怎么办(How)？还能怎么办？

例如，问"谁"可以确定与背景有关的关键人物(现在，过去和未来)。问"什么"意在发现与背景有关的事物的重要数据——材料、资源或者行动。

你可以使用 5W1H 工具对五种不同的数据生成很多不同的问题，如图 3-10 所示，针对每类数据问一个问题。

数据类型	谁？什么？哪里？何时？为什么？怎么办？
信息	
印象	
观察	
感受	
问题	

图 3-10　探索数据的问题

1. 谁？（确定涉及的人）

- 谁能给我提供我当前处境的信息？

- 谁和我的印象不同？

- 我可以和谁讨论他们观察到的事物？

- 谁对现状有深刻的体验（正性或者负性）？

- 我能去找谁，谁能回答批判性的问题？

2. 什么？（确定涉及的事物、材料、资源等）

- 我可以回想起环境中的什么信息？

- 我从自己所处的环境中获得了什么样的印象？

- 我或他人能够对环境做出什么样的观察？

- 对于现状，我有什么样的感受？

- 对于现状，我还有什么没解决的问题？

3. 哪里？（确定需要考虑的地点、位置或事件）

- 我应该（或不应该）从哪里获得信息？

- 我或他人的印象来自哪里？

- 在哪里我可以对现状做出准确的观察？

- 这个情境中，哪里是最和谐/不和谐的？

- 我可以从哪里获得未解决问题的答案？

4. 何时？（确定与情境有关的时间框架或者条件）

- 收集环境信息，什么时间最合适/不合适？

- 我对于任务的印象什么时候最强烈/不强烈？

- 我应该在什么时候观察才能最清晰地了解情境？

- 在情境中我的感受什么时候最强烈（积极或者消极）？

- 我应该什么时候解决问题？

5. 为什么？（确定手头事宜重要性和需求的原因）

- 为什么不能获得这个信息？

- 为什么我（或其他人）对这个任务会产生这些印象？

- 为什么我们观察到的现象会发生？

- 为什么我（或其他人）的感受会受到影响？

- 为什么任务中的那些问题一直存在？

6. 怎么办？（确定在情境中涉及的步骤、活动或者行动）

- 如果将这个任务变成一个问题的话，我能够收集到哪些信息？

- 我对于这个任务的印象是怎么形成的？

- 我怎么观察正在发生的事情？

- 我（或其他人）对任务的感受是怎么受到伤害/支持的？

- 把这个任务变成一个问题，我可以提出什么样的问题？

（三）探寻数据中的聚合思维

确定和关注任务中的每一个具体事宜或者细节都需要花费大量的时间和精力。生成数据的过程中，你会提出很多不同种类的信息、问题、感受、观察或者印象。然而，并不是所有数据对于理解现状的价值、重要性和意义都很大。探寻数据中的聚焦的目的就是以有助于你理解现实的方式来筛查、分类并组织数据，有些数据可能会分散你的注意力而不是澄清你对任务的理解。如果说探寻数据的生成过程是用来发现尽可能多的数据的话，那么，聚焦过程则是帮助你概括和筛选数据，以便于你能够看清现状并理解情境中的重要元素。

为了确定关键和核心的数据，"选择击点"是个非常有用的工具。"选择击点"是一个筛选大量选项的聚合工具，一个击点是一个看起来有趣或者奇妙的选项。图 3-11 描述了一个选项因为种种原因可能成为一个击点。

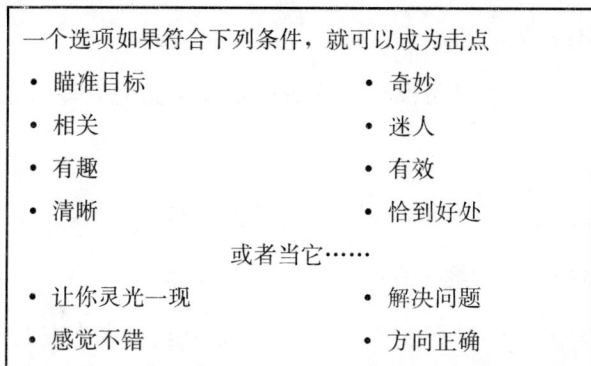

一个选项如果符合下列条件，就可以成为击点	
• 瞄准目标	• 奇妙
• 相关	• 迷人
• 有趣	• 有效
• 清晰	• 恰到好处
或者当它……	
• 让你灵光一现	• 解决问题
• 感觉不错	• 方向正确

图 3-11　击点的诸多特征

使用"选择击点"时，你会运用内在的标准、经验或者个人判断。确定击点以后，你需要检查所有的选项，第一步就是确定最有希望或者最有吸引力的选项或击点（通常用一个圆点或者其他符号来表示），如图 3-12 所示。

图 3-12   在行动中选择击点的示意图

在探寻数据的聚焦过程中运用"选择击点"工具时，需要问自己"什么样的数据给我提供了有关任务的最重要的图像或最重要的理解?"或者"我最应该关心什么数据?"当你观察击点的模式或类别时，也可以考虑使用诸如热点(hot spots)、突出亮点(highlighting)等其他工具，后面将会介绍。一般来说，数据可以分为以下三类。

已知：这些数据对于你来说是已知的或者可得到的，你不需要付出太多的努力就可以得到。

须知：这些"须知"帮助你理解现状，提供了揭开谜题的重要线索，并让你可以获得了解现在的有价值信息。

想知：这些"想知"可以帮助你补充现状的细节信息，改善你对现状的想象和理解。

(四) 探寻数据：一个案例的运用

探索数据阶段的一个例子如图 3-13 所示，已在前面弗农案例中提到过。在这个例子中，你将看到通过 5W1H 探索数据工具和"标出击点"而得到的多种来源的数据。

```
                              探索数据

可能牵扯到的人是谁？              还有哪些人？
• 弗农                          • 弗农的妈妈
• 看守人                        • 其他犯人
• 手铐生产商                      • 监狱长

什么？                          还有什么？
• 莱克斯岛                       • 暂时收监
• 375磅，6.3英尺                 • 离开牢房的时候需要戴上手铐
• 挣脱手铐

哪里？                          还有哪里？
• 监狱                          • 护士办公室
• 岛上                          • 家里

什么时候？                       还有什么时候？
• 只有在两栋楼之间行走的时候才需要戴手铐   • 10月，11月
• 他什么时候需要移动               • 职员们还可以对他的行为忍受多久

为什么？                         还因为什么？
• 阻止恐怖行为                    • 帮助弗农
• 保护护士、看守等                 • 维持监狱的平静

怎么办？                         还能怎么办？
• 限制                          • 保护
• 转移                          • 疏导能量
• 理解动机                       • 购买更牢固的手铐
```

图 3-13　弗农案例中的数据

四、 什么是描述问题阶段

　　大部分人每天都会遇到大小不同、重要性各异的问题。在这里，"问题"指的是你现在有的或正在做的事情与你将来创造的机会或需要去做的新的或不同的事情两者之间的差距。"问题"需要你运用想象力生成或者确认暂时不存在的选项或者可能性。这些情境不可能通过"参考答案"或"食谱"让你简单地找到答案。这里所用的"问题"这个术语，与我们在捕捉机会阶段提到的广义上或者一般意义上的机会或者挑战是不一样的。"问题"是你的现状与你在将来想要创造的机会之间的差距，疑问

会激发你产生新的、令人激动的可能性，在你迈向期待的未来时它会给你提供强大的动力。有些人对于"问题"一词具有负面的反应，他们将问题视为需要避免的事情，而不是自己可以有效地解决、改变或者处理的事情。不要仅仅将问题视作错误的、不好的或需要修改和矫正的事情，而应该将它们看作为新颖的、有用的选项铺平道路的工具。

在你认识到现在拥有的或正在做的与你将来想有的或要做的事情之间的差距时，你会感到些许的紧张，这种紧张可能令人感到不舒服或者不安，也有可能令人感到刺激和激动。这种紧张常常是问题解决的起点，你可以用两种方式运用自己的问题解决技巧、才能和动机来降低或者解决这种紧张状态。一方面，你可以通过降低对未来的预期而减缓这种紧张——减少未来与现在的差距，通过降低对未来的期许可以舒缓紧张感；另一方面，你可以将现在拥有的或正在做的逐渐向未来的期望转化——使现实更加接近理想。这也缩小了两种状态（现在和未来）的差距并帮助你减缓了紧张感。有效的问题解决者会通过改变现状、缩小差距来消除紧张感，这就能保证他们一直朝着理想的目标前进。

创造性问题解决中表述问题阶段的目的是帮助你找到具体的路线，以帮助你从现实状态逐步接近理想的未来状态。然而，在你能够明确地界定差距前，你必须对你未来的状态、现实的情况以及它们之间的差距有所了解。当你明白了你想要创设的机会和任务的现实状况以后，你还需要确定指引你前进的路线，然后，你才会从创造性问题解决的描述问题阶段获益。

(一) 建构一个有效的问题陈述

著名教育家杜威曾经说过："良好的问题陈述已经解决了问题的一半。"问题陈述的方式对于产生解决问题的想法的能力具有强烈的影响。例如，跟大多数人一样，你曾经坐在许多小组之间或会议室中，或与其他人谈话，并且听到如下的陈述：

我没有足够的时间完成家庭作业。

它太贵了，我们买不起。

我们无法获得足够的支持来完成这项工作。

或

以前从来没有这么做过。

我们现在的工作一切正常。

我们首先需要一个专案组来研究它。

　　为什么这些不是令人满意的或者有帮助的问题陈述呢？首先，它们都是负性的，大多数人都认为这种讨论是非常沉闷的，在还没有做之前，很多人就已经开始灰心并且自我设限。其次，这些陈述关闭了而不是开启了思维，它们似乎给了人们更多的理由不去行动而不是试着去做点什么。问题陈述应该指出可能缩小差距、朝前迈进或解决问题的具体路线。我们喜欢用将你的思维指向想法产生的建设性路线的方式来建构问题，它们应该激励你去思考该做什么才能够使得现状转换成目标状态，而不是你不能做什么或者你不能完成它。

　　有效的问题陈述具有发现想法的潜力。所谓的"发现想法的潜力"，是指问题陈述主要是用来寻找可能性的——一个"能做"的清单，而不是不可能或者是"不能做"的态度清单。"发现想法潜力"的问题陈述需要具备以下几点。

　　第一，诱发想法。运用能够诱发许多新颖的想法或可能性的措辞，自然地将你推入想法生成的洪流中。

　　第二，说出你真正的想法。对于一个既定领域中的问题，往往有很多不同的方式来看待。问题陈述指出了需要解决的具体问题。

　　第三，非常简练。简短陈述(5～7个词)往往能够直奔主题，易于理解，并可以作为想法产生的起点。

　　第四，确定所有权。指出对于具体问题拥有所有权的人或人们。

　　第五，标准自由。不使用约束、限制或标准将你困在框框里，限制你的思维。标准自由欢迎不同范围的可

图 3-14　有效的问题陈述不会受限于标准

能答案，而不是拒绝它们（如图 3-14 所示）。

我们建议你按照特定的格式或者结构写下问题陈述，以确保它们包含了有效问题陈述的五个成分。我们在图 3-15 中提到的形式按照下列步骤产生。

第一，煽动性题干。以一个开放的、包含很多可能反应的题干开始。我们已经发现三种题干（以及它们的缩写）非常有帮助：怎么……怎么能……以及用哪种方式可以……

第二，主语。紧接着，明确地指出谁或者哪些人将对解决这个问题负责，清楚地表明你们在解决谁的问题。所有权总是与煽动性题干密切相关，例如，"我可以怎么……"意味着问题属于某个人，"我们用哪种方式可以……"意味着问题属于一组人。题干也可能跟随着具体人或小组的名字，例如，"哈利用哪种方式可以……"或"我们团队可以怎么……"题干"怎么……"意味着所有权一般属于提出该问题的某个人或某些人。

第三，行为动词。下一步就是确定该陈述所煽动或展望的具体的、积极的内容或者方向。例如，问题陈述可能是："我们用什么样的方法才能增加小组的成员数量呢？""增加"一词就是描述期盼行为的建设性的、积极的行为动词。

第四，宾语。为了完成问题陈述，还需要指出问题解决行动的目标或需要的结果和方向。在"我们用什么样的方法才能增加小组的成员数量呢？"的问题陈述中，宾语就是你在试图增加的"本组成员数量"。

```
• 煽动性题干（怎么……怎么能……用哪种方式可以……）

• 主语（谁？）

• 行为动词（做？）

• 宾语（什么？）
```

图 3-15　撰写有效问题陈述的指南

下面的问题陈述是在我们的项目或班级里的参与者经常选来用于思考的各种问题的范例，这些范例包括几个不同类型的事宜或者任务领域。

1. 关注人的事宜的一些问题

- 我以哪种方式可以激发学生的学习动机？
- 我如何按照优先顺序来安排自己的工作时间？
- 我如何增加对团队的贡献？
- 我如何让顾客早点向我咨询？
- 如何创设和维持高效的团队？

2. 关注产出或结果的一些问题

- 如何开发出新颖的消费品？
- 如何建立最终的服务合同？
- 如何将产品的改进传达给顾客？
- 如何提高产品的适用性？
- 如何准备最好的陈述？

3. 关注与过程有关的一些问题

- 如何建立团队的愿景？
- 我们以哪种方式可以推动项目呢？
- 如何让团队完善生产进度表？
- 如何变得更有生产力？
- 如何发展自己的创造性？

4. 关注气氛或背景事宜的一些问题

- 如何才能够使会议更有效率？
- 如何才能够让自己的部门更有创造性？
- 以哪种方式才能够消除工作场所的性别歧视？
- 怎样才能够让组织更好地一起工作？
- 如何为生成想法安排出时间呢？

5. 关注一般事项的问题

- 以哪种方式可以提高管理层之间的互动？

- 如何衡量对销量额的影响？

- 怎样才能为新产品命名？

- 如何开发一个持续的培训项目？

- 怎样才能改善与他人的关系？

（二）描述问题中的生成思维

描述问题中的生成思维，目的是要确定一系列可能的问题陈述，如图 3-16 所示。问题陈述并不是问题可能的解决方案，但是，问题陈述可以为你搜索那些有可能变成解决方案或行动的想法敞开大门。你确定问题陈述的目的就是要去生成有助于你从现状走向目标状态的选项。如果你不想积极和有效地搜寻处理问题的新方法的话，就没有生成问题陈述的必要。

图 3-16　描述问题阶段

问题陈述可用创造性问题解决工具箱中介绍的任何一种工具来生成。"抽象阶梯"在描述问题中非常有用，可以帮助你找到一种合适的、有启发性的方式来陈述问题。

有时，人们因为限制或局限了自己对问题的理解和陈述，以至于没有为新颖的想法或观点留出足够的空间，于是难以去搜寻想法。弗农的案例帮助我们以更宏观、更开放的方式重新陈述问题。在其他时候，人们发现自己对问题的陈述过于宏观，使得他们很难产生想法，缺少帮助他们前进的具体方向。"抽象阶梯"这个工具帮助他们从多个水平考虑问题的陈述，以找到对任务最有用的陈述。

问"怎么办"和"为什么"这两个问题可以生成大量不同的问题陈述。通过问这些问题并将你的反应转化为新的问题陈述，你就可以在不同的抽象水平上下移动，如图 3-17 所示。

沿着抽象阶梯往上移动，意味着以更宏观、更具包容性的方式提出问题；沿着抽象阶梯往下移动，则意味着搜寻更狭隘、更具体的问题。例如，问"为什么"的问题会促进你沿着阶梯向上移动，这时，答案就会变得更一般和更抽象。如图 3-18

图 3-17 抽象阶梯

（弗农案例）所示，最初的问题陈述是"看守人可以用什么方式控制弗农"。

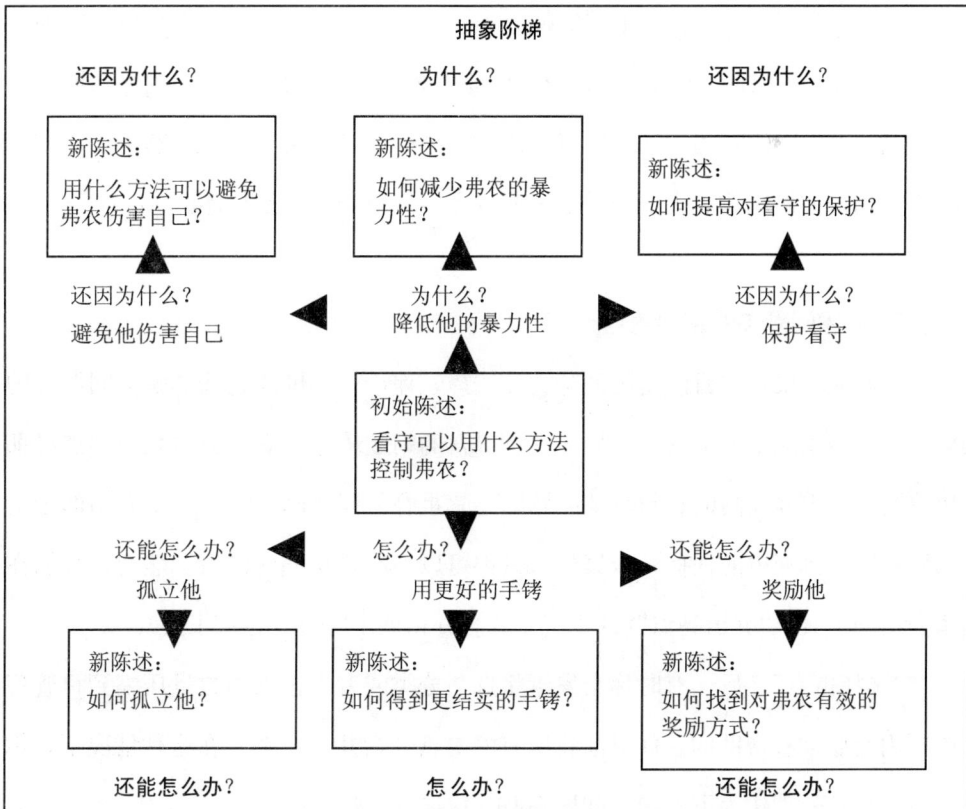

抽象阶梯

还因为什么？	为什么？	还因为什么？
新陈述： 用什么方法可以避免弗农伤害自己？	新陈述： 如何减少弗农的暴力性？	新陈述： 如何提高对看守的保护？
还因为什么？ 避免他伤害自己	为什么？ 降低他的暴力性	还因为什么？ 保护看守

初始陈述：
看守可以用什么方法
控制弗农？

还能怎么办？ 孤立他	怎么办？ 用更好的手铐	还能怎么办？ 奖励他
新陈述： 如何孤立他？	新陈述： 如何得到更结实的手铐？	新陈述： 如何找到对弗农有效的奖励方式？
还能怎么办？	怎么办？	还能怎么办？

图 3-18 弗农案例中运用抽象阶梯的示意图

通过问"为什么看守想要控制弗农?"这样的问题你可能会产生"让他不要那么暴力"的反应,而这个反应可以转化成新的问题陈述:"如何降低弗农的暴力性?"如果你问:"为什么你想要减少弗农的暴力性?"那么可能的反应是"为了改善监狱生活质量"。这个反应同样能够被转化为新的问题陈述:"我们可以用什么方法来改善囚犯生活质量?"你每提出一个"为什么",就会导致问题陈述变得越来越宏观和抽象。

另一方面,你每提出一个"怎么办",就会导致问题陈述变得越来越具体和特殊。例如,问"看守如何才能够更好地控制弗农?"这样的问题,可能会产生"用更好的手铐"的反应。这个反应也能够转化成新的问题陈述:"我们如何制造出更结实的手铐?"这个过程迫使你沿着阶梯往下移动,从而确定非常特殊和具体的问题陈述。

抽象阶梯不仅可以让你在不同的抽象水平上下移动,还可以让你在相似的抽象水平之间穿梭。通过问"还因为什么"和"还能怎么办"的问题,你可以找出在同一抽象水平上若干不同的陈述,这些反应中的每一个都可以转化成新的问题陈述。在图3-18中,初始问题陈述以上的似乎越来越抽象,以下的越来越具体。

(三)描述问题中的聚合思维

描述问题时聚焦的目的是帮助分类、选择、评价、精炼或者选择解决问题时的具体路线。当生成了大量的、各异的和不寻常的问题陈述以后,通常我们会选择那些更恰当的、重复性高的、与其他问题陈述有重叠的问题陈述。第二章介绍的创造性问题解决工具箱中的任何一个聚焦工具都可以用在描述问题阶段。然而,我们在这里介绍的工具是"突出亮点"(这个工具综合并拓展了"选择击点"工具)。

在"选择击点"之后,有时你会发现将选项分类或者将选项的数量压缩到可管理的范围内是非常有帮助的。你可能将所有的击点分为几个主题,在这种情况下,你可以将"突出亮点"作为下一步,如图3-19和图3-20所示。

图 3-19　在行动中运用突出亮点的示意图

- 找到击点
- 找到击点之间的关系
- 发现热点
- 重新陈述热点

图 3-20　突出亮点的基本步骤

在你确定了击点之后，就需要寻找几个击点之间的共同成分或它们之间的关系，如果存在共同的成分或主题，就可以将它们分在一组。考察完击点的相似性并将相关的击点放在一起之后，下一步就是运用"突出亮点"这个工具来确定热点或命名它们共享的关系。确定了各组的共同成分或主题之后，你还需要重新陈述热点（如果你在其他阶段使用这个工具的话，你需要重新陈述与那个阶段相关的热点——机会陈述、关键数据、想法、有潜力的解决方案或者采取可能的行动）。几个主题常常出现在一个类别中，你可以按照优先顺序进行考虑，也可以将它们合并成一个新的、更大的集合。

使用"选择击点"和"突出亮点"工具完成自己的工作之后，你需要重新审视已经形成的新陈述或者集合，并确定它们之间的相对优先等级。这对于你在建构问题中的聚焦会很有帮助，它可以指引你去选择（或将多个选项组合起来）那个你将集中精力去解决的选项。使用"选择击点"和"突出亮点"的工具来选择或者建构问题陈述，有助于得到最好的问题陈述，这个问题会产生大量的、各异的和新颖的想法。如果有必要（并且你有足够的时间和精力），也可以生成几个问题陈述，因此，当你得到一个问题陈述之后，不要急于结束这个阶段。

图 3-21 给出了在弗农案例中，运用头脑风暴法生成的问题陈述清单，粗体字代表击点。

问题陈述

- 使用什么方法能够使手铐变得更结实？
- 护士使用什么方法能够麻醉弗农？
- 西利格怎样才能够将弗农运往他处？
- **我们使用什么方法才能将弗农从牢中释放？**
- 弗农的妈妈使用什么方法才能够帮助弗农？
- 如何让弗农待在楼里？
- 看守怎样才能够保护护士呢？
- **监狱长怎样才能够控制弗农的行为？**
- **如何开发对弗农有用的威慑物？**
- 如何改造弗农呢？
- **如何使用其他的限制方式？**
- **使用什么方法能够改进手铐的结构？**
- 使用什么方法才能够使我们介入弗农的改造中？
- **使用什么方法才能够使我们改进转移弗农的方法？**
- 使用什么方法才能够将弗农训练成一个看守？
- **如何改善改造项目？**
- **我们使用什么方法才能够改进监狱系统？**

图 3-21　弗农案例中的问题陈述

图 3-22 举例说明了使用"突出亮点"工具压缩弗农案例中的问题陈述。

突出亮点

击点
1. 看守怎样才能够控制弗农的行为？
2. 如何使用别的监禁方式？
3. 我们使用什么样的方法才能够改进手铐的结构？
4. 我们使用什么样的方法才能够开发出转移弗农的方案？
5. 如何改善改造项目？
6. 如何开发出对弗农起作用的威慑物？
7. 我们使用什么的方法才能够将弗农从监狱中释放出来？

击点之间的关系
集合 1
2. 如何使用别的监禁方式？
3. 我们使用什么样的方法才能够改进手铐的结构？
4. 我们使用什么样的方法才能够开发出转移弗农的方案？
集合 2
1. 看守怎样才能够控制弗农的行为？
5. 如何改善改造项目？

热点
集合 1：无伤害转移
集合 2：行为矫正

重新陈述特点
集合 1：我们使用什么样的方法才能够转移弗农呢？
集合 2：怎样才能够让弗农参与到自我改造之中？

图 3-22　弗农案例中的突出亮点

图 3-23 总结了在弗农案例中理解挑战的三个阶段的任务。

理解挑战成分的总结
机会陈述
如果监管人员能够以更安全的方式开展工作，不是更好吗
关键数据
• 监狱工作人员命令，弗农一离开牢房就必须戴上手铐
• 弗农挣脱了手铐
• 弗农袭击了看守和护士
• 他非常高大、强壮且具有暴力性
• 理解弗农的动机
• 看守再也不会靠近他了
问题陈述
怎样才能够让弗农参与到自我改造之中

图 3-23　弗农案例中理解挑战的阶段任务

五、　故事的余音

前面提到的软件公司研发部面临即将到来的竞争厄运，其结果是什么呢？我们针对该高级管理团队开发并实施了一个为期三天的工作坊，工作坊的工作重点是帮助他们确定如何应对即将到来的专利到期和激烈竞争的危机。他们的决定非常有趣，他们不是在同样的产品领域开发新的产品，与竞争对手短兵相接，而是决定建立新的愿景，将公司带入完全不同的商业领域。

通过与团队开展大量前期工作，我们澄清了他们对现状的理解。在工作坊的前一天半中，我们使用创造性问题解决中的捕捉机会阶段，协助他们建立了新的愿景。这是非常精彩的开始，因为这个团队并没有将即将面临的竞争看作一个机会，而是将其视为重大威胁。就像其中的一个人说的："如果我们不做点什么的话，员工就要失业了。"基于现有的能力，他们成立了多个业务单元来开发新的产品和服务。

当他们对未来的愿景达成明确的共识以后，我们立即与团队一起确定他们在实现愿景的过程中可能面临的核心问题。接着，团队使用自己发展出来的核心问题陈述来生成想法并将理想变成现实的计划。现在，这家公司做得非常好，他们新建的两条生产线盈利颇丰。他们不仅保住了大部分员工的岗位，而且还雇用了许多新员工来管理新的生产线。

六、 将本章内容运用到工作中

本章主要通过生成和聚焦机会、数据与问题陈述，重点关注理解挑战的方法，介绍了许多具体的工具和有帮助的语言，在使用创造性问题解决时指导你的思维指向明确的目标。

反思与行动

完成下列活动，以加深对本章内容的理解，并在真实情境中练习使用这些内容。如果你将本书作为一门课程或研究小组的内容，你可以先自己做，然后将你的答案与其他成员进行对比，或者作为团队的一员共同去做。

第一，练习确认机会。使用恰当的创造性问题解决语言生成一系列可能的结果和障碍。当你已经有了大量的、各异的和不寻常的选项后，应用所有权中的三个因素来看看哪一个更合适你去处理。

第二，想一想，你工作或生活中需要清晰化的一种情境，尤其是现状（数据），指出情绪和感受在你全面理解情境中所起的作用。记住，需要将事实和意见区别开来，有时，意见非常有价值。

第三，从报纸或网上找一则有趣的故事。快速阅读完以后，看看你能否找到抓住故事主旨的关键机会陈述。然后，生成一个故事所涉及的问题陈述清单。在生成问题陈述时练习使用抽象阶梯，这样你就可以得到大量的、各异的和不寻常的问题陈述。从问题定义的角度来看，很多情境均包含大量的观点。

第四章

产生想法

要想有一个好主意，最好的办法就是拥有许多主意。

——莱纳斯·鲍林

本章考察创造性问题解决中的"产生想法"成分，以及它在为问题陈述找到大量的、各异的和不寻常的想法方面所起的作用。学完本章之后，你应该做到以下几点：

1. 举例说明流畅性、灵活性、独创性以及精致性，并解释它们在创造性问题解决中的运用；

2. 描述并且应用几个具体的工具来产生大量的选项、构想出不同或各异的可能性、完善新颖的或不寻常的选项；

3. 确认并选择新颖的、有趣的和有前途的想法或想法集，以供进一步精炼和完善；

4. 在解决自己的问题和疑问时，运用具体的生成想法工具。

来自一个郊区学校的教育工作者为帮助小学生学习，需要应用各种创造性思维和问题解决的工具想出各种办法。这个学区有着非常积极的和正面的形象，他们的学生在成就测验中有着很好的表现，在其他许多与教学质量相关的传统指标上这些学校也非常成功。然而，这个学区的许多管理者和教师仍然感觉到在教学中缺少一些重要的内容。他们担心自己的学生并没有学到真正重要的创造性和批判性思维的技能，而这恰恰是为更为复杂的问题解决和决策做准备的。他们认为技能工具是所有学生都必须要知道的，因为它们是在复杂且快速变化的世界中工作和生活时重要的"新基础"。由于学校在某些标准上取得了一定程度的成功，使得它难以说服许多人相信任何事物都应该是变化的，一些重要的技能在教室内并没有有效地传授。他们担心许多一线教师并不知道自己缺少什么，因为"他们没有意识到自己不知道什么"，所以，鼓励他们学习新工具并将其与教学相结合的努力将会遇到极大的阻力。

在小组会议上，我们提出的问题是："我们以什么样的方法将创造性和批判性的思维工具融入课堂？"在回顾了环境中的关键信息、复杂情感和悖论之后，小组开始生成想法。几分钟之后，小组的热情和想法的数量都大幅度地衰退了，其中一名小组成员说："你知道，所有这些想法都曾经被反复地尝试过，我的同事们不止一次地见到过它们。有时，熟悉的想法根本没有任何作用，而在其他时候，它们可能会有短暂的作用，而随着新颖性的逐渐减少又消失了。"

另一个人盯着一个画有卡通超人肖像的饮料瓶说："对！我们需要的就是一个'戴面具的掠夺者'突然跑进教室，然后使得每个人都情绪澎湃地变成一个创造性思维者，又在没有人知道它到底是什么的时候悄然离去！"所有人都笑了，于是我们决定休息一下。

你是如何提出那些超越常规的、平庸的或熟悉的想法的？你是如何扩展你的思维，构建那些真正新颖和有用的可能性的？当有人提出"轻率的"和"新颖的"建议而其他人大笑时会发生什么？本章要处理的就是这些问题。我们将考察创造性问题解决的成分和阶段，帮助你生成大量的、各异的和不寻常的想法，并且扩展你的思索范围以提出既新颖又有用的想法。

在对这个过程的非正式描述或讨论中，产生想法这个成分总是与创造性问题解决联系在一起。人们常常认为这个成分是一个愉快的、有趣的过程，这也是能够和应该被认真对待的一个重要成分，因为它远不止"有趣"这么简单。产生想法就像它的名字所暗示的那样，是指为了解决一个问题或回答一个开放性问题，个人或小组努力想出大量的、各异的和新颖的想法。"问题"可能包含你自己选择要解决的问题、他人给你的问题、在其他的创造性问题解决的成分或阶段中创造出来的问题。产生想法这个成分常常得到大量用来发展和实施新解决方法的"原材料"。

本章将考察那些常常与想法生成联系在一起的一些误解。在简要地介绍产生想法这个成分之后，再考察这个阶段的目的、输入、加工、输出以及所包含的特殊语言。我们还将考察在产生想法阶段中如何保持生成与聚合之间的动态平衡，并介绍几个生成和聚合想法的工具。

一、产生想法的概述

产生想法开始于一个字斟句酌的问题陈述或疑问，因此，它总会激发大量的、各异的和不寻常的想法。图 4-1 总结了产生想法这个成分中主要的输入、加工和输出要素。

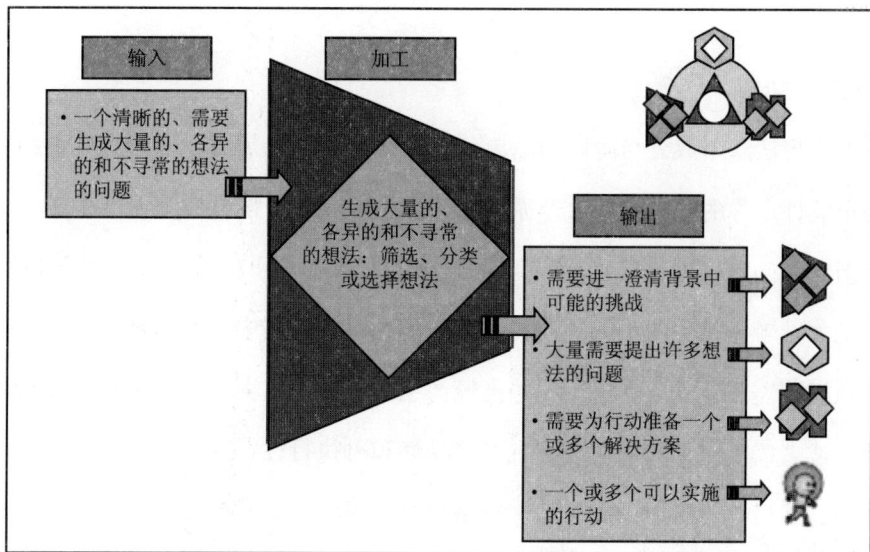

图 4-1　产生想法的概述

（一）输入

决定你需要产生想法这个成分的关键问题是：对于给定的问题，我（们）是否需要大量的、各异的和不寻常的反应？如果你确实欢迎且需要新颖的想法，而你又有了一个表达清晰的、开放性的、能够诱发创造性思维的问题陈述的话，那么，产生想法这个成分就是一个恰当的选择。

（二）加工

在三个过程成分中，产生想法这个成分非常特别，它只包括一个阶段。在这个成分和阶段中，也会涉及生成和聚合状态，但是更强调生成状态。当你生成想法的时候，你可以使用大量的工具来帮助你生成新的想法。你应该遵循延迟评判原则和生成选项的准则，针对问题陈述尽力扩展你的思维。你要追求数量，但也要尽力利用新视角或观点来生成新想法，挑战任何假设并突破习惯性思维，考虑那些独特的或不寻常的想法。接下来，你还需要使用一种或多种聚合工具来筛选、加强、分类或选择有希望的可能性。

（三）输出

产生想法这个成分与阶段的输出包括生成对你来说是有希望的、有趣的和煽动性的可能性。你的输出一般会遵循四条路径中的一条，你可能觉得需要进一步解释或重新定义问题，因而转回到理解挑战成分。或许你可能确实需要其他的想法生成，例如，考虑相关的子问题或找寻在之前的想法生成中已经出现的特定方向。你可能认识到需要建立或者提炼一些已经产生的选项，或者需要更细致地分析或评价想法，或者需要完善并使之更具有可接受性和可执行性，这就可能把你带入准备行动成分。最后，你可能以具体的、准备执行的想法结束，此时，你会退出创造性问题解决过程并且直接去实施它们。

为了突出产生想法成分的特殊语言，我们将介绍一些具体的"词干"，如表 4-1

所示，这些词干为这个成分和阶段中生成和聚合状态提供了起点或触发点。

表 4-1 生成想法中指导你思考的语言

产生想法	
生成思维	聚合思维
尽可能多地想你能想象到的想法 生成大量的想法	**找出那些突出的或者看起来最有趣的想法** 筛选和分类想法
想出你能想到的所有不同类型的想法 生成不同的想法	**选择那些你可能想要进一步考虑的想法** 选择有希望的想法
生成真正不寻常的想法 生成不寻常的想法	**找出几个有趣的想法** 确认新颖的想法

二、 什么是产生想法的成分与阶段

产生想法这个成分与阶段的主要目的
是为解决问题或有效变革生成大量选项、
各种可能性以及新颖或新奇的想法。在创
造性问题解决这一术语中，一个"想法"是
一个起始性概念或初步的思想——一个选
项或者一种可能性，它是你应对一个开放
性问题或疑问时进行的一种试探性想象，
这种想象会激发出大量的、各异的和不寻

图 4-2 产生想法阶段

常的可能性。在产生想法这个阶段之后，我们常常能够听到或看到参与者的两种反
应，这两种反应乍一看可能是自相矛盾或冲突的，但是它们实际上是一致的。首
先，大部分人会觉得参与想法生成活动是愉悦的、刺激性的甚至是令人振奋的（在
图 4-2 中，人们的笑容绝不是偶然的）；其次，大部分人在一个积极的想法生成活
动之后也会说："累死了！我都快崩溃了，没想到精神活动是如此的困难和累人。
当我们不断地产生想法时，真是感觉太棒了，我甚至都没有意识到究竟耗费了多少
努力和精力——直到结束。"

(一) 想法生成时需要记住的要点

不幸的是，有些观察者仅仅注意到想法生成是刺激性的、充满活力的和愉悦的，忽视了它也需要艰苦的努力，结果就出现了几个常见的误解。需要记住几个关键的事情，以帮助你对想法生成树立正确的观点。

1. 创造性问题解决和头脑风暴法不是一回事

创造性问题解决是一种包含几个成分和阶段的方法，它需要高度的投入和艰苦的努力。头脑风暴法是一种工具——仅仅是众多工具中的一种——在创造性问题解决的任何一个阶段中都是有用的。创造性问题解决和头脑风暴法不是同义词。

2. 头脑风暴法是一种具体的、定义明确的工具

许多人在使用头脑风暴这个术语时实际上指的是完全不同的事——会晤、讨论、闲扯、聚在一起非正式谈话，有时甚至是辩论或争论。将头脑风暴法理解为一种工具是非常重要的，而有效地使用这种工具需要遵循具体的准则和程序。

3. 头脑风暴法只是大量建设性问题解决方法中的一种

我们经常会听到有人说，他们打算独自或在小组中使用头脑风暴法来解决问题。于是，他们就开会、开会……而在会议上他们所做的唯一的事情就是头脑风暴。不管是独自还是在小组中，如果他们不能将时间和精力专注于选择和运用各种工具，并尽可能地集中他们的思维去生成一个不断扩大的想法列表的话，他们就不可能是有效的问题解决者。有时，人们花费了大部分时间进行头脑风暴，然后仓促地做出决策（正如我们在第二章中讨论的）。

4. 大量的研究认为头脑风暴法是有效的

不幸的是，许多人错误地相信头脑风暴是无效的。如果你全面地回顾文献，你就会发现这个论断是不正确的，大量的证据认为头脑风暴法是一种有效的工具（Isaksen，1998；Isaksen & Gaulin，2005）。这些文献实际上进一步指出，要想使头脑风暴法有效，就必须要了解和遵守具体的准则和程序。许多相反的研究结果，实际上往往是忽视了这些准则或程序的结果。

5. 当提到想法生成时，在"嬉戏"与"工作"之间有一个明显的矛盾

有些人认为如果它看起来太像嬉戏的话，就不值得费心地去做。有时，对于那些有受虐倾向的人来说，如果一项活动不是乏味的、严肃的、无聊的甚至是痛苦的，那么它就不可能有智力价值，我们更愿意持有这类观点的人在他们自己的会议中作为参与者。尽管我们并不认同思维必须是索然无味的或是迂腐的，我们也同样不赞成将创造性与无规则的"精神漫游"等同起来。在创造性的名义下，到处都有"嬉戏和游戏"之类的谬论，创造性问题解决肯定与这些观点没有关系。创造性思维一方面需要自由和开放，另一方面也需要艰苦的努力或耐心的工作。

尽管这个成分只包含一个阶段，但是它与其他成分一样是非常重要的，也需要大量的精力和艰苦的劳动。成功的好想法往往不是靠运气，而是在生成想法成分和阶段中艰苦劳动的结果。

（二）生成状态

正如前面所说，产生想法的特殊性就在于它非常强调生成状态。我们将详细介绍几种工具，对于什么时候使用哪种工具和如何组合起来使用它们，我们将提供一些实用的指南。

当你产生选项时，需要记住四个主要品质，它们彼此之间并不是相互排斥的，无论如何都应被认为是"创造性的"。然而，在特定时间、特定情境或特定任务中，强调这种品质而不是那种品质也许是非常重要的。为了避免图 4-3 中描绘的情况，需要考虑所有这四种品质。基于托兰斯、吉尔福特和其他创造性研究者的多年研究，我们

图 4-3　有大量的想法需要考虑

把这四个品质称为流畅性、灵活性、独创性和精致性，这四种品质在创造性问题解决任何阶段中的生成状态都是非常重要的。

1. 流畅性

• 生成大量选项的能力。

- 重点在于数量。

2. 灵活性

- 生成许多不同种类选项的能力。

- 重点在于有不同类型或种类的选项(多样的角度或不同的观点)。

3. 独创性

- 生成新颖联结的能力。

- 重点在于生成不寻常的或独特的选项。

4. 精致性

- 给选项添加细节以及使选项更丰满、更全面、更完整和更有趣的能力。

- 重点在于"充实"或者扩展选项。

(三) 运用生成工具

我们在第二章列举了几个在创造性问题解决各种成分和阶段中都可以使用的一些生成工具。在这一部分,我们将分享使用这些工具的案例,说明它们在产生想法成分和阶段中是如何起作用的。既然是产生想法成分,我们当然会谈到如何使用它们来生成想法。然而,在其他阶段里也可以用它们来生成选项,如机会陈述(捕捉机会阶段)、问题陈述(描述问题阶段)或标准陈述(完善解决方法阶段)。当然,它们也可以直接用于行动陈述。

我们将要考察的具体生成工具有如下几个:

- 便是贴头脑风暴法(brainstorming with post-its)

- 书面头脑风暴法(brainwriting)

- 奔驰法(SCAMPER,替代、组合、调整、修改、夸大、缩小、用作他途、消除、重新安排、颠倒;基于奥斯本的刺激想法问题的核检表)

- 强制匹配法(forced fitting)

- 形象化地找出关系(visually identifying relationships)

- 想象跋涉(imagery trek)

- 属性列表(attribute listing)

- 形态矩阵(morphological matrix)

1. 便是贴头脑风暴法

不管是独自还是在小组中使用头脑风暴法这个工具，你都会很快地想出许多选项，有时，这可能成为一种障碍。小组讨论时可能只有一个人做记录，很容易漏掉一些选项，同时，小组成员因为要等待时机发言而忘记自己的一些想法。如果小组成员发现他们总要等待自己的观点被记录下来再说出下一个想法的话，就有可能大大减慢想法"流出"的可能性。当你独自使用这个工具时，有时想法可能突然出现以至于你无法将其记录下来，无论哪种情况，一些有价值的新可能性都会丢失。

解决这个问题有很多方法，例如，小组成员在等待记录时，自己将想法写在纸上，并在思绪减慢之前分享它们；记录员帮你捕捉住这些想法；使用其他允许小组成员独立使用的生成工具。

便是贴头脑风暴法是使用大量的便条(3×5英寸)，参与者将自己的想法写下来，每张便条写一个想法。他们说出自己想法的同时，将便条贴在展示板上(如图 4-4 所示)，大声地说出想法可以让其他人考虑可能的联结或以此为基础建构自己的想法。将便条贴在展示板上可以在之后的回顾中捕捉想法，并且使小组成员记住这些想法。当你独自使用时，使用笔记也能帮助你快速有效地捕捉到想法。这个工具有以下几个优点。

图 4-4　行动中使用便是
贴头脑风暴法

第一，加速交流。在分享其他想法之前，小组成员不需要等待促进者记录下每一个选项。每个小组中不是只有一名记录员，每个参与者都是记录员，你独自使用时，也能快速地完成记录。

第二，对于流畅性的积极作用。思绪越流畅，越容易生成大量的可能性。

第三，有利于分类和聚焦。每个想法都记在一张便条上，可以挪动、分类和有效评价。可以按照产生的顺序放置这些便条，当然，在收集时也可以分门别类。

在小组中使用这种工具时，每个人都在倾听，因而会无意识地以他人的观点为跳板而提出自己的想法。我们发现，相对于传统的头脑风暴法，这种方法的"搭便车"或利用他人想法的情况要少得多。图 4-5 以弗农案例为例，说明如何使用这个工具。

使用便是贴头脑风暴法				
如何让弗龙参与到自我矫正之中				
吓唬他	孤立他	鼓励他减肥	找到他喜欢做的事情	找到困扰他的事情
让他逃跑	开枪打死他	给他服药	雇佣比他更强壮的警卫	缩短在外逗留时间
提前审判	听取他亲人的建议	征求他朋友的意见	与他交朋友	成为人的密友
发挥他力量的优势	利用他来检测安全设备	让他看管其他囚犯	给他实施额叶切除术	给人送花
让其他囚犯来看管他	寻求世界摔跤联合会（WWF）的帮助	以控制弗龙来挑战 WWF	从 WWF 雇佣警卫	帮助弗龙与 WWF 签到合同
让他到环球公司去试试镜	将他的照片发送到脸谱上	只要他合作就给他更多食物	他不合作的话就给他更少的食物	他表现得好就奖励他
询问他为什么做不端行为	惩罚他的不端行为	给他传授一项谋生的技术	把他交换到另一所监狱	为野兽寻找美人
给他看金刚电影	把他送到一个足球队去	让他参加体育运动	鼓励他以积极的方式来发泄自己的能量	让他更虚弱
让他瘦下来	让他做引体向上	不让他做任何事情	要求他配合	全天戴手铐
爬四小时楼梯后才可以到别处走走	帮助他设定目标	指派某人与他一起工作	允许他实现自己的目标	帮助他获得自尊
帮助他获得自我实现	让他一直高兴	找到激励他的手段	找到激怒他的事情	找到令他动心的事情
让他与鳄鱼搏斗	找到他害怕的事情	让他设计自己的矫正计划	让他承担责任	使他保持积极向上的心态

图 4-5　在弗龙案例中运用便是贴头脑风暴法

2. 书面头脑风暴法

在许多想法生成的会议中人们有一个普遍的担心，那就是少数人（特别是那些在人格或风格上更为外向或能说会道的人）可能会控制或支配小组的工作。有时，他们自己可能都没有意识到其他小组成员被抑制了或没有贡献他们的想法。一些小组成员可能会满足于让更能说的成员担任领导职务，而其他的成员可能会被这些人所抑制或者没有信心表达自己的思想。另一个与此相关的担心是，有些人报告说，快节奏的小组活动完全超出了他们构思和表达想法的能力，以至于他们没有时间表达他们的想法。为了应对这些担心，许多小组促进者和领导者为每个小组成员提供隐秘和充足的"思维空间"。这个工具叫书面头脑风暴法（见图 4-6）。

图 4-6　书面头脑风暴法示意图

书面头脑风暴法在改变小组想法生成的节奏上特别有用，它为参与者提供了隐私，使得每个人都可以用最舒适的、自定进程的方式参与到想法生成中来，并且满足了参与者不同反思时间的需要。书面头脑风暴法可以为个体提供额外的反思和想法酝酿的时间，同时还维持了源源不断的可能性。

使用书面头脑风暴法这个工具时，每一个参与者从一张纸开始，纸上被分为许多格（通常一张纸 12 格），每个人在纸上写下三个自己的想法，然后将纸放在小组的中间。参与者互相交换纸以后，阅读上面的想法，然后再传给下一个人，在小组中来回交换纸条直到 12 格全部填满为止。

图 4-7 以弗农案例为例，说明如何使用这个工具。注意，当小组使用这个工具时，每个成员在每一格中生成的想法都建立在前一个想法的基础上。

书面头脑风暴法		
声明：如何让弗农参与到自我改造之中		
行	选项 A	选项 B	选项 C
1	询问弗农，处于监管之下，他将如何逃出监狱	让弗农协助其他犯人或监狱开展自我改造项目	要求弗农设计一个更好的安全系统
2	赋予弗农看管其他犯人的责任	寻找弗农的一些朋友	让弗农做一项产品完善的工作
3	让弗农参加一项别出心裁的活动	提供红娘服务	给弗农找一份监狱外的工作

图 4-7　在弗农案例中使用书面头脑风暴法

这个工具虽然考虑到了隐私或匿名以及自定进程表达想法的作用，但也会带来一些局限，例如，它会减少"搭便车"现象，限制以他人想法为起点而提出新想法的发生。人们在使用这一工具的时候，往往忽视彼此互动的积极作用，看不到或想不起其他的可能性。

3. 奔驰法

奥斯本在实践中发现，有许多问题可以刺激新想法的产生，这些问题为新想法的生成提供了"起因"或"触发点"（triggers or jumping-off points），进而提出"奥斯本核检表"。当然，在运用时并不需要使用其中的所有问题，也不需要按照固定的或指定的顺序使用它们。每个问题都可能对某个任务或情境有帮助，任何问题都有可能是以前没出现过的新想法或灵感的来源。埃伯利（Eberle，1971，1997）在"奥斯本核检表"的基础上，将这些问题重新组织，剩下八个关键问题，这些问题的首字母组成易于记忆的 SCAMPER 法（奔驰法或记忆助手），如图 4-8 所示。

每一个字母所代表的词语和短语分别如下。

替代（S，Substitute）：其他的人？其他的事物？其他的成分？其他的材料？其他的过程？其他的力量？其他的地方？其他的方法？其他的口气？

组合（C，Combine）：如何混合？合金？分类？合奏？合并单元？合并目的？合并的诉求？合并想法？

调整（A，Adapt）：像这样的事情还有哪些？对于这个建议还有哪些其他的想

图 4-8　在行动中使用 SCAMPER 示意图

法？过去是否有同样的？我能复制什么？我能模仿谁？

修改（M，Modify）：放大？增加？缩小？减去？新的转折？改变含义、颜色、动作、声音、顺序、形式、形状？更高的频率？更强？更长？省略？简化？切分？

用作他途（P，Put to other uses）：它的形式、重量或结构有其他的用途吗？新的使用方法？如果改变的话，有其他的用途吗？改变背景？

消除（E，Eliminate）：假设我们把这个排除在外？更少的部分？压缩？更低？更短？更轻？低调处理？我们怎么样能使其更简化？没有它的话，我们能够做什么？

重新安排（R，Rearrange）：把它颠倒过来？反面怎么样？

颠倒（R，Reverse）：颠倒角色？扭转形势？交换成分？其他的顺序？改变速度？改变计划？因果转换？

你可以按照任意的顺序、组合甚至合并使用奔驰法中的问题。将奔驰法作为问题清单可以促进想法的产生，图 4-9 以弗农案例说明如何使用这个工具。

SCAMPER	
声明	如何更有效地控制弗农？
替代(S)	使用其他类型的捆绑物(如电子的或自动的——高声音、激光或光束)
组合(C)	使用镇静剂和视觉影像
调整(A)	改变他的饮食使他疲倦和温顺；运用行为矫正法将他改造成为一个领导
修改(M)	放大——将警卫换成大个子，使得弗农显得弱小 缩小——使用一个小物体来控制弗农(狼牙棒、高压电枪)
用作他途(P)	让弗农当摔跤教练，让他组织一个相扑队
消除(E)	监狱——把他扔到一个干旱的小岛上，周围都是鲨鱼出没的领域——空运补给
重新安排、颠倒(R)	使用特殊的安全锁来看管他；持续地更换他的作息时间，直到他迷乱为止

图 4-9　在弗农案例中使用奔驰法

奔驰法可以改变思考问题的角度或方向，改善思维的灵活性，从而有助于生成新的观点。小组使用这个工具时，常常能够激发参与者寻找新可能性的能量和热情。可能的限制在于：过于重视每一个问题，或过于关注以严格的顺序使用每个问题。事实上，这个工具是用来帮助你在不同的方向上进行搜寻的，并不需要遵循严格的顺序或步骤规定。

4. 强制匹配法

你是否曾经注意过，当你看到一件事的时候突然想起了另一件事，于是新的想法出现了？你看见的事物可能与你需要解决的问题之间毫无关联，但是，看着它却可能会使你对问题有一个全新的或者非常独特的想法。强制匹配法(见图 4-10)就是用来刻意地、而不是靠运气或偶然性引起同样的反应。

强制匹配法有很多种变式，但是其本质都是看着一个随机选择的物体(或物体模

图 4-10　强制匹配法示意图

型，并且这一物体与你的问题没有明显的联系），通过它们的偶然触发或提示，使你找到了新的解决问题的方法。最常引用的故事就是"尼龙搭扣"的发明，它的灵感来自于毛刺如何粘在旅行者裤子上的观察。最近，有一家公司推出一种台灯，打开之后可以在预定的时间内逐渐变亮（在普通台灯上强制匹配"闹钟"的设计）。

强制匹配法有助于刺激新颖、独特的想法，但不会干扰你的思绪。在某些情况下，这可以触发足够新的想法，在另外一些情况下，它可能需要与现有的思绪隔离开，以提出与正在生成的想法完全不同的新想法。

5. 形象化地找出关系

你可以使用任何一种或多种感受器官，强制性地将自己从手头问题上转移开来，然后利用感觉生成的无关意象作为新颖想法的触发点。这些无关的想法或意象放在一起时，常常会出现大量新颖、奇特的想法。形象化地找出关系的方法（见图4-11）通过创设潜伏期，往往能够帮助你发现新的、有价值的想法——一种将你从任务中抽离出来，以获得新想法的有意过程。

图 4-11 在行动中形象化地找出关系的示意图

一位卡车制造商为了描述新产品的坚固性、动力性以及可操作性，在广告中使用了犀牛穿着溜冰鞋的画面来描绘该产品。

运用这个工具时，最好使用四种以上不同的图画作为刺激物。你可以使用任意的海报、印刷品或者只是要求小组成员看看四周环境并记下所看到的印象深刻的图像。然后，让成员们找出并分享创造性的联结——处理问题的新选项或由任意的图像所引发的疑问。最好的联结往往来自于不能被参与者直接认出的有趣的、不寻常的和矛盾的刺激(并且不会与具体产品或反应直接相关)。

尽管形象化地找出关系这个工具常常使用易得的视觉刺激,但是,通过让人们去创造自己的视觉图像或使用可以引起其他感觉意象的材料来刺激新的可能性或联结,也可以很容易对其做出修改。图 4-12 以弗农案例来说明如何使用这个工具。

形象化地找出关系

声明:如何让弗农参与到自我改造之中

观察列表来源:

刺激 1:落叶的海报	联结:
落叶遍地	给弗农布置很多任务去做
五颜六色	找到令弗农兴奋的颜色
觉得像是在游泳	给犯人们建一个游泳池
湿漉漉的	让弗农教人们游泳

刺激 2:教室里的孩子	联结:
专注	给予更好的游戏和卡片
没有再比这更小的桌子了	让弗农制作家具
需要更多的光线	在娱乐室里摆放一个扑克桌
有些孩子看上去特别想离开	让弗农逃跑

图 4-12　在弗农案例中运用形象化地找出关系法

---

6. 想象跋涉

想象跋涉法是让你通过一次精神(或身体)旅行,来创造新的联结。首先,你要撇开手头的任务或问题自由翱翔,然后将旅途中看到的意象与所要解决的问题联系起来,有可能获得新的方法和主意,类似的工具也叫"视觉冲突法(visual confrontation)"或"短途旅行法"(excursion)。这些工具都是通过创设距离来激发高独创性的或新颖的想法——离开问题(以及你对于它的假设和信念),以探索或构建新的可能性。如图 4-13 所示,首先,列举 10~20 个名词或动词;其次,找出每个词语给你带来的积极意象,你将跟随着意象做一次"精神的旅行";最后,生成新的联结——意象与问题陈述关联起来的新方法或新观念,试着去完善和发展意象。

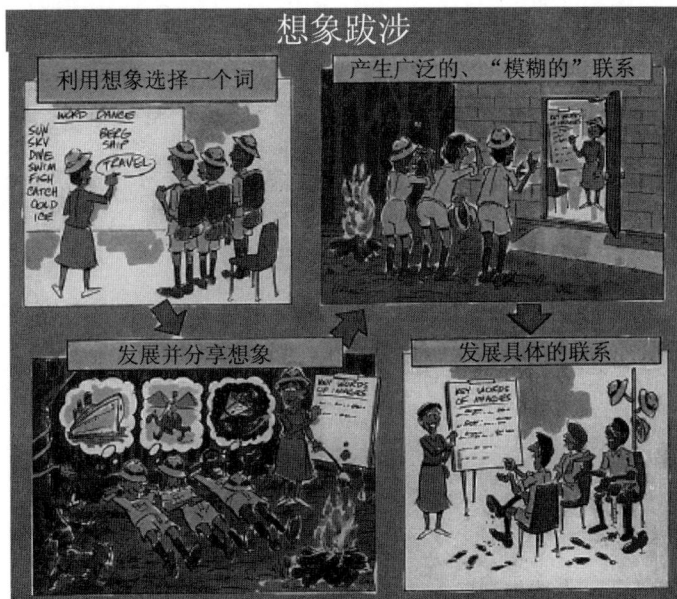

图 4-13　运用想象跋涉法示意图

　　强制匹配法、形象化地找出关系和想象跋涉三种工具的优点是相似的，任何一种工具都能够为思维的延展提供机会，帮助你生成高度新颖或出乎预料的想法，帮助你丰富、完善那些有趣的想法。但是，这三种工具使用的刺激物不同：物体（强制匹配法）、视觉图像（形象化地找出关系法）、在精神旅行中构建的意象（想象跋涉法）。这三种工具的缺点在于，有些人（特别是那些高度看重实用的、理智的和现实可能性的人）会抵制这些工具，认为它们是无聊的、愚蠢的。事实上，使用这些工具可以产生许多罕见的、稀奇古怪的或挑战性的想法，以至于它们往往需要大量的改进或完善才可能成为可用的想法。

　　7. 属性列表

　　属性列表法是把物体或问题分解为几个部分或元素，然后针对每个部分或元素生成大量的改变、修改或处理它们的方法。使用属性列表法时，首先要以"这个问题的主要元素或部分（属性）是什么？"开始。如果你正在做产品改进，如找出大量的、各异的和不寻常的方法改进 iPod，就可以从"iPod 主要的元素或属性是什么？"开始。

这个问题的答案可能是声音、容量、电源、耳机、屏幕、功能以及包装，你可能仅仅找到 3 或 4 个甚至多到 8 或 10 个关键的属性。接下来，一次只对一个属性生成新的想法。例如，由 iPod 的容量可以想到更大的内储、多个硬盘或识别不同文件的能力，由 iPod 的包装可以想到使它防水或不易破损。最后，将一些属性或你生成的一些想法组合起来，以激发更新颖的想法。

使用属性列表这个工具可以帮助你以有组织的、结构化的或分析性的方式探索新的可能性，对于现有产品或程序的改进或提高特别有用。但是它不太可能产生完全偏离现有任务或问题的极端新颖的想法。

8. 形态矩阵

形态矩阵法（来自于"形态学"这个词，关于形式或结构的研究）是能够快速生成大量想法并保证其中有不寻常想法的工具，它的使用很简单。

对于任何一个问题或疑问，首先找出其中一些主要的部分或变量，这些叫问题或挑战的"参数"，如图 4-14 所示的生面团、佐料、装饰配料和形状。可以有许多个参数，但要保持参数量适度，我们一般聚焦于 3~4 个主要的参数。参数是问题的主要部分或成分，往往表现出多种形式或具有多种价值。例如，在故事写作中，

图 4-14　行动中使用形态矩阵的示意图

我们可以找出四个重要的参数：主人公、地点、目标和障碍。每个参数都有很多的形式和价值，许多人物（或事物）都可以作为主人公，故事可以发生在任何地点等。使用这个工具你要创设一个问题参数的矩阵，然后对每个参数分别（不用试图"将一个栏里的参数与另一个匹配"）列举许多新的想法。如果你有四个参数（列），每栏有十行，就有一万种可能的组合，随机地从四列中的任意一个找到一种可能性，其中必然会有一些独创的、吸引人的可能性。

（四）选择适当的工具

拥有一套工具是一回事，知道什么时候使用哪种工具就是另一回事了。尽管我们希望为你在使用创造性问题解决时提供大量的工具，但是我们更想让你知道如何选择，并恰当地使用这些工具来解决问题。格瑞斯格威斯基的研究表明，选择特定的创造性思维工具以促进特定的结果是可能的（Gryskiewicz，1980，1987，1988）。尽管他针对的是"生成想法"成分，但是他的结论是可以应用到创造性问题解决的任何成分中去的。他将想法生成分为以下四种类型。

类别 1：直接性——生成的想法直接回答问题陈述；

类别 2：补充性——生成的想法包含了原有想法的新用处或新含义，或者是建立在传统的想法之上；

类别 3：修改性——生成的想法包含对原有想法进行结构性（或更为显著地）地改变；

类别 4：离题的——生成的想法完全不同于上述类别，包括了完全不同的用处或应用，在视角上发生了真正的"转变"。

格瑞斯格威斯基认为，类别的范围包括从完善的需要（类别 1，很容易与现有的结构或操作方法相适应的选项）到探索的需要（类别 4，强调极端新颖和不同方向的选项）。完善想法强调的是将你正在做的事情做得更好，而探索想法则强调完全不同于之前的挑战。

遵照格瑞斯格威斯基的观点和其他对各种工具用途的分析，我们构想出了一个模型，指导你在变化的情境中选择工具，如图 4-15 所示。当你关注渐进的、累积性的改变时，你的目标是改进现有结构或操作，你需要完善想法的工具。此外，当你关注创设全新的结构或系统时，你的目标是引起结构或操作的根本性改变，那么你就需要更多探索性想法的工具。

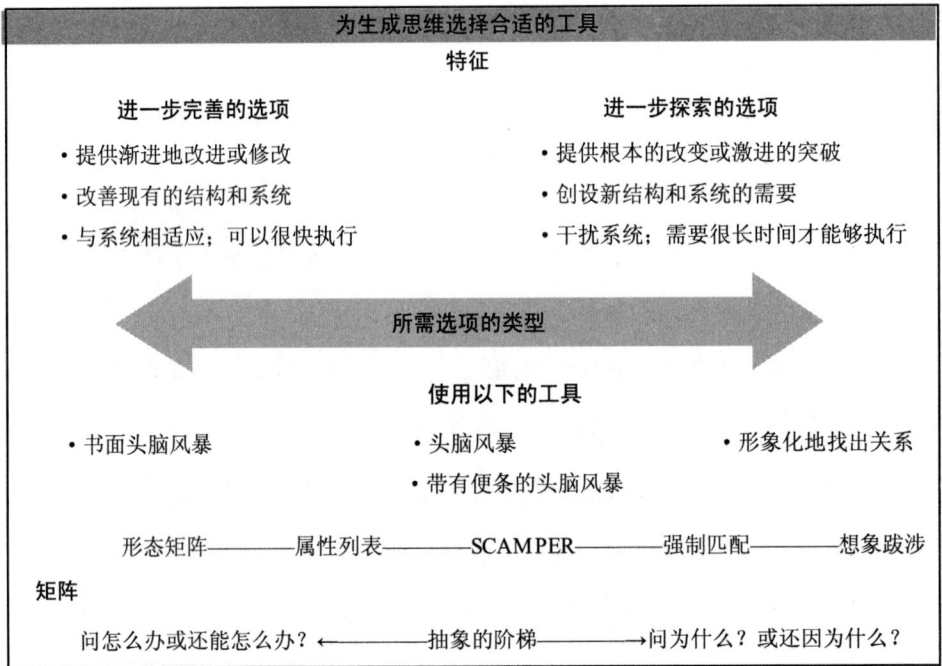

图 4-15　生成工具的选择模型

我们发现，有些工具易于生成较为舒缓的、渐进的或完善的选项，而另外一些工具易于生成极端突破性或探索性的选项。当你需要进一步完善结果时，如格瑞斯格威斯基的类别 1 和类别 2，其中属性列表或形态矩阵等工具会非常有帮助，它们涉及将问题或挑战分解为能够系统地进行探索或合并的部分或子部分。头脑风暴法和它的变式（如书面头脑风暴法或便是贴头脑风暴法）也是相对比较侧重完善的，它们允许想法保持在问题现有的范式或参数内。这些工具使得你轻松地产生相关的、可行的和有用的选项以改进或加强现有的结构。SCAMPER 也可以提供结构化的方法以系统地、精心地改进想法。

强制匹配法、形象化地找出关系或想象跋涉等工具，会挑战个人和小组，使他们在不寻常想法的方向上或问题的探索性重构上走得更远。它们通常会在原来的观点或挑战中构建出更多的扩展，所以更重视探索性，因此，选择格瑞斯格威斯基的类别 3、类别 4 的工具会更有用。这些工具通常会干扰现有系统并且需要更大的努力、更多的资源以及更长的执行时间等。

（五）生成想法中的聚焦

在生成想法阶段运用大量工具，常常能够生成数以百计的想法。实践中，许多生成想法的努力往往导致纸上写满了想法。然而，重要的是你要记住，仅有数量是不够的。你必须要判断这些想法是否是有希望的、有趣的或重要的，以进一步发展为有希望的结果或解决方案。当你关注从生成的想法中做出选择的时候，就需要考虑和使用第三章或第五章提到的聚焦工具。

鉴于这个成分和阶段的重点在于生成各种可能性，所以，这个阶段中的聚焦可以称为"轻微的聚焦"。它不是要得到最好的或最终的想法，也不是要获得问题的最终解决方案。因此，聚焦的重要目标是找出一个、几个或许多对你来说是有希望的、有趣的或诱人的可能性。此时，这些想法可能是，也可能不是你知道如何执行的，你甚至都不能确定它们是否能够被执行——但是它们的潜力是足够吸引你的。

第三章提到的选择击点法和突出亮点法对于从大量的可能性中筛查和选择出有趣的、有用的或引人入胜的选项是十分有效的。因为你的目标是保护或维持生成选项的原创性和独特性，因此，这些工具在生成想法阶段中聚焦时就特别有用。此时，太苛刻和严格的评价可能剔除或扼杀那些较为新颖的或不寻常的选项。为了确保你在"轻微聚焦"时不会删除那些最不寻常或原创的选项，你可以考虑使用选择击点法的一些变式，使用一个特定的符号（或具体的颜色）来标出特别吸引你的想法，因为这些想法是新颖的、各异的或不寻常的，它们真正延展了你的思维，使你以全新的角度来看待问题。强迫自己超越那些容易运用的击点，去寻求最具有挑战性的想法，有时，这就是"高风险／高回报"的想法，如果你有效地发展它们的话（并且在认真考虑它们之前没有废弃它们），就有可能产生非凡的结果。

  "轻微聚焦"的另一种方法是运用内在的标准非正式地对想法进行分类，诸如必要的与想要的、短期的与长期的、有用的与新颖的、简单的与复杂的以及适合现有系统的与需要新系统的。如果想法太多无法有效处理的话，你既可以对全部想法进行分类，也可以仅对其中最有吸引力的击点或热点进行分类。图 4-16 以弗农案例来说明生成想法阶段的轻微聚焦。

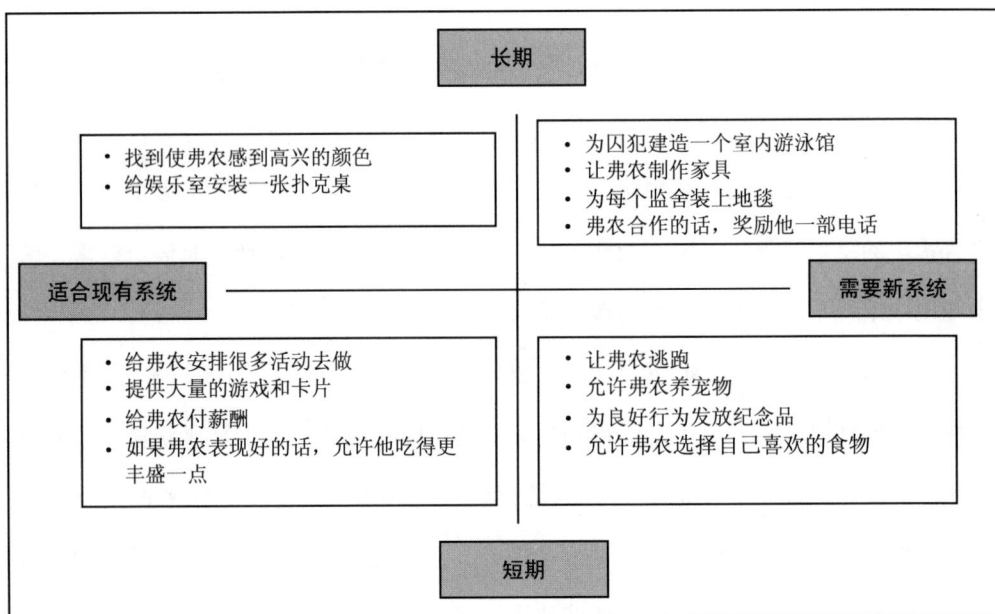

长期	
· 找到使弗农感到高兴的颜色 · 给娱乐室安装一张扑克桌	· 为囚犯建造一个室内游泳馆 · 让弗农制作家具 · 为每个监舍装上地毯 · 弗农合作的话，奖励他一部电话
适合现有系统	**需要新系统**
· 给弗农安排很多活动去做 · 提供大量的游戏和卡片 · 给弗农付薪酬 · 如果弗农表现好的话，允许他吃得更丰盛一点	· 让弗农逃跑 · 允许弗农养宠物 · 为良好行为发放纪念品 · 允许弗农选择自己喜欢的食物
短期	

图 4-16　弗农案例中如何给想法分类

  生成想法成分能够为你提供大量的(流畅性)、各异的(灵活性)或不寻常的(独创性)想法，它还能使你的想法更加丰富、细致化或更有趣(精致性)。

  图 4-17 总结了生成想法成分在弗农案例中的运用，并介绍运用该成分生成的各种输出。

产生想法成分总结

问题和关键数据的描述

如何让弗农参与到自我改造之中

- 监狱官命令弗农，无论什么时候离开监舍时都必须戴上手铐
- 弗农将手铐弄坏
- 弗农攻击了警卫和护士
- 他高大、强壮且具有侵略性
- 理解弗农的动机
- 警卫再也不愿意接近弗农

比较满意的想法

- 理解弗农，并试着与他交朋友
- 针锋相对——使用额外的力量来控制他(他身高6.3英尺，体重375磅且具有侵略性)
- 以积极的方式疏导他的能量
- 使他成为一个可信赖的人——用他的力量来控制其他的囚犯
- 让他保持幸福和宁静——避免让他发怒
- 宣传他不寻常的身材和力量——帮助他与有关组织建立联系，以发挥他罕见的能力

图 4-17 在弗农案例中产生想法的总结

三、 故事的余音

休息之后，这批教育工作者充满了热情和能量，很多人甚至迫不及待地回到会议室。其中一个人说："休息的时候，'戴面具的掠夺者'让我们十分吃惊，一开始我们还以为这是愚蠢的想法，但是，再三思考之后，我们才发现其真正的魅力！"

他们说，尽管"戴面具的掠夺者"不是一个真人，但却能够冲进一个又一个教室或学校。它是一个或一组卡通人物，可以模仿、展示和分享具体的创造性或批判性工具，这些卡通人物可以在视频中随意地移动。小组成员慢慢地开始接受它的观点，并以此为基础提出一系列新颖的观点。

最后，小组决定设计一系列的录像节目，在节目中出现盛装人物和木偶，加入幽默的故事和各种具体的工具。这些录像内容与课堂环境融为一体，教师只需要简单的准备和培训就可以轻松地复制和分享。

为了创作、发展、实施和评价卡通录像系列，小组提出了一个预算方案，这个方案获得了当地基金会的资助(超出 7 万美元)，从而保证节目可以高质量地专业制

作。目前，录像带已经录制完成，并受到学校的高度赞扬和广泛接纳。它们满足了教师的好奇心和成就感，为他们的职业发展提供了平台，也为其他的课程发展项目提供了跳板，一位职员的博士论文也对此进行了评估。

以"戴面具的掠夺者"这种喜剧场面作为开始，看上去似是而非，毫无相关性，却为这个学区带来了丰厚的回报。当我们寻求各异的、不寻常的想法，并且努力使其成为有希望的可能性时，奇迹一定会出现。

四、 将本章内容运用到工作中

本章重点介绍了流畅性、灵活性、独创性和精致性这些核心概念及其在创造性问题解决中的作用，让你熟悉并能够运用几个具体的生成工具。

反思与行动

完成下列活动，以加深对本章内容的理解，并在真实情境中练习使用这些内容。如果你将本书作为一门课程或研究小组的内容，你可以先自己做，然后将你的答案与其他成员进行对比，或者作为团队的一员共同去做。

第一，你是否真正了解本章所说的工具及其名称？在日常的个人或小组情境中是否经常使用它们？观察多种情境或回顾自身经历，为每种工具编制一份"日常应用"清单。

第二，很多人或团体常常轻率而错误地使用头脑风暴这个术语。请列举一些团队经历，指出其中存在的错误，并推荐几个可以改善小组行为、促进有效思维的具体措施。

第三，列举几个工作或生活场景，将本章介绍的某个工具运用其中，你会获得更多的灵活性或原创性，还能提高你的工作效率和效果。请解释，为什么这种工具在这个情境中会特别有效呢？

第五章

准备行动

任何想法不可能自己去实现。积极想象的目的在于运用，而不是为了证明其难以实现。

——约翰·阿诺德

本章考察创造性问题解决中的"准备行动"成分，以及它在将想法转化为行动方面的作用。学完本章以后，你需要做到以下几点：

1. 对那些有希望的想法进行深入和全面的考察；

2. 选择和使用恰当的工具对各种想法进行筛选、分析、评价、发展和提炼，以便将可能的想法转变成可行的解决方案；

3. 将可能的解决方案完善成为切实可行的行动计划。

该成分包含完善解决方案和寻求接纳两个阶段，两个阶段的学习目标分别如下。

完善解决方案阶段的学习目标

1. 理解完善解决方案阶段的目的；

2. 理解评价准则及其作用；

3. 明确评价准则的来源与分类；

4. 为具体任务生成大量的评价准则；

5. 为具体任务选出最合适与最重要的评价准则；

6. 理解并运用几个可能的工具来评价和完善选项；

7. 举例说明三种不同的评价准则及其作用（过滤、选择和支持方案）；

8. 将目的在于评价选项的准则与那些主要用于完善和精炼选项的准则区分开来；

9. 针对自己一项任务中几种可能的解决方案，运用评估和发展工具。

寻求接纳阶段的学习目标

1. 确认并考虑在实施潜在的解决方案过程中可能遇到的各种支持与阻碍性因素；

2. 考虑各种支持性与阻碍性的关键来源，提出一个可能采取的行动或反应清单；

3. 列举 10 条以上人们可能抗拒你推行变革的原因及克服它们的策略；

4. 找出防止阻碍发生或即使发生了也能够克服它们的方法；

5. 制订一个包括具体实施步骤的详细行动计划（包括短期、中期和长期行动方案以及获得反馈与修订计划）。

一家全球性化学公司的一个重要部门，目前的头等大事是要进行资本重组。该项目需要数百万美元来开发一种全新的技术，以生产和销售一种有巨大市场需求的特种纸。公司的最终目标就是扩大该产品的市场占有率，他们希望能够得到我们的帮助，以确保所有投入的资源都能得到充分地利用，尤其要确保投入的资源能够带来长远的利益，让公司具有持续开发新产品和完善旧产品的能力。

我们与该团队一起工作，以便为产品找到新颖的、有趣的新用途。然而，根据我们以往的经验，仅有一个好想法还不足以将之付诸实践。那么，为了使一个高度新颖的想法能够付诸实践，你需要做哪些事情呢？为了确保他人接受你的改革方案，你需要兼顾哪些因素呢？这便是准备行动这一章要解决的问题。

尽管创造性问题解决的各个成分都有其独特的强调重点，但也有一些共同的诉求，那便是找到各种各样推动和支持变革的方法。此处"变革"指的是使产品、过程、事件发生不同的互动或者变得更好的行动或过程。不同的创造性问题解决成分帮助你处理变革的不同方面。"理解挑战"成分可以帮助你关注、构建和明晰解决问题的正确方向。当你知道自己该往哪里去，首先需要处理什么事情以及如何处理这些事情的具体路径的时候，变革就变得轻松了。老话说："如果你不知道自己要去哪里，你就只能随波逐流。"管理变革的最重要目的在于生成想法，从仅有的少量想法变成大量新颖的和珍贵的想法，这就需要"产生想法"成分的帮助。强有力的改革来源于有大量的、各异的和独创的想法可供选择。

我们将探讨"准备行动"成分，该成分强调的是将想法转化为行动。该成分的两个阶段提供的工具会帮助你更有成效地管理变革，将新颖的想法转变为切实可行的行动步骤。我们将介绍如何使用这些阶段来有效地管理变革，并帮助你理解创造性的行动该输入什么、过程是什么以及输出什么。我们还会图文并茂地为你介绍在完善解决方案和寻求接纳阶段中可以使用的工具。

一、准备行动概述

当你需要将美好的想法转化为实际行动时，就会用到准备行动这个成分（见图5-1）。该成分中每个阶段的工具都能帮助你选择及完善好的解决方案、制订高效且富有成果的实施解决方案的行动计划。

（一）输入

无论你是选择、完善或加强某个选项，寻找影响解决方案实施的因素，还是为了顺利实施方案而制订具体的行动计划，准备行动这个成分都是非常有用的。

（二）加工

准备行动包括完善解决方案和寻求接纳两个阶段。完善解决方案阶段（见图5-1

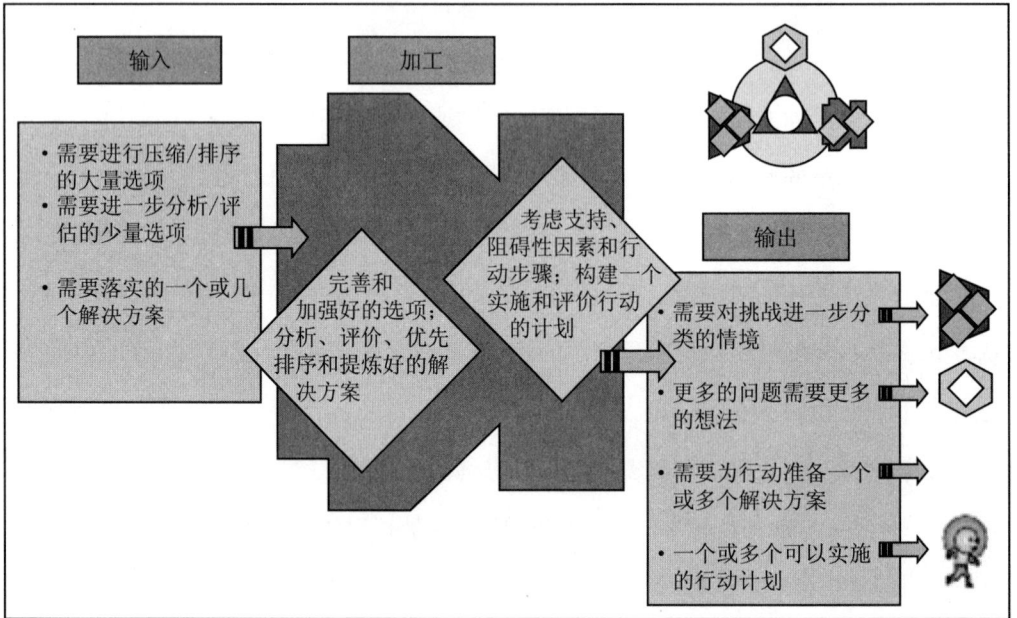

图 5-1　准备行动概述

中央的左下角)主要关注的是分析、评价和加强有希望的选项。这就需要你找到关键的准则来评价和完善解决方案，使之具有更大的价值性和可行性。

寻求接纳阶段(见图 5-1 中央的右上角)主要关注的是生成和确认情境中关键的支持性与阻碍性因素，这些因素可能促进或阻碍你的变革工作，还需要关注顺利实施解决方案的行动计划。

(三) 输出

在准备行动这个成分中，发生的加工类型不同，其输出的结果类型也不同。例如，制订了一个行动计划之后，你可能又发现了一些新问题，于是，你不得不重新回到产生想法成分上去。你也可能发现其他更有前途的解决方案值得进一步分析、完善和选择，于是，你在准备行动这个成分上又会耗费一些额外的时间。制订行动计划的时候，很可能会引出一个全新的机会，这个机会需要你聚焦并使之清晰化，这很可能会让你回到理解挑战这个成分上去。当然，你也可能对自己的实施计划感到满意，于是直接付诸行动。

为了突出准备行动中的特殊语言，我们将介绍相关的"词干"，见表 5-1。这些词干为你在这个成分和阶段中进行生成和聚合思维提供了很好的"触发点"。

表 5-1　准备行动阶段的专用语言

完善解决方案	寻求接纳
它(们)将会？ 产生标准	谁？什么？哪里？何时？为什么？ 找出支持性或阻碍性因素
如果只能选择其中之一，那么选择哪一个？ 运用成对比较分析(paired comparison analysis, PCA)	我(们)认为，在……之内我(们)需要完成的工作是…… 确认行动步骤
如果我选择……选项，那么，它符合……准则的程度有多大？ 运用评价矩阵	谁什么时候将完成什么任务？ 完善行动计划

二、 什么是完善解决方案阶段

将想法转化为行动的过程中，完善解决方案的作用在于将那些有趣的观点、想法或意象转变为可行的解决方案。此处"解决方案"指的是能够解决问题、回答疑问或应对挑战的一种选项或可能性。想法仅仅是解决方案的"原材料"，代表那些有前途的和吸引你的选项或可能性，它们还需要进一步扩展、完善与充实，才能够变成可行的解决方案。将想法变为解决方案，需要筛查和分析选项、从可能的选项中做出选择以及加强试探性解决方案等过程的参与(见图 5-2)。

图 5-2　完善解决方案阶段

作为创造性问题解决的一个阶段，完善解决方案的独特性在于它更多地强调聚合思维。理解挑战、产生想法和准备行动成分中的每个阶段，都有生成与聚合思维。但是，像生成想法这样的阶段，往往更强调拓展、发散或生成更多的可能性，而在完善解决方案阶段中，最重要的工作是运用各种工具来选择、分析和提炼解决方案。选项的数量、所有权的程度、选项的品质以及任务的需求等因素都会对你聚焦和建构可行的解决方案产生影响。

第一，选项的数量。你要考察的选项数量将会影响到聚合工具的使用。使用生成工具之后，你可能面临着浩繁的选项需要筛选，如果仅仅是"急刹车"，从上百个选项中随便选一两个"赢家"的话，那是毫无意义的。也正因为如此，审慎地选择聚焦工具将是明智的举措。例如，当你提出了大量选项后，你需要花一些时间对它们进行分类与排序。如果这样做以后仍然有大量选项的话，你会发现压缩数量和对它们进行优先排序也是非常有用的。如果最后只剩下少许几个有前途的选项，那么，你可能想要花一点精力来完善和加强它们。我们将与大家分享一个基于选项数量的模型，你可以根据这个模型应用创造性问题解决的聚合工具以达成你的目标。

第二，所有权的程度。挑战或关切的实际所有权是如何分布的，将会影响聚合工具的选择和实施。如果无人对这项任务负责，那么很可能会采取既无副作用也无建设性的随机选择，因为费心费力地提出高质量的备选方案是徒劳的。如果你是任务的唯一顾客或拥有者，你就可以按照自己的需要进行聚合（如果需要的话可以采纳他人的建议）。当你与他人共享某个任务的所有权时，一般需要投入更多的精力来听取他人的想法，发展共识，或就你们的聚焦方法达成一致。比起个人决策，团队决策往往更为复杂和更具有挑战性。如果你曾经作为小组的一员，并需要做出一项共享的决策或取得一致意见，你就会明白我们的意思。拥有所有权的程度会影响你对聚合工具的选择和应用。

第三，选项的品质。可用选项的品质也会影响你使用聚焦的方法。一般来说，选项越新颖，越需要采用肯定的和完善的方法。积极和谨慎地使用聚合工具有助于巩固与充实新方案。你也可能会发现，自己处于根本就没有任何选项可选择的窘境中，这时，你就不是运用聚焦工具来完善解决方案，而是需要运用以下的做法：①重新考察你对问题和解决方案的所有权；②进一步明确你赖以生成选项的问题；③核查自己是否遗漏了背景中的关键数据；④产生更多的想法。

第四，任务的需求。需要处理的任务会极大地影响你将要使用的聚焦类型。有些任务需要大量的"其他事宜"予以保驾护航方可顺利执行，它们需要更多聚合活动的参与，也需要更为谨慎地选用聚合工具。一般来说，任务需要利益攸关者卷入或支持得越多，你的聚合过程就越需要更为谨慎和明确。同样，任务类型也会影响你将要使用的聚焦类型。聚焦可能会强调分类或类别化、挑选或选择、压缩或窄化、优先排序或分析和完善。每种聚焦类型都需要选择不同的工具。

（一）完善解决方案阶段中的生成思维

完善解决方案阶段中有一个明显的矛盾，这个矛盾时常会引发一些有意思的讨论。作为一个首要任务是评价和选择最有希望的选项的阶段，如何强调生成思维呢？例如，在某些情况下，需要你理解并清晰地说出你的评价准则，对于这类情况来说，首先生成一系列评价准则，将非常有利于聚焦和完善你的选项。之后，你可以从中选取那些最重要的评价准则。

这种生成与聚合思维的混合使用，便是创造性思维与批判性思维之间取得动态平衡的鲜活实例（我们已在第二章中讨论过了）。就像创造性问题解决的其他阶段一样，完善解决方案阶段也包含生成和聚合两种思维。生成思维帮助你生成评价准则，以便于有效地分析你的选项。拥有大量的、各异的和不寻常的评价准则可供选择，将为完善解决方案提供更多的可能性。

完善解决方案中的生成思维可能会使用 ALUo 法（已在第二章中介绍），以便找出某个选项的优势、缺陷、独特性和克服缺陷的方法等信息。在这个阶段中，你会发现有许多应用 ALUo 的机会。当你想要或需要去加强和完善一个选项的时候，这就是首选的工具。尽管它的首要目的是帮助你聚焦，但它也同样可以帮助你有效地开展生成思维。

为了选择、分析选项或完善有望取得成功的解决方案，我们通常会使用评价准则。评价准则是指判断和决策时所依据的标准、规则、测验和手段等，它能为你提供一把"尺子"以指导你进行选择、评估和完善解决方案（见图 5-3）。当你需要对大量选项进行筛选、分类或类别化，需要从大量选项中挑出有希望的选项，需要识别、选择、优先排序或压缩选项，需要支持、完善或改进最有希望的选项等的时候，评价准则都是非常有帮助的。

完善解决方案阶段的一个关键问题是你的评价准则需要达到什么样的清晰与明确程度，才能够有效地筛选、选择和支持那些试探性的解决方案。我们将评价准则区分为两种类型（见图 5-4）。内隐的或非正式的评价准则是那些你在使用时没有意识或注意到的、难以言表的和内在的标准，这类准则会受到你的人格、偏好、经验以及个人偏见与知觉的影响。外显或正式的评价准则是指那些能够明确地识别和解释的准则，它们来源于各种数据或情境所引起的限制，当然也会受到你的个人经验和未来蓝图的影响。要谨慎地选择这些评价准则，以满足特定情境的要求。

图 5-3 运用评价准则的示意图

内隐的(非正式的) 内在的、无意识的	外显的(正式的) 可识别的、可交流的
来源	**来源**
• 人格	• 数据
• 个人偏好	• 情境
• 个人看法	• 限制
• 偏见	• 经验
• 知觉	• 愿景

图 5-4 评价准则的分类

我们常常会偶然地、非正式地或自发地做出很多决定，不需要借助于复杂的和结构化的分析或流程。例如，我们不可能使用明确的评价准则来对我们的日常着装进行正式评价，当然，也有很多场合需要我们根据明确的评价准则进行决策。

（二）生成评价准则

生成大量的和各异的评价准则，能确保你使用最恰当的评价准则来聚焦解决方案。为了生成评价准则，我们一般使用"它会……"或"它们会……"这样的词干。我们以买房子为例，来说明如何生成和使用评价准则。为了生成买房子的准则，你可能会说"这套房子有四居室？"或"我们的薪水能够支付得起吗？"（图5-5列举了更多的用于买房子的准则清单）。

• 有四居室吗？	• 买得起吗？
• 有双车库吗？	• 缩短了我上班的路程吗？
• 有地下室吗？	• 地板设计得如何？
• 外形好看吗？	• 是否美观？
• 结构很好吗？	• 所处位置好吗？
• 隔音效果好吗？	• 有隐秘空间吗？
• 容易保养吗？	• 是否可扩建？
• 离好学校近吗？	• 大小是否合适？
• 离购物中心近吗？	• 占地面积合适吗？
• 有很好的管道系统吗？	• 采光好吗？
• 有容易保养的院子吗？	• 有充足的储藏间吗？
• 有易于相处的邻居吗？	• 锅炉性能如何？
• 转售价值高吗？	• 税收是否合理？
• 有一个以上的浴室吗？	• 有220伏的电吗？
• 离娱乐场所近吗？	• 屋顶是否完好？
• 布线合理吗？	• 是否方便到达？

图 5-5 买一套房子的评价准则

当然，你的购房准则与你选择高中或大学的组织肯定是不一样的。对于不同类型的问题，生成一般性的评价准则就可以了。例如，许多问题——如买房和择校——成本与位置是你必须考虑的因素。我们使用单词首字母缩写词CARTS来描述那些最常见的类别（见图5-6）。你会发现，运用CARTS作为生成评价准则的核检表，可以确保你考虑到足够的评价准则。

CARTS：评价准则的分类
成本(costs)——与选项有关的费用
接受性(acceptance)——选项可能的接纳或抵制程度
资源(resources)——必要材料、技能、供给物或设施的类型、数量和可获得性
时间(time)——花费的时间
空间(space)——满足特定需要的空间类型、数量或可获得性

图 5-6　评价准则的常见类别

(三) 完善解决方案阶段中的聚合思维

许多因素会影响完善解决方案阶段中的聚合思维。你正在执行的任务可能只需要用内隐的评估准则来对选项做出选择。例如，你可以通过评估准则对选项按内在本质，如必要与想要、短期与长期、实用与新颖、简单与复杂或适应现有系统与需要新型系统等进行分类。在完善解决方案阶段，并非所有的情况都需要通过生成思维得出一份明确评估准则的清单。

但是，在大多数情况下，还是需要通过生成和聚合思维来生成关键的评估准则，并运用它来筛查、选择和支持最有前途的选项。此时，完善解决方案阶段中的聚合思维就可能会使用第三章介绍的"选择击点"工具来找出关键的评价准则。一旦找到，你就需要将这个准则运用到选项中去(图 5-5 给出了一个以选择击点法找出关键评价准则的例子，其中粗体准则代表击点)。你要确保自己选择的评估准则适合你面临的具体情况，并且是易于理解的、可传达的、明确具体的和可测量的。同时要确保在评估准则的整个使用过程之中，每项准则的意义始终保持不变。

还有其他的一些情况，需要一个系统化和结构化的方法来对你的选项进行分析、发展与提炼。我们已经研发了大量的工具，以满足那些需要使用严谨、有意识的与强有力的方法去分析、评价和完善选项的情境。你要根据具体挑战来选用相应的工具，以满足特定情境的具体需求。

(四) 为聚合思维选择工具

为了帮助你在聚合思维时选择合适的工具，我们开发了一个模型来辅助你专注于评价与完善行动。当大量的选项需要组织、评价、分析、优先排序或完善时，聚焦工具的选择模型(见图 5-7)将会帮助你选择工具。选项的数量不同，需要的工具也不同，我们把工具安排在模型的不同位置上。如模型所示，选择击点和突出亮点(用于将选项精简和归类至有意义的类别中)、需要/想要(用于对选项进行快速排序)和 SML 法(短期、中期、长期——用于通过时间轴对选项进行分类)都是适合于对大量选项进行聚焦的工具。

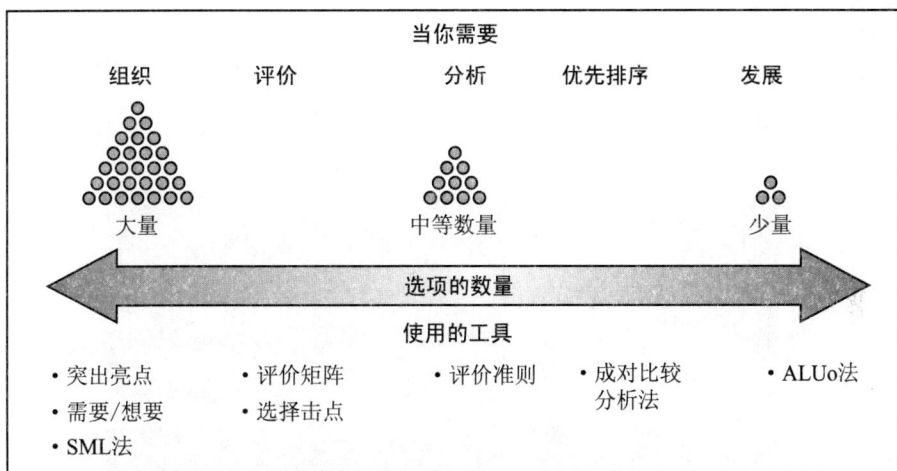

图 5-7　聚合工具的选择模型

当你只有一个或几个选项时，所有聚合工具都可以使用，而第二章所介绍的 ALUo 法最适合于对选项做进一步的分析和发展。但是，使用 ALUo 法对一个选项进行全面评估和完善需要耗费大量的时间与精力。因此，如果有 10~20 个选项时，使用 ALUo 法的成本—效益比就会很低。

模型中也包含适合对中等数量的选项进行分析、评价、排序的工具。前面提到的评价准则将会帮助你根据明确的准则对中等数量的选项进行分析，然而，你可能需要重复多次才能较为系统地应用那些评价准则完成对中等数量的选项进行评价。

在这种情况下，评价矩阵（evaluation matrix）是一个不错的选择。如果你根据重要性对中等数量的选项进行排序的话，成对比较分析法就是最合适的工具，因为它能帮助你根据选项之间的相对重要性进行排序。本章将会介绍评价矩阵法和成对比较分析法，在后续的寻求接纳部分将对 SML 法进行详细介绍。

（五）评价矩阵

评价矩阵提供了一个结构，你可以根据评价准则系统地评价选项（见图 5-8）。它可以用于创造性问题解决任何阶段中的聚合思维——只要有需要根据准则对其进行评价的选项，你就可以使用它。虽然我们只是在完善解决方案阶段考察这个工具的作用，事实上，它还可以用于评价机会陈述（捕捉机会阶段）、问题陈述（描述问题阶段）与行动步骤（寻求接纳阶段）等。矩阵评价的结果将有助于你更好地理解、完善和加强那些有发展前景的选项。应用这个矩阵时，需要遵循以下步骤。

图 5-8　运用评价矩阵的示意图

1. 准备矩阵

找出你想评价的选项，并将它们列于表格的最左侧。图 5-9 是买房子的评价矩阵，我们将地址作为选项，并将其置于矩阵的最左侧。我们确认了用于评价选项的关键准则，并将其置于矩阵的顶部。在矩阵中，选项或评价准则的顺序并不重要，只要易于陈述、方便阅读就可以了。最好使用以下的句型来描述选项与准则：如果我选择……选项，那么，它符合…准则的程度有多大？在买房子的例子中，完整的表述是：如果我买栎树巷 5700 号的房子，那么，它符合有好学校这个准则的可能性有多大？

选项	学校	浴室	四居室	往返路程	周围环境		
栎树巷5700号	1	1	0	0	2		
榆树街495号	3	3	2	5	4		
主街道53号	5	5	5	4	5		
道奇街1095号	5	5	5	3	4		

评价准则

评分
5 — 最好
4
3
2
1
0 — 最差

图 5-9　买房子的评价矩阵

2. 填写矩阵

为了填写矩阵，首先需要选择一个合适的评分系统（例如，0＝最差，5＝最好等），以便根据评价准则对矩阵中的选项进行评价。接着，使用句式"如果我选择……选项，那么，它符合……准则的程度有多大"，根据评价准则对各个选项进行评价。在图 5-9 的例子中，栎树巷 5700 号附近的学校质量并不能满足我们的需求，所以该选项在"学校"这个准则上仅获得"1"分。榆树街 495 号这个选项在"学校"这个准则上获得"3"分，因为它附近的学校质量中等。道奇街 1095 号的房子在"学校"准则上获得"5"分，因为这套房子所处的区域正好有一所好学校。

填写矩阵时，一定要竖着（垂直）填写，不能横着（水平）填写。如果你想根据所有的准则选出自己最喜爱的选项，那么，由于受到首因效应的影响，你可能会给这个选项更高的分数。所以，每次只用一个准则对所有选项进行评分，就可以降低给你最喜爱的选项过高分数的可能性。

3. 解释结果

为了最大限度地利用评价矩阵的信息，注意，不要过分依赖选项的总分，也不要希望用它们来找出"最好"或"最差"的选项。你应该通过评价矩阵来找出选项中的强项在哪里，弱势又在哪里。选项得高分的地方（在我们的例子中使用的是数字等级），只说明这个选项在这个准则中表现得比较好；选项得分较低的地方，表示这个选项在这个准则上还需要进一步完善与加强。这可以通过找到为什么这个选项在这个准则上表现不好的原因来达到这一目的：将原因转换为以词干"如何去……"或"可能会如何……"开头的问题，然后，再生成完善或加强选项的建议。如果数字评分不适用于所面临的情况，那么，可以选择其他方法。图 5-10 就是一个使用非数值的等级量表对弗农案例进行评价的例子。

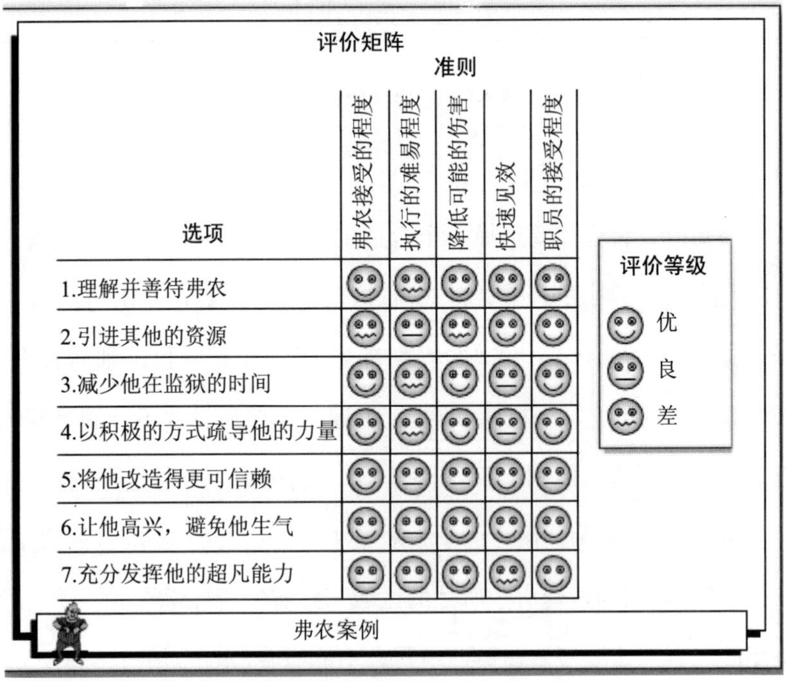

图 5-10　弗农案例中的评价矩阵

（六）成对比较分析法（PCA）

有些任务需要根据选项的相对重要性排序之后，再审慎地进行选择和决策。例如，你可能会考虑哪一个与具体任务相关的问题陈述需要首先处理，或者是哪一个解决方案更重要一些，应该充分分析、完善并实施这个方案。对于这些需要根据选项的相对重要性进行排序的情况，PCA 是一个合适的工具（见图 5-11）。尽管 PCA 可以对任何选项进行等级排列或优先排序，但是，这里仅以标准选择为例，说明其如何使用。

图 5-11　使用成对比较分析法的示意图

PCA 是将所有的评价准则一一配对，每次比较一对，找出彼此之间的相对重要性，最终得到一份评价准则优先顺序表。如果你只能二择一的话，你会选择哪个？这种方法强迫你只能在两个准则中选择相对重要的一个。通过对所有准则两两比较，可以得到一个所有准则之间总体的优先顺序，既可以独自使用 PCA 完善个人的优先顺序表，也可以在团队中使用 PCA 完善或检测一致性。

为了有效地使用 PCA，必须确保准则之间是平行的和独立的。只有当选项处于同等的抽象水平，并且都是以正面或负面语气进行描述时，才能说它们是平行的。当你在两个选项之间做选择时，你应该同时比较两个选项中的长处或期望的方面，而不能用一个选项中的长处与另一个短处进行比较。选项可以包括问题陈述、想法、评价准则和行动等。例如，图 5-12 中的评价准则就是平行的。如果"是否有四居室？"和"是否拥有地下室？"这两个准则都是未来房屋期望特征的话，那么两个准则就是平行的。在图 5-13 的例子中，"会不会支付不起？"和"有壁炉吗？"这两个评价准则就不是平行的——前者使用消极语气进行陈述，后者则使用积极语气进行陈述。

评价准则之间必须是有区别的。进行准则比较时，每个准则都必须能够在你脑海中独立存在，不会受到其他准则的干扰与影响。为了让一个评价准则具有独立性，它必须是独特的和非冗余的。在图 5-12 的例子中，"到我工作地方的路程在 30 分钟以内吗?"和"有 2.5 平方米的浴室吗?"就是两类不同的评价准则，它们是对理想房屋两个完全不同特征的描述。在图 5-13 的例子中，"它的结构好吗?"和"是否符合所有的建筑规范?"之间的区别就不明显，你可能希望这两项指标是紧密关联的。

平行的和有区别的
评价准则平行的例子 它…… 有四居室吗? 有地下室吗?
评价准则有区别的例子 它…… 到我工作地方的路程在 30 分钟以内吗? 有 2.5 平方米的浴室吗?

不平行的和无区别的
评价准则不平行的例子 它…… 会不会支付呢? 有壁炉吗?
评价准则无区别的例子 它…… 它的结构好吗? 是否符合所有的建筑规范?

图 5-12　评价准则是"平行的和有区别的"的例子

图 5-13　评价准则是"不平行的和无区别的"的例子

注意，不要试图将太多不同的评价准则放进一个一般化的或包罗万象的准则之中，因为当一个准则比其他准则更为宽泛或更全面的时候，会让人难以做出明确的选择。例如，如果评价准则是"这个房子里是否有我们需要的所有东西?"那么，它就包含了"它是否拥有大的后院?""它是否有前廊?"和"邻居是否易于相处?"等其他的评价准则。如果这些准则都已按优先次序排列了，那么，想要在你的脑海中将它们分离开来就很困难。结果，"这个房子里是否有我们需要的所有东西?"可能就会变成最重要的准则。

1. 将准则放进 PCA 中

将平行的和有区别的评价准则填写在 PCA 表格左边从"A"到"I"的栏目中，如图 5-14 所示。评价准则必须一个接一个地填入表格中。你也可以简写准则的名称，以使之适合表格的大小，图中的评价准则来源于图 5-5。呈现在 PCA 表格中的评价准则都是通过选择击点法挑选出来的关键准则。在买房子的案例中，准则"支付得起"列在"A"旁，"四居室"列于"B"旁……以此类推（尽管例子中列了九项评价标准，但实际应用 PCA 时，不一定需要所有九项评价准则）。

2. 逐项比较每个准则

从比较"A"与"B"两个准则开始，判断谁更重要，将代表更为重要的那个评价准则的字母填在右手边的空格里。接着，使用等级"1＝略微重要一点，2＝比较重要，3＝重要得多"，判定这个准则究竟比另一个准则相对重要到什么程度。如果"A"比"B"重要得多的话，你可以在对应的空格里写上 A_3。在我们的例子中（图 5-14），"A＝支付得起"与"B＝有四居室"两个评价准则中，"支付得起"这个准则是比较重要的，所以给 2 分。

填写 PCA 时，先让评价准则"A"与其他准则逐一比较，填满第一行空格。例如，表格中最上面一行中最左边的空格是准则"A"（支付得起）与准则"B"（有四居室）相比较的结果，左二空格是准则"A"（支付得起）与准则"C"（缩短工作到家庭的路程）相比较的结果……以此类推。完成第一行空格后，再进行第二行，评价准则"B"与其他准则的比较，持续进行这一过程直至所有的准则都完成两两比较。

3. 计算评分总和

为了检验评价准则的相对重要性，需要找出表格中选择的每个字母，并对同一字母右边分数求和，然后将每个字母及其评分总和结果按 A～I 的顺序填入 PCA 表格的最右栏。如图 5-14 的例子所示，字母"B"在表格中共出现五次，其右边分数总和为 8。要确保求和时已认真地统计了每一个比较结果方格内的字母与分数。

	B	C	D	E	F	G	H	I	总分
支付得起	A	A$_2$	C$_2$	D$_2$	F$_1$	F$_1$	G$_1$	H$_3$	I$_1$	A=2
四居室		B	B$_1$	D$_1$	B$_2$	B$_1$	B$_3$	H$_1$	B$_1$	B=8
缩短往返路程			C	D$_3$	C$_2$	F$_1$	C$_1$	H$_1$	C$_2$	C=7
好学校				D	D$_3$	D$_1$	D$_2$	D$_1$	D$_1$	D=14
充足的储藏间					E	F$_1$	G$_1$	H$_3$	I$_1$	E=1
周围环境良好						F	F$_2$	H$_1$	F$_1$	F=6
易于维护							G	H$_3$	I$_1$	G=2
更多的浴室								H	H$_2$	H=14
较高的转售价格									I	I=3

评分
1=略微重要一点
2=比较重要
3=重要得多

图 5-14 成对比较分析法应用案例

4. 解释最终结果

仔细检查和计算每个字母的评分总和之后，解释 PCA 的结果。总和为你提供了一份各个准则之间相对重要性的大致顺序，评分总和越高的评价准则，具有越高的重要性。在买房子的案例中，最重要的两项评价准则是"D"（有好学校）和"H"（有更多的浴室）。

使用 PCA 的时候，要记住以下的指导原则。

第一，PCA 仅仅帮助你了解那些纳入到表格中的评价准则的优先次序。如果遗漏了一项重要的评价准则，那么，很可能会改变你所考察的准则的相对等级或优先顺序。

第二，PCA 的结果并不能说明评价准则的重要性。只有当所有的评价准则都很重要，但是需要将其分成等级或按优先次序排列的时候，才需要应用 PCA。

第三，通过使用数字来帮助你更为明确地理解评价准则之间的相对重要性，而不是要找出"胜利者"与"失败者"。如果你有两个截然不同的选项，那么，你就很难（或者也没有什么用处）区分哪个选项是最好的。

PCA 需要耗费大量的时间与精力，因此，只有在收益大于成本时才会使用它。我们已开发了一个名为"优先排序者"（prioritizer）的网络版 PCA，以简化它的使用。

如果你想了解更多的内容，请联系 CPSG(Creative Problem Solving Group，Inc.)。

(七) 完善解决方案阶段的小结

综上所述，完善解决方案阶段的目的是帮助你加强和完善那些有发展前景的选项。在一个给定的问题解决情境下，它组织工具来评价和完善一些试探性的解决方案。尽管有生成与聚合这两种思维，但是这个阶段更强调聚合思维。完善解决方案阶段中的生成思维包括生成评价准则和克服缺陷来完善解决方案，而聚合思维则包括通过分析、评价、发展和提炼选项来进行审慎的和"有意识"的考察。在这个阶段中，我们介绍的工具包括用于给方案进行优先次序排列的 PCA 和根据评价准则对选项进行评价的评价矩阵。完善解决方案阶段的结果是经过评估和完善后的一个或多个有前途的解决方案。

三、 什么是寻求接纳阶段

到目前为止，你学到的创造性问题解决知识能够帮助你获得一份基本认可的解决方案，主要是通过：保证所处理的是恰当的挑战或问题；产生大量的、各异的和不寻常的想法；完善和加强试探性的解决方案。寻求接纳阶段主要处理如何将解决方案带入真实世界的事宜，是主动做出改变和采取行动的阶段，需要考虑采取行动和实施解决方案时所涉及的环境和人。

改变现实往往是非常复杂且具有挑战性的。为了顺利推动变革，你必须周密地计划你的行动，谨慎地实施它们，然后，监控各种反应，以保证变革产生期望的结果(如图 5-15)。你可能已经见证或经历过一些情境，在这类情境中，一些看似十分有前途的想法或解决方案并没有取得很好的结果。例如，回忆一下你最近实施的一个解决方案，它需要参与者以一种全新的、与众不同的或是不熟悉的方式来完成。你从参与者那里得到了什么样的回应？是积极的和支持性的("好主意"或"我多么希望我也想到过这个办法！")还是批判性的且聚焦于方案中的缺陷的("这永远不会起作用!"或"我们已经试过了但是没有任何效果!")?

图 5-15　确保解决方案有效执行的周密计划

将想法转变为行动往往就像图 5-16 所描绘的场景。当你试图进行变革时，往往需要与他人的配合，而当你试图与他人协作行动时，又常常需要与他人沟通和交流。想法总是夭折于人们半途而废、承诺的缺乏或者没有获得必要的支持。这些状况清

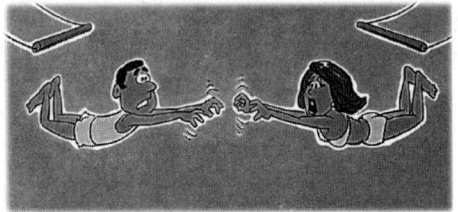

图 5-16　唯有得到接纳才能顺利执行

楚地提醒我们：优秀的解决方案与被他人接受的解决方案之间存在着巨大的差别。

寻求接纳阶段就是处理将想法转换为具体行动时可能涉及的一系列关键事宜。完善解决方案阶段聚焦于将想法转化为一系列好的解决方案，寻求接纳阶段则聚焦于将有前途的解决方案转化为实际行动——从现状转移到理想的未来状态。寻求接纳阶段迫使你以他人的眼光来审视那些好的解决方案，以新颖的方式来考察解决方案，以保证行动的成功（如图 5-17）。

寻求接纳的重点在于，使周围的环境与相关的人员对新方案可能带来的冲击做

好思想准备。因此，首先需要识别和理解那些有可能阻碍或支持改革的力量。你需要找出支持者，充分发挥他们的作用，以保证改革的成功。他们会通过各种各样的方式，为你的行动贡献自己的能力、天赋与经验。他们也可能会帮助你面对各种障碍，防止或战胜这些障碍，甚至是将这些障碍

图 5-17　寻求接纳阶段

转变成为支持性的力量。在其他一些情况下，寻求接纳阶段也许仅需要一个具体的行动计划就可以提高变革成功的可能性。

　　许多因素会影响你如何管理变革以及如何成功地管理变革。你期待的变革类型将会影响你所采取的路径。高度新颖与不寻常的变革，相较于完善的变革而言，往往需要更广泛地评价、发展与提炼行动计划。重大的改革或突破性变革，要比渐进性或持续性变革需要更多的努力和精力来宣传和推广变革计划。影响管理变革的因素有以下几个方面。

　　第一，参与的人数。参与变革的人数会影响变革计划，许多团队参与的变革，需要更多的时间和精力来进行方案的聚焦和决策。随着在执行中参与人数的增加，你的行动计划需要更简单、明了和易于交流，因为它需要更多的协同作战、共同努力。鉴于有许多未知因素难以把控（例如，某人在过程中突发疾病或发生了工作变动），计划还需要具有一定的灵活性，以便随时根据情况进行变更和调整。

　　第二，复杂程度。变革的复杂程度也会影响你的行动计划，简单易行的变革决策简单，只需要考虑很少的因素。那些需要关注许多想法、高度复杂的变革，需要涉及更多的步骤与努力，这些行动计划的决策与评价过程，往往需要一个系统化和谨慎周密的聚焦方法，甚至还需要考虑到交互作用的行动网络以及需要同时完成的其他活动。

　　第三，变革方程（formula for change）。将变革设想转化为现实的过程，总是需

要个人或团队投入必要的时间、精力和承诺，才能够确保预想变革的发生。对变革投入足够的热情、激情与承诺，即使是一些看起来完全不可能成功的工作，也可能取得成功。为了保证变革方案获得广泛的支持，必须考虑很多事情，而厘清这些头绪的方法之一就是使用如图5-18的变革方程。

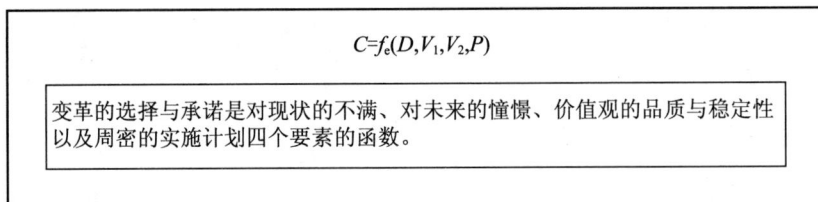

$$C=f_e(D,V_1,V_2,P)$$

变革的选择与承诺是对现状的不满、对未来的憧憬、价值观的品质与稳定性以及周密的实施计划四个要素的函数。

图 5-18　变革方程

作为变革的推动者，你对于变革的选择与承诺（C，choice and commitment）将会受到你对现状的不满（D，dissatisfaction）、对未来的憧憬（V_1，vision of the future）、价值观的品质与稳定性（V_2，constancy and quality of the values you hold）的影响。当然，它还会受到将现状转变为愿景的实施计划（P，your process plan）的影响。

当上述所有因素都出现的时候，变革就更有可能发生。然而，只要个人或团队遗漏了其中任何一个元素，变革发生的可能性就会大大减少。例如，有些人对未来有着美好的憧憬，但完全不了解周围的环境、价值观，也不了解他们所面临的现实，结果，他们并不知道如何去识别、获取和管理这些必需的资源以将他们的愿景变为现实。另一些人，他们对现状有着深刻的理解，可是对未来却毫无构想，因此，他们只能做出一些无法将他们领入新航道的日常选择。还有一些人，他们既了解现状也憧憬未来，但他们完全没有将现实发展转变为愿景的行动计划或做事方法，他们时常因为不知道该如何前进而陷入困境。正如乔尔·巴克（Joel Barker，1990）指出的那样："没有行动的愿景只是黄粱美梦，没有愿景的行动只是虚度光阴，唯有将愿景与行动结合才能改变世界。"

那些受到变革影响的人，会对变革推动者造成不同程度的阻碍。这些阻碍既可能源于相关的个性特征（如限制与障碍、个人偏好或创造类型、先前的习惯与经验等），也可能源于环境属性（例如，对迫切性、重要性和氛围的知觉）。肯特（Kanter，1983）找到了人们抵制变革的十个一般性原因，并提出了克服它们的策略（见表 5-2）。

表 5-2　抵制变革的原因

理由	策略
失去控制感	决策中给予人们一定的选择和参与权
太多的不确定性	尽可能地与大家分享信息
突然性	为可能发生的变革播撒种子
陌生性	尽可能以熟悉的方式推动变革
对熟悉环境的需求	尽可能保持环境的稳定性
我可以做到吗	教育与训练
涟漪效应	理解人们的价值观
细致的工作	将变革告知员工的家属
过去的恩怨	保持高质量的工作生活
时常存在的真实威胁	放弃"过去"，为未来寻找机会

寻求接纳阶段的目的是确保你在实施解决方案的行动过程中，能够克服阻碍并充分地利用支持性资源。

（一）寻求接纳阶段中的生成思维

在寻求接纳阶段中，你可以通过三种方法来使用生成思维。在某些情况下，你可能需要生成各种支持与阻碍性的资源，以找到背景中影响解决方案有效实施的一些力量。在其他情况下，你可能已经理解了背景，仅仅需要找出使变革发生的具体行动，此时，你需要生成可能的行动步骤。还有些情况需要对完善解决方案阶段形成的解决方案进行充实，以增加人们对方案的接纳性，这就需要生成克服缺陷的各种方法。我们进一步探讨这三种生成活动吧！

1. 生成各种支持和阻碍性的资源

为了给接纳做好充分的准备，我们发现，生成各种支持和阻碍性的资源是非常有益的（见表 5-3）。支持与阻碍性资源就是那些对你实施解决方案产生积极或消极影响的环境因素。

表 5-3　找出支持与阻碍性的资源从而为接纳做安排

	支持源	阻碍源
谁	有帮助性的人？	谁可能会降低你计划的效果？
什么	有帮助性的事、物或活动？	什么事可能会妨碍你前进？
哪里	偏爱的或有用的位置或事件在哪里？	有不合适的位置吗？
何时	合适的时间或情境？	有特别不合适的时间吗？
为什么	起作用的原因？	不接纳你的计划的理由？

(1)生成可能的支持源

对于支持源的寻找，需要将环境中有利于实施行动计划的一切力量考虑进来，需要依靠的人是最重要的支持源。那么，除了你以外，还有谁会支持这个有发展前途的解决方案呢？记住，人不是唯一的"支持源"，任何有助于执行计划的事物都是支持源。为了实施解决方案，需要的基本资源或事物是什么？什么时候是实施解决方案的最佳时期？如表 5-3 所示，你可以通过问自己"什么人、什么事、什么时间、什么地方与为什么"等问题，来思考可能存在的支持性资源。你还可以使用任何其他的生成工具来发现大量的、各异的和不寻常的支持源。

(2)生成可能的阻碍源

任何计划都不可能十全十美，要谨防"万无一失"的陷阱，解决方案越新颖和独创，出问题的可能性就越高。有效的问题解决者会接受这一现实，并据此采取相应的预防措施。阻碍源可以是人、场所、事件、时间、错误的行动、人造的障碍或是与预期变革相背的操作。这时，你应该再次问自己"什么人、什么事、什么时间、什么地方与为什么"的问题。批评者和反对者是谁？如果实施解决方案的话，什么人会有损失？如果解决方案不实施的话，谁又会获益？在你最需要的时候，什么重要的事情或资源很可能因为遗漏、忽略和丢失而导致你无法利用它们？生成支持源和阻碍源的例子见图 5-19 和图 5-20。

接纳计划	
有发展前景的解决方案：	
• 了解弗农并试着与他交朋友	
• 保持弗农高兴——避免让他生气	
支持性资源	**阻碍性资源**
谁　有帮助性的人？ 弗农 狱警 弗农的亲戚们 弗农的朋友们 其他犯人们 矫正官们	谁可能降低你计划的效果？ 约瑟·阿庞特和其他狱警 其他犯人们 弗农
什么　有益的事情、物或活动？ 娱乐活动 奖金 食物 特权 个人项目 奢侈品	可能妨碍你工作进展的事情？ 司法系统 手铐 日常事务 弗农的体重和体型 弗农的脾气 需要转移弗农

图 5-19　弗农案例中的支持源和阻碍源(谁？什么事？)

　　使用上述问题提问时，并不需要遵照特定的顺序或序列，像任何生成过程一样，也需要根据生成思维的指导原则生成大量的、各异的和不寻常的支持源和阻碍源。开展生成思维最有效的方法就是要超越那些显而易见的答案，扩展自己的思维，从而提出新颖的解决答案。你可能会为发现了那么多有助于或有碍于实施解决方案的人而惊讶不已，甚至某些人(或其他资源)既是支持者又是阻碍者。如果你发现了同一事物既是支持者又是阻碍者，就要将其视为计划的关键性因素。

接纳计划	
哪里　偏好的或有用的位置或活动？ 娱乐室 心理咨询室 探访处 院子	可能存在不合适的地点？ 院子 食堂 羁押室 淋浴房 浴室
何时　合适的时间或情境？ 运送他的时候 咨询辅导的时候 娱乐活动的时候	存在特别不合适的时间吗？ 夜里 运送他的时候 洗浴时 睡梦中 早上的第一件事
为什么　起作用的原因？ 减少伤害 使他康复 保护护士和警卫 帮助他顺利度过监狱生活	不接纳计划的理由？ 可能给某些人带来伤害 可能毫无效果 弗农不可能变好 耗时过多 其他犯人可能会生气

图 5-20　弗农案例中的支持源和阻碍源(哪里？何时？为什么？)

2. 生成可能的行动步骤

你是否能回忆起一些场景，在这些场景中，你或其他人只有做出一些不寻常的事，才能够成功地实施解决方案？与创造性问题解决的其他成分一样，准备行动成分也非常需要创造性。寻求接纳阶段中的生成思维包含生成可能的行动步骤以及将方案转变为现实时需要考虑的操作。运用生成思维的指导原则生成选项的时候，通过回答以下问题来生成可能的行动步骤：为了实施解决方案，我(们)可能采取什么样的行动？我(们)怎样才能够实施这个解决方案呢？

为了改变现状，你可以考虑生成各种可能性。尽最大可能生成大量的和不寻常的选项，以便从中选择一个最好的。图 5-21 以弗农案例为背景，通过回答问题"如何"来生成可能的行动步骤。

行动步骤	
生成具体的行动方案，以解决找到的关键性支持与阻碍资源	
如何 需要的行动？	可能导致相反结果的行动或活动？
联系弗农的亲戚	弗农的状况和犯罪记录可能会吓退工作人员
安排一次与弗农的谈话	守卫对弗农的知觉可能会创设一种不利的
协调我们的工作	情境
赋予他一定的职责	监狱生活并不是支持性的
疏导他的力量	审讯可能是导致愤怒的来源之一
对弗农表示尊重	

图 5-21 弗农案例中的行动步骤

在生成可能的行动步骤时，要确保自己以宽广的视野来寻求新颖的和不寻常的方法去采取行动，激励自己要以超凡的方式去实施解决方案。当你独自执行计划时，要征求他人的意见，旁观者往往可能提出新颖的和有价值的见解。

3. 识别与克服缺陷

在寻求接纳的生成过程中，另一个常见的活动是找到并克服解决方案中的关键缺陷。当你在完善解决方案阶段中，运用诸如 ALUo 法和评价矩阵法发现了缺陷，还需要继续对其做进一步处理的时候，这项活动就显得尤为重要了。为了确认和克服通过 ALUo 法找到的缺陷，可以使用选择击点法来确认关键的缺陷，并生成可以攻克它们的各种方法。如果你用评价矩阵法来寻找缺陷，那么，找到关键缺陷之后，请以"怎么办"句式来描述这些问题。然后，再按照生成思维的指导原则，生成大量的、各异的和不寻常的方法来克服每一个缺陷。

（二）寻求接纳阶段中的聚合思维

完成寻求接纳的生成过程之后，你将会找到大量的支持者和阻碍者，找到完善和加强解决方案的各种行动或方法，还能找到攻克解决方案中关键缺陷的可能方法。当你进入寻求接纳的聚合思维时，就需要将注意力和工作重点转到将现状转变为理想状况的行动中来。你需要集中精力于所拥有的关键资源与行动，而这项工作可以使用选择击点法来完成。当你找到了自己拥有的关键资源时，要特别注意那些既是支持者又是阻碍者的资源，它们有可能是实施解决方案时的关键点。

1. 安排行动步骤的顺序

寻求接纳阶段中的聚合过程帮助你集中精力，统筹协调各项工作，从而确认和安排你将采取的行动顺序。在寻求接纳的生成过程中，有许多工具可以协助你（或其他人）发现和罗列可能的行动步骤。现在，你的任务就是回答以下更复杂的问题："哪些步骤是我（们）真正需要的?"和"为什么、什么时候、在什么地方和这些步骤需要如何执行?"

在安排行动步骤的顺序时，你的目标就是将这些行动组织成短期、中期和长期项目，图 5-22 给出了一个应用 SML 的例子。SML 以时间维度对选项进行分类，并帮助你安排选项的恰当顺序。在对行动进行分类之前，需要弄清楚两件事情。第一，明确"短期""中期"和"长期"的含义。例如，对于从事研究和开发的科学家来说，短期可能指的是 1～2 年，而对于一名教师来说，短期则很可能指仅到学期末而已（几个月）。第二，明确行动是否需要具体的起始时间。例如，你是在学期中途开始这项行动，还是在学期之前完成这项行动？这两件事都需要在使用 SML 工具之前明确下来，这样你才能在决定哪些方案归入 SML 中的哪一部分时保持一致性。

图 5-22　使用 SML 的示意图

可以使用"我认为，在······之内需要完成的工作是······"词干对行动进行分类，这个词干适用于上述三种类别。例如，"我认为，在一周之内能完成的工作是······"，图 5-23 是弗农案例中使用 SML 的一个例子。

SML
短期、中期和长期行动

1. 找到那些有助于成功实施解决方案的短期行动
短期行动指的是那些需要在周五(一周内)之前采取的行动

短期行动
安排咨询项目，与弗农面谈 与手铐制造商、环球影城等通电话 联系地区的律师 会见犯人的律师 让人事部门招聘新的守卫 与菲尔·西利格会面

2. 找到那些有助于成功实施解决方案的中期行动
中期行动指的是那些需要在两周内完成的行动

中期行动
执法官与娱乐专家访谈弗农 联系弗农的朋友、亲戚和女朋友 鼓励他进行娱乐性体育活动 让弗农成为一个可信赖的人 制订一个可以立即实施以应付意外事件的计划 必要时，悄悄地进行审讯 通过与其他监狱联网获得建议 必要时，延长在监时间 尽量让警卫赢得弗农信任

3. 找出需要长期实施的行动
长期行动指的是需要三周时间完成的任务

长期行动
积极寻找更好的囚禁设备 雇用高大、强壮的警卫 要求弗农给其他犯人咨询 不断为参与"弗农项目"的人员提供建议 公布成功故事

图 5-23　弗农案例中使用 SML

为了能够顺利地启动你的工作，要确保计划中包含一些能够在未来 24 小时内执行的短期任务，这些任务可以是打一通电话、购买一个项目计划书、与家庭成员谈话等。有关研究表明，与那些你一直没有行动直至快来不及才开始做的任务相比，部分完成任务会激励你快速完成任务。

2. 为具体实施做出安排

根据多年与各种团队的合作经验，我们认为，相较于仅仅依靠激情与良好意愿的团队，那些对于制订具体行动计划有过训练或课程培训的团队，更有可能成功地实施自己的解决方案。

准备行动需要的详细和广泛程度，依赖于几个因素，这些因素包括任务与行动步骤本身、关键的支持者与阻碍者特征、时间限制、地点以及在解决方案中卷入的程度。某些情况下，一份含有短期、中期和长期行动步骤的普通计划就足够了，但是，在特殊情况下，可能需要一份更广泛、更详细的执行计划。

为实施做准备涉及确认和记录你或其他人需要采取的关键行动的具体细节（见图 5-24），它处理的问题有：谁与谁将要在什么时候完成什么任务？你如何知道行动已经获得了成功？在哪里实施这些行动？还需要确认采取行动的重要理由，以作为目标或目的的提示物。对于那些需要你制订更宽泛、更细致计划的情况，你可能需要使用一种特殊的项目计划方法。

3. 实施的清单

仅有一个书面计划往往并不足以保证它能高效而成功地实施，然而，它常能帮助你避免图 5-25 罗列的一些挑战。已有研究找到了几个要素，它们可以增加计划成功的可能性。例如，罗杰斯（Rogers，1995）认为，有五种因素可以增加计划实施的效果（见图 5-26）。他指出，如果你的计划与先前的方法相比，表现出一定的优越性，并且与已有价值观、经验或需求相适应或一致的话，那么，它们被执行的可能性就会增加。此外，如果你使这个计划简单易懂、易于使用、易于观察，并且给予人们试误的机会，那么，这个计划就更可能成功地实施。

实施解决方案的计划	
行动 与弗农谈话	**谁** 汤姆·麦克特南，咨询师 **开始** 上午 10 **结束** 中午 12 点 **哪里** 汤姆的办公室
成功的标准 通过外显行为理解弗农的动机	**为什么** 熟悉和理解弗农——喜欢与不喜欢什么等 **如何** 在无约束的情况下一对一地实施

行动 召开一次员工会议	**谁** 我自己 警卫 **开始** 周二上午 9 点 **结束** 上午 11:30 **哪里** 咨询室 C
成功的度量 无关的雇员也有权采取行动	**为什么** 分担看管弗农的责任 **如何** 我去主持会议

行动 指示人事部门招聘新的警卫	**谁** 里奇·马约拉，矫正官 **开始** 周一 **结束** 周五 **哪里** 求职信、其他监狱和劳教机构
成功的度量 获得了一份候选人的名单	**为什么** 增加新的力量 **如何** 做备忘录

图 5-24 弗农案例中实施计划的例子

图 5-25 纸上得来终觉浅

罗杰斯找到的五种有可能提高创新适应性的因素

- 相对优势——比先前想法更好
- 兼容性——与已有价值观、经验和需求保持一致
- 复杂性——难以理解、不易于使用
- 可试用性——可以在有限的条件下进行试用
- 可观测性——结果是可见的

图 5-26　提高成功执行计划的核检表

我们使用这五种类别开发出一个清单，帮助你考察计划的有效性，并找出它的强项或需要完善与修改的地方。

（1）相对优势

比先前的计划更好：当人们采纳我的计划时，我如何向他们展示我的计划才能给他们带来更多的好处？

- 为什么这个计划比之前的计划更好？
- 接受这个计划能带来什么优势或好处？
- 谁会在计划实施中获得好处？
- 接受这个计划，我（或其他人）如何获得报偿？
- 我如何向大家强调这个计划的好处？

（2）兼容性

与已有价值观、经验和需求相一致：如何证明我的计划与现有的价值观、过往经验和需求是一致的？

- 计划是否与当前的实践相一致？
- 这个计划能否满足某个特殊团体的需求？
- 它是否能提供一条更好的通往共同目标的路径？
- 谁一定会支持和赞同这个计划？
- 它能够以受人喜爱的方式进行命名、包装和展示吗？

（3）复杂性

难以理解和不易使用：在易于沟通、理解和使用方面，我的计划做得怎样？

- 这个计划容易被他人理解吗？
- 可以清晰地向不同人群解释这个计划吗？
- 这个计划很容易沟通吗？
- 怎样才能使这个计划更为简明或易于理解呢？
- 这个计划容易使用或执行吗？

（4）可试用性

可以在限制条件下进行试用：我的计划允许试用的程度如何？

- 这个计划可以试验或检测吗？
- 可以减少其中的不确定性吗？
- 我们可以先实施计划的一部分吗？
- 如何鼓励其他人来试验这个计划？
- 你或者其他人可以修改这个计划吗？

（5）可观测性

结果是可见的：计划的结果易于观察或可见性的程度如何？

- 这个计划易于他人查找和获取吗？
- 这个计划能够做得更容易让他人看见吗？
- 我如何才能够使计划更容易理解？
- 其他人能够看见这个计划的效果吗？
- 是否有不让他人看见整个计划更好的理由？

（6）其他问题

以下几个常见的提问有助于完善和实施计划。

- 还需要其他什么资源吗？如何得到它们？
- 还存在什么障碍？我们该如何阻止或克服它们？
- 还会有什么新的挑战？如何处理它们？
- 如何增强大家对计划的承诺？
- 这个计划需要什么样的反馈信息？

4. 获得计划的反馈信息

有效的问题解决者知道，成功地实施变革常常需要持续的监控与反馈，不可能在一夜之间就从现状转变到理想状况，也不可能完全按计划实施。在实施过程中，总会出现大量的未曾预料到的障碍和机会。

为了增强变革管理的有效性，在实施过程中需要找到几个能够准确、及时地提供进展情况的关键监控点。这些监控点可能是需要联系的关键人物、收集信息的时间、测量效果的位置或其他进展指标。图 5-27 以弗农案例为背景，说明如何在执行计划的过程中获得反馈信息。

计划执行过程中获得反馈信息
为了确保计划的顺利执行，同时也为未来改进计划找到具体的方法，必须要找到计划实施过程中的反馈源与监测点。
• 你可能与谁协商？ 守卫们　咨询师　弗农　护士们　矫正官
• 你想知道什么信息？（你怎么知道它是否成功？你将会问什么问题？） 弗农的行为举止是否有改进 是否有娱乐业的人与弗农联系
• 什么时候是最好的检测时间？ 每天 每周末的检查
• 哪些位置需要重点考虑？ 知道每次将弗农从监舍里转移出来的时候发生了什么 每天查看"我的收件箱"里的内容
• 你使用这些检测点的理由是什么？ 突发事件时能够及时反应 帮助我们达成共识
• 能够找出由于实施行动计划而引出的新挑战吗？ 如何让弗农成为一个值得信任的人，从而维持一个受控的环境 如何防止知觉性偏祖
• 我怎样才能相信获得的反馈信息？ 收集报告 亲自与弗农谈话

图 5-27　弗农案例：在执行计划过程中获得反馈信息

　　总之，寻求接纳阶段就是帮助你管理从现状到理想状况的转变。这个阶段为你提供了一个"透镜"，通过这个"透镜"，你既可以考察变革所需要的背景，也可以考察实施变革所使用的解决方案。这能够帮助你完善计划，从而有效地实施你的解决方案并管理背景的变化。

四、 故事的余音

　　这家大型化学公司需要为它的特种纸找到全新的用途。我们设计了一个三天的工作坊，试图找到新的市场和运用的机会，显著增加该产品的市场占有率。结果，我们不仅需要帮助他们找到产品的新用途，而且还要帮助他们以独特的产品用途成功地打入这个新兴的市场。

　　因此，我们设计的课程侧重于工作氛围和对于顺利实施计划可能的影响（我们将会在第八章对氛围进行更详细的介绍）。对氛围的考察，为团队提供了有关他们的组织现状以及对这个项目可能引起的变革的准备程度的数据，这些数据可以帮助他们确认哪些是支持变革工作的积极力量（支持者），哪些是阻碍变革推进的消极力量（阻碍者）。这些信息可以帮助他们完善计划，从而增加成功的可能性。

　　有计划是好的，但这是否足以让他们的工作达到预期结果呢？在这个故事中，发生了一件十分有趣的事，由于一个新想法的提出完全改变了这个产品，以至于打开了一个全新的广阔市场。这个概念高度新颖，需要这个部门立即实施。在会议结束之前，四名团队成员立即飞往该组织新建的分部。他们的任务就是阻止建筑工人往地下浇筑钢筋水泥，因为需要重新设计这栋建筑，他们希望这栋建筑能够容纳生产这种特种纸的新设备。当你具备了所有可以开始工作的资源时，准备行动的阶段就完成了，时间合适时，变革就会自动开始。

五、 将本章内容运用到工作中

　　本章的目的是帮助你理解准备行动成分及其两个阶段：完善解决方案和寻求接

纳。我们考察了该成分的专有语言，帮助你分析、完善和提炼有前途备选方案的相关工具以及运用有效的计划实施建设性的变革。

反思和行动

完成下列活动，以加深对本章内容的理解，并在真实情境中练习这些内容。如果你将本书作为一门课程或研究小组的内容，你可以先自己做，然后将你的答案与小组进行对比，或者作为团队的一员共同去做。

第一，请回忆一次重要的经历，其中你需要做出重大的决定。想一想，当时你采用的是首要（内隐）的评价准则还是次要（外显）的评价准则。在那种情况下使用这些评价准则，主要的优缺点是什么？推测一下，你一般在什么情况下会采用内隐评价准则做决策，又在什么样的情况下使用外显的评价准则。

第二，设想一种情境，此时，你需要做出一个重大决策，请完成以下任务：①生成一份包含10～20个评价准则的清单，你可能会用它们帮助决策；②使用选择击点法筛选出5～7个最重要的、也是你最想用的评价准则帮助你做决策；③使用PCA法来对这5～7个评价准则按照重要性排序；④找出最有洞见的评价准则，它将会帮助你决策。

第三，回顾生活中你采取措施推动变革的两种不同的情境。第一种情境并不需要他人的参与或帮助，你只需要知道自己该做什么就可以成功地实施变革。第二种情境不仅需要知道自己应该做什么，还需要其他人的参与才能成功地使变革发生。比较和对比两种情况下你需要做的事情，并列出所有在第二种情境中至关重要而在第一种情境中并不是关键的元素。

第四，认真思考你在第二题中所确认的情境。假设你已经做出了决定，现在必须考虑如何实施这个决定，请完成下列活动：①生成一份包含10～12种可能的支持性资源，它们会帮助你成功地执行决定；②生成一份包含10～12种可能的阻碍性资源，你在执行决定时可能遇到它们；③使用选择击点法（见第三章），找出其中最重要的3～5种支持性和阻碍性资源；④找到一些你可以采取的行动，它们会帮助你在实施决定时最大限度地使用支持性资源并克服阻碍性资源。

第六章

谋划使用创造性问题解决的路径

存在是为了改变，改变是为了走向成熟，成熟是为了不断地创造自我。

——莱纳斯·鲍林

本章简要介绍创造性问题解决中的路径谋划成分，这个成分包括两个阶段：任务评估，衡量和确定使用创造性问题解决处理任务的恰当性；过程设计，谋划如何成功和有效地使用创造性问题解决。学完本章以后，你需要做到以下几点：

1. 描述创造性问题解决中的路径谋划成分；

2. 比较路径谋划成分与三个过程成分的区别，解释为什么说它是一个管理成分；

3. 明确任务评估阶段的目的，并说出其四个要素的名称；

4. 充分利用任务评估中个人与背景维度中的关键问题；

5. 充分利用任务评估中过程与内容维度中的关键问题；

6. 明确过程设计阶段的目的；

7. 理解内容、人员和背景对于过程设计的影响。

一家位于市中心的养老院秉持特殊的宗教传统。我们第一次与这里的执行董事巧遇于该社区的一个重要宗教节日，我们共进了一顿特殊的午餐。这位董事听说过我们对于创造性和变革的研究，他想看看有没有什么事可以请我们帮忙。他向我们解释说，他有一个全新的为老人和生活不能自理的人提供服务的愿景，不同于现在的以及他所知道的其他老人院。席间，他详细描述了他想象中的环境以及在这样的地方照顾老人所需要的组织类型。他描述的地方不像一家医院，更像一所现代化的开放校园。它按照一个扁平化的组织运行，工作人员和老人近距离相处从而给予他们更好的关怀。

这次会面令人振奋，我们被董事的愿景以及他描述的老人安享晚年的画面深深地打动了。当我们离开会议室时，我们问自己："这是我们可以接手的项目吗？接手后我们应该做哪些事情呢？这个项目适合用创造性问题解决来处理吗？如果合适，我们应该如何推进这个项目？"

本章将指导你思考如何最恰当、最有效地使用创造性问题解决。我们将介绍两个基本问题，这两个问题可以帮助你成功地应用第二章至第五章学会的工具、指导原则和创造性问题解决成分。第一个问题是"你该不该使用创造性问题解决？"，第二个问题是"你如何最有效地使用创造性问题解决呢？"

尽管创造性问题解决是一个捕捉机会、应对挑战和解决问题的框架，然而，它并不是处理生活中所有问题或挑战的万能药。对于既定的任务，你必须采取某些手段来判断创造性问题解决是不是一个恰当的方法，我们将这种决策活动称为任务评估。在这个阶段中，你评估需求、所涉及的人和情境，然后确定创造性问题解决的适当性，适当性是指确认创造性问题解决对于该任务是否合适。

第二个问题是如何裁剪创造性问题解决，以使它最适合任务的要求，适合使用它的人以及所处的情境。由于存在两类指导原则、三大过程成分、六个阶段以及一系列不同的工具，你需要做大量的甄选和调适工作，才能够建构出最方便使用的创造性问题解决途径。我们将这种定制化的过程称为设计过程。

一、 路径谋划概述

路径谋划（见图 6-1）是创造性问题解决的一个最新成分，目的在于帮助我们组织和使用各种过程成分，使其有效地发挥作用。所有的过程成分都是为了灵活地学习和运用，不是为了生搬硬套，也不是创造性思维的唯一手段。路径谋划的宗旨在于服务于你的需要，为了服务于这些需要，路径谋划成分鼓励并帮助你灵活地掌控各种过程成分。

创造性问题解决是唯一将人员、内容和背景的重要特点作为问题解决系统的一部分进行精心考虑的方法。广泛使用的凯普纳—特雷高法（Kepner-Tregoe，KT）是与创造性问题解决类似的方法，它也包括一个"情境评价"阶段，该阶段旨在将复杂的情境搞清楚并理顺，然后才能确定解决每个关注点的具体行动和先后顺序。情境评价帮助确定是否还需要其他的思维模式，这只是KT 四个思维过程中的一个，它并不能解决真正的关切，只能澄清和评价问题。在这之后，还需要继续进行问题分析、决策分析或潜在问题机会分析等其他的批判性思维。

其他方法大多是给你提供一个食谱，按照具体的步骤和程序就会得到特定的结果。创造性问题解决鼓励你认真思考到底想从这个过程中得到什么，你还需要考虑涉及的人以及任务所处的情境。从某种角度来说，创造性问题解决是一个系统，它包括人员、背景、方法和内容。作为系统的一部分，这四个要素之间彼此独立并彼此服务。由于创造性问题解决为你提供了一个完整的系统，你完全有可能通过这个过程设计出自己独特的方法，这就是为什么我们需要路径谋划这个成分的原因。

路径谋划是创造性问题解决的一个管理成分，当你需要迎接挑战或捕捉机会的时候，它帮助你关注真正需要处理的问题。之所以称它为管理成分，是因为它监

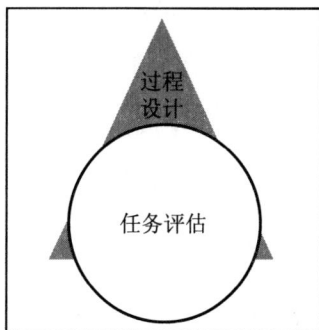

图 6-1　路径谋划

视、指挥和控制你的创造性问题解决过程，在使用创造性问题解决过程成分时必须将它牢记在心。

路径谋划有助于管理你的做事方法和行动。在你应用创造性问题解决之前，你可以通过路径谋划为使用创造性问题解决做好充分的准备。它像"显示器的后台程序"那样，在你工作的过程中指引路线，帮助你选择和有效使用其他的成分、阶段和工具。这个成分非常像电脑的操作系统，它总是在后台运行。管理成分允许各种"应用软件"的运行。如果情境要求你写一份报告，你可能会使用 Word 软件；如果情境要求你处理一些数据，你可能会使用 Excel 软件；如果情境要求你做一个介绍，这时你就会用 PowerPoint 软件；有时你需要在文档中插入一张表格，这时你就需要同时用 Word 和 Excel 软件。作为你的操作系统，路径谋划保证你可以持续地监控和管理所做和所思的事情。心理学家和教育学家把它叫作元认知过程。

创造性问题解决的过程成分所生成的结果，往往与你正在处理的任务内容直接相关。在理解挑战、产生想法和准备行动这三个成分中，每个成分都有一个具体的战略目的：帮助你解决问题、促进变革或是达成你的目标。从某种角度来说，当你完成了正在进行的工作或在特定成分或阶段使用了适当的工具时，你的工作就完成了。管理成分则是帮助你建构或者组织处理这些具体的路径。持续的监控可以确保你努力方向的正确性，或者在需要的时候调整你注意和努力的方向，它还会帮助你控制前进的方向，维持你的精力与注意力。

路径谋划有两个阶段。第一个阶段是任务评估，是指了解需求、人员以及背景之后，评判创造性问题解决使用的恰当性（见图 6-2）。创造性问题解决使用的恰当性是指确保任务的要求非常适合使用创造性问题解决，它决定你迎接挑战或者捕捉机会时是否使用创造性问题解决。任务评估是指对工作进行评价，对挑战或者机会的范围进行系统的估计。你从参与者、背景、需要和预期结果等角度了解到的有关任务的信息，将会影响你在

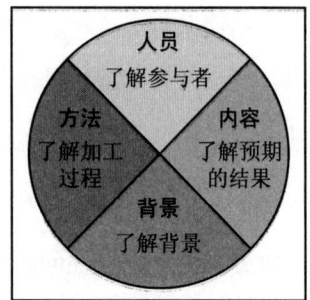

图 6-2　评价任务的四个要素

路径谋划的其他阶段中做些什么。

第二个阶段是过程设计，利用任务评估获得的信息和领悟，来优化创造性问题解决的使用。在第二章"画出你的自然过程"的练习中，你可能已经意识到，在特定情境下使用的实际过程取决于一系列因素，对于本章开头的故事也是如此。在理解谋划的过程中，你必须兼顾许多因素。表 6-1 列出了与路径谋划密切相关的九个重要因素。

表 6-1　路径谋划时需要考虑的因素

重要性	对你和其他人来说，这个任务到底有多重要？
所有权 的类型和程度	这是一个人们关心的、热衷的或感兴趣的任务吗？ 他们有权力或者有机会去采取行动吗？ 他们愿意运用想象力来想出新的可能性吗？
模糊性	该任务的"混乱"、界定不良或者结构缺失达到什么程度？
复杂性	该任务是简单、明确的，还是复杂、由不同元素组成的？
新颖性	你所寻求的打破现有框框或远离现实的新方案，需要新颖到什么程度？ 你在寻求那些熟悉的、容易实施的或者安全的选项吗？
时间安排	该任务需要立即关注和行动还是你可以慢条斯理地处理呢？ 该任务需要单独（一次性）努力还是需要持续地努力？
历史	该任务在多大程度上依赖于对背景信息的理解？ 你已经尝试过什么？
他人的参与	这个任务应当独立完成，还是由几个人或者许多人共同完成？
愿景	人们在多大程度上将该任务视为需要克服的障碍或者威胁、需要消除的差距或可以把握的机会？

在不同背景中，这些因素的重要性是不同的，但是要想有效使用创造性问题解决，必须对它们有很好的了解，任务评估和过程设计阶段中的关键要素就来自这些因素。任务的参与者很有可能对每个因素都有不同的看法，路径谋划的一个目标就是对重要事宜取得一致意见，特别是小组协同工作时，这一点更是不可或缺。

下面将对任务评估和过程设计进行概述，后面的章节还会对路径谋划中的这两个阶段做详细介绍。

二、 什么是任务评估

　　为了有效地谋划自己使用创造性问题解决的路径，你需要对将要完成的任务有一个基本的了解。任务评估要求你追问和反思你真正要做的事情，主要的事宜是在真正设计自己的加工方法之前，考虑那些你想知道或者了解的事情。评估意味着盘点或者估计任务，这样的评估是让你判断使用创造性问题解决的适合性、价值性和潜在有效性。评估的结果也可能会让你觉得手头的任务并不适合使用创造性问题解决。

　　任务可以是一幅作品、一件事情或一项工程，规模可大可小。有些任务可能非常庞杂，例如，改变产品研发的组织方法或提高全州学生的成绩；有些任务可能非常小且具体，例如，为现有产品想出新的销售方法或者找到教小学生经济学的新方法。我们使用题干"我希望……"或者"我们需要……"来区分任务陈述。

　　任务评估为那些需要创造性解决的任务提供了深思熟虑的结构。对于是否使用创造性问题解决的慎重判断，将会确保我们恰当地使用这种方法。

　　尽管按照现有的观点来看，任务评估对于创造性问题解决来说是非常必要的，但是，它在管理其他变革方法上也可以发挥重要作用(Isaksen & Tidd, 2006)。该阶段为确认使用创造性问题解决的恰当性，为更好地考察和理解参与者、任务背景以及期望的产出或结果提供了深思熟虑的机会(见图 6-2)。通过对整个系统的全盘考虑，你可以更好地评估和确定表 6-1 提出的因素。

　　任务评估中涉及的主题和问题，既可能是你自己需要单独面对的，也可能是作为促进者给一个或者多个当事人提供帮助时需要面对的，或者是推动大型改革时需要面对的。你在判断是否使用创造性问题解决的过程中，要深入了解人员和背景，那些负责实施变革的人同样也可以从任务评估中获益。

(一) 人员与背景维度

　　大多数问题解决的方法往往聚焦于具体的工具或者方法本身，很多时候甚至会将方法等同于答案或解决方案。我们的创造性问题解决路径需要慎重考虑人员和背景，并据此调整方法，以确保路径适合于具体的背景和人员。

1. 人员

任务评估需要了解任务中涉及的人员，尤其要关注这些人是否拥有足够的所有权（ownership）来有效地使用创造性问题解决。所有权是指能将结果向前推进的人、有趣且充满能量的任务、能发挥想象力的空间。对任务有充分所有权的问题是一个做还是不做决策的问题，当考虑任务评估中人的特点时，它是一个核心的事情。我们发现所有方法不成功的一个关键原因就是没有人对结果负责，也没有人对过程感兴趣。对于人的影响力和个性的了解，包括差异性的观点和任务的专业性。差异性（diversity）包括不同的个性特征、风格和背景，对于创造性问题解决的某些应用来说它是必不可少的。其他任务可能要求参与者对任务的主题或具体领域拥有丰富的知识、信息和经验，你可以在第七章中了解到更多关于人员特点方面的知识。

2. 背景

任务评估的另一方面是背景。对于任务评估来说，其核心问题是"情境为创造性或它所蕴含的变革准备得如何、意愿如何、能力如何？"这不仅需要对任务所处的气氛、文化和历史进行考察，还需要考察背景中的战略优势、领导力和精力以及可能的时间、注意和资源。

有时你有了合适的人员，但是由于环境、气氛或者时间不对，任务也不能取得成功。你可以在第八章中了解到更多在运用创造性问题解决时背景所起的作用。

（二）内容与方法维度

任务评估的这个维度旨在弄清楚期望的结果，它包括获得你想要或者需要的结果以及按照精心设定的路径或过程可能达到的结果。你的选择不仅会受到人和背景的影响，还会受到方法与任务是否相匹配的影响，这个维度就是要处理这个事宜，这就需要你能将过程与内容分开。

1. 内容

对预期结果的理解，为你提供了实际想要的结果和任务要求方面的信息。任务的内容必须适合使用创造性问题解决，这就意味着任务必须包含对于新颖、奇特和独创性反应的需求，同时也意味着你明白自己想发挥的影响力有多大以及为了做出改变，最佳切入点在哪里。内容维度的中心问题是"你需要实现的是什么？"你可以在第九章中了解到更多关于评价任务的内容维度。

2. 方法

任务评估需要慎重琢磨运用创造性问题解决的恰当性。变革有很多方法，创造性问题解决只是其中的一种。正如我们在第一章所说的，当你面对需要新的解决方案，或当情境是模糊的、复杂的时候，最适合使用创造性问题解决。创造性问题解决需要有新颖性的诉求、明确的所有权以及实施变革的合适氛围。尽管创造性问题解决是一个开放、灵活的框架，但是它更适用于某些任务而不是所有的任务。因此，对于任务评估来说，其核心的问题是"为了确定这个任务是否适合使用创造性问题解决，我需要知道哪些创造性问题解决的知识？"以及"还有其他方法可以添加到使用创造性问题解决的决策中来呢？"

为了帮助你回答这些问题并做出创造性问题解决方面的明智决策，方法维度将帮助你了解创造性问题解决的具体目的和独特功能。你将知道如何确信自己能够使用创造性问题解决来解决此类任务以及使用创造性问题解决是否值得。你将在第十章中了解到更多关于任务评估中方法方面的知识。

人员、背景、内容和方法四个要素，构成了有效使用创造性问题解决来管理变革所必须考虑的核心系统。我们将这四个要素称为"系统"是因为，一个要素的变化会影响其他要素。它们的功能就像一个四重奏的音乐，四重奏时，每一种乐器都可以单独奏出美妙的音乐。然而，完整的音乐需要四种乐器协同演奏，这也同样适用于四要素组成的核心系统（人、背景、内容和方法）。为了全面理解有效管理变革时到底发生了什么，你需要聆听、理解和感受每个要素。例如，如果不去想涉及的人或者任务产生的背景，我们就难以理解任务需要达到的结果；不了解人生活或者工作的背景，就难以真正地理解涉及的人；不理解想要的结果或者参与变革的人，就难以对方法的使用做出有效的决策。

你可以单独考察四个要素中的任何一个。然而，为了真正地理解任务，你需要考察每个要素跟其他要素之间的关系。路径谋划中的任务评估阶段可以帮助你完美地做好这些事情。

三、 什么是过程设计

有了一个适合使用创造性问题解决的任务后，还需要弄清楚在完成任务的过程中，每一步该如何走，我们将这称为过程设计，如图 6-3 所示，其目的是确保有效地使用创造性问题解决。这需要对创造性问题解决、涉及的人以及任务发生的背景有所了解，这也意味着你要根据任务的具体要求，精心设计一系列行动或操作。

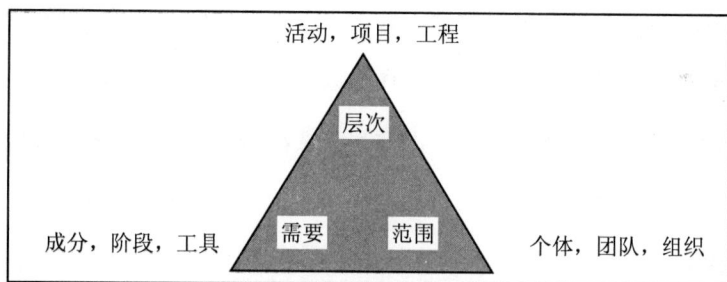

图 6-3　设计过程的概述

过程设计不仅是一个项目计划和技术层面的个人方法设计问题，还需要审慎地思考和反思创造性问题解决的本质精神，更需要建立参与创造性问题解决过程的动机和承诺。你可以定制化和个性化地使用创造性问题解决，以符合你的具体需要和背景。根据具体的需求，你可以轮廓性地制定自己的具体行动路线，以保证投入的时间、智力和精力获得最大的效益，这将会影响你使用创造性问题解决的层次和范围。过程设计阶段需要使用来自任务中的人、背景、内容和方法方面的信息，来定制你自己使用创造性问题解决路径的方法。

(一) 从过程中得到结果

任务预期结果方面的信息将会影响你决策，实现预期结果必须考虑创造性问题解决的应用范围。任务的大小决定了交互作用的水平、所用方法的类型以及当你使用这些方法时在背景中可能发生的情况。有些任务可能只需要一次工作坊、一次会议或一个讨论，更大或更复杂的任务可能会需要一系列的工作坊、会议或讨论，作为一个项目或者长期改革的工程来进行管理。

任务的性质也会影响你处理任务过程的性质。例如，有些任务可能更适合用指导（coaching）、辅导（mentoring）或其他的方法，而不是创造性问题解决的方法。

(二) 需要的方法元素

过程设计的目的之一是决定使用创造性问题解决的哪些部分来解决问题，使得创造性问题解决的运用具有可管理性，并将自己的工作收益和影响最大化。这就需要深思熟虑地谋划，考虑清楚自己将做什么以及如何做，从而审慎地选择最需要的成分来完成你的工作。这样，你将可以睿智地选择恰当的工具，选择最符合设计的阶段以及最能满足你需要的成分。你可以在第十章中了解到更多的关于路径谋划中方法维度的内容。

(三) 要求参与和互动

实施所有变革的关键因素是人。实际上，组织不会变革，人才会变革。为了成功地完成任务，你可能需要他人的参与和合作，其中的原因可能有很多。在任何情况下，过程设计都需要谋划如何在使用创造性问题解决时让他人都参与进来。在某些范围内，你可以选择独立完成任务，因为这些主题可能太个人化、太私密化或太简单，无法从他人的参与中获得任何好处，这些任务很少或者不存在与他人互动的理由。在另一些范围内，他人的参与有利于你使用创造性问题解决来完成任务。基于他人所拥有的与任务或者学科领域相关的知识、经验和技能，你的任务需要他人的参与。也许，任务的完成需要多元化的观点（比如文化、性别、年龄或背景不同的人）。也有可能是，你的任务更多地与实施、接纳和参与有关，此时，你需要基于政策、代表性和影响力而不是基于专业性来权衡他人的参与。

有些任务可能非常庞大，需要他人高度卷入到创造性问题解决的使用中来，这时就需要组织范围的参与。这些任务常常需要对结果有高水平的接纳，需要包容来自不同团体的不同观点。例如，许多组织的战略性项目可能需要来自不同部门、不同岗位或不同文化背景的人参与，而且在参与过程中往往需要不同类型的互动，包括一对一的会议、小组讨论和大型的会议。在实施长期的改革项目期间，除了创造性问题解决，还可以独立运用一些辅助方法，如调查研究、定期例会以及其他的项目管理方法。

如果你想以团队或组织的形式合作使用创造性问题解决，那么，使用其他辅助方法不仅是非常有益的，而且是非常必要的。例如，在团队合作时，赋予个人明确的角色和责任就非常必要，他们需要知道如何参与工作，自己的责任范围是什么以及努力工作的预期结果是什么。

这些计划活动中关于他人参与的决定，将会影响应用创造性问题解决的具体计划。参与的人不同，需要的互动类型也不同。例如，大部分会议在同一时间和同一地点举行，这就需要使用其他互动形式进行补充。也就是说，你可以对工作计划进行如下的调整：在同一时间不同地点（视频会议、电话会议等）、不同时间不同地点（网站、电子公告牌、纸质媒介等）或同一地点不同时间（信息系统、数据库、可视设备、学习中心等）组织会议。当然，这些方法可能需要特殊技术或其他的资料资源。

（四）来自背景的约束

组织背景不同，需要的结构清晰性和支持程度也不同。例如，某些组织（宝丽来、埃克森美孚、杜邦、柯达、朗讯）发现，有一个明确的创意中心非常有用。这些中心可以为职能部门和传统的产品部门提供跨部门的信息、培训、设施以及应用性服务。还有一些组织依赖于宏观的技能转化项目或者"特警队（SWAT）小组"的方法，人力资源部门可以集中培训这些能力。背景的约束可能会影响投入的时间、注意力以及资源的种类和数量（人、员工、外部顾问的使用、时间、金钱和技术等）。还有些组织倾向于非正式或者低调的方法，如悄悄接近。

由于氛围、文化或历史的影响，特定情境对于改革产生结果的迫切性是不一样的。有些组织要求任何改革项目都能够立竿见影，快速产生效果。另一些组织则可能采取长效的观点，并允许对过程中的各个方面进行投入。在任何一种情况下，你都能知道结果必须多快出来以及如何相应地修改方法。如果指导变革过程的领导要求产生基础性的、大胆的、革命性的变革，而情境又要求快速、简单、低成本，那么，你就是在从事一项有挑战性的工作。

另一个影响过程设计的因素是：同时有多少个项目正在进行。你可能会发现有些地方因为项目过多而苦不堪言，每个人手上都有许多项目，几乎不能再承担任何新的项目了。

四、 故事的余音

我们决定帮助这家老人院的执行董事来推动组织变革。我们在一起开了一次会议，听取了这位董事的报告以及有关创造性问题解决方法及其工具的创造性简报。会议之后，他们决定以创造性问题解决为主要方法推动组织的变革。

过程的第一步是培训创造性问题解决的主要负责人，将创造性问题解决作为共同语言和工具来推动改革。接着，由主要负责人制订改革方案，以彻底改变他们的组织。然后，我们用创造性问题解决培训两组低级别的管理人员。我们将上述的改革方案和新的组织架构设计（由高级管理团队设计）作为这两级管理人员工作坊要处理的主要内容。这样就使得人们对计划的接纳水平提高，并对成功完成任务所采取的行动有更多了解。

五年后，这家养老院完全变了样。现在的老人院离旧址 15 英里，环境和原来完全不一样。由过去位于市中心狭窄的工作环境，变成了现在这样位于乡下，工作环境像个开放性校园的工作环境。管理团队使用创造性问题解决的语言和工具自己设计建筑，小区的新建筑是完全按照管理团队提出的独特而具体的标准设计建造的。

当你穿梭在不同的建筑之间时，你会感到不可思议的开放和干净，时不时听到欢歌笑语。这里的氛围和以前完全不一样，居民可以享受到非常便利的服务、最先进的设施、健身俱乐部、商店等。设计时将不同功能的区域间隔开来，以前系统中的主要管理者，现在变成了他们自己单元的CEO，执行董事现在的职责就是防止组织按照老方法办事。

我们取得成功的重要原因就是，在规划改革时考虑了整个系统（人、背景、内容和方法），同时在实施改革时，我们也全程参与了管理团队的路径谋划过程。前几次的会议非常重要，在这些会议中，我们对参与者、他们所处的环境以及他们需要的变革有了更深的理解。让管理团队谋划自我路径，而不是告诉他们需要做什么也是很有帮助的，结果导致了对项目更高的承诺，并确保了计划的高效实施。新的小区在很多方面都很成功。例如，由于他们在提高家庭生活质量方面做出的卓越贡献，现在已被视为全州的表率。衡量成功的一个有趣方式是：这里的居民很少有人得褥疮。他们在创造性问题解决上继续投入下一阶段的管理培训，并保持有活力、不断成长的组织文化。

我们在理解该执行董事的任务时，需要关注的具体问题是什么？向他提什么类型的问题才能了解到我们所需要的信息呢？在后面的四章，我们将提供更多的细节让你了解我们在这个机构中获得的成功的人和背景、内容和方法维度。

五、 将本章内容运用到工作中

本章关注创造性问题解决的路径谋划成分，我们确定了两个阶段来帮助你指导并管理自己的创造性问题解决路径。第一阶段是任务评估，主要考虑人员、环境以及满足需求的方法。第二阶段是过程设计，旨在为整个创造性问题解决创设最合适的路径。

反思和行动

完成下列活动，以加深对本章内容的理解，并在真实情境下练习使用这些内容。如果你将本书作为一门课程或研究小组的内容，你可以先自己做，然后将你的答案与小组进行对比，或者作为团队的一员共同去做。

第一，回忆一个需要新反应或解决方案的情境，它可以非常模糊或者非常复杂。明确任务之后，试着用四个要素来完成任务评估，检验你从本章中学到的内容。记住，四个要素包括参与者、任务背景、预期的结果以及用来解决问题的方法。确定你理解了所有要素的关键信息。

第二，从报纸或者网络上选择一则有趣的新闻故事，看看你能否找到任务评估的关键问题。如果不能，试着去陈述一下问题，它将会帮助你弥补这个缺陷。

第三，列出一份任务清单，它们可以通过使用创造性问题解决而获益。对于每个任务，看看你是否可以确定创造性问题解决的哪个成分或者阶段最合适。然后，确定该任务单独完成还是团队共同完成更好。

第七章

创造性解决问题的人

想象力是人类财富的秘密宝库。

——莫德·L. 弗兰德森

本章的目的是要帮助你理解在创造性问题解决的路径谋划成分中，个性特征和人格因素的重要性，以及在任务评估阶段差异性、所有权和任务专长的作用。学完这一章以后，你需要做到以下几点：

1. 当个体、团队或组织在谋划创造性问题解决的使用路径时，了解个性特征和风格偏好的重要性；

2. 找出与创造性有关的几个认知及人格特征，并解释它们对于准备使用创造性问题解决和有效应用创造性问题解决（个体、团队或组织）的意义；

3. 找出并解释差异性、所有权和任务专长的重要元素，并描述它们在任何创造性问题解决的成分或阶段中的意义和作用；

4. 如何运用有关人的知识来应对工作中遇到的机会和挑战，请至少描述三种方法。

一家广告公司的管理和技术人员想要接受创造性思维和问题解决工具的培训。一开始我们有些犹豫，心想"我们有能力培训广告公司的人吗？他们从事的可是高创造性的职业，以使用创造性思维和问题解决工具而著称啊"。

在工作坊一天的时间中，我们介绍了创造性与差异性的事宜，也针对公司的真实任务进行了部分创造性思维工具的训练，目的在于帮助该公司变得更有灵活性。尽管该公司已经非常成功，但他们仍然希望提高满足需求的能力，更快地回应客户的投诉，使组织高效运转以寻求新的发展机会。

在一天的时间里，我们认识了许多广告人。跟其他机构一样，不同岗位的人员之间有着很明确的界限。不过，这个公司存在的界限非常有趣，他们将那些做商业设计和艺术支持的人称为"创造者"，这些人为客户制作实际的广告。那些负责客户关系、财务管理等方面的人称为"辅助者"，"辅助者"通常认为"创造者"是一群不受约束的疯子；而"创造者"却将"辅助者"视为一群毫无创意的寄生虫。无论从哪点看，他们都将对方视为不可或缺的对手。毫无疑问，两者之间的关系非常紧张，并对机构的灵活运转产生了消极影响。

我们讲这个故事的目的是为了证明，不管你是独自工作还是小组合作，你的个性特征都将会极大地影响你的创造性问题解决行为。毫无疑问，你肯定经历过这样的事情：某些人发起并推动新项目迅速发展，这些人可能有极强的忽悠能力，他们以极大的热情和顽强的毅力推动着项目，他们梦想着未来，并将所有人都纳入到自己的愿景之中，清楚地知道如何推进项目并克服障碍。

此外，你可能经历过与此相反的情境。你独自工作或作为小组的一员，脑海中有着重要的目标或目的，并使用一些方法和工具来实现目标，但却发现"事情越来越糟"。你可能会发现，某些人非常顽固或抵触，不愿意以开放的态度看待任务，或者更愿意去做完全不同的事情，或者将其他任务看得更重。由于沟通不良，缺乏交流和支持，或者他人没有遵守承诺和决定，你感到非常灰心。也许是没有咨询或引进关键人物，因而任务在进行中就流产了，甚至在开始之前就被扼杀了。

这些经历说明，在改革和创新过程中，对于和你共事的人的了解是至关重要的。使用创造性问题解决并不能确保成功，高效、完美的结局总会受到完成任务的人的影响。本章我们将讨论，当个体或小组开展创造性行动时可能观察到的许多个性特征和行为表现。

我们将考察，当你计划或使用创造性问题解决的任何一个成分、阶段或工具时，参与者所有权的重要性。所有权指的是人们对于任务所拥有的责任、能力或权力。由于人们的知识、经验、职业或与任务有关的地位千差万别，他们的所有权可能以不同的方式展现出来，并且表现出不同的水平。

本章将考察人们可能会带到任务中去的一些个性特征和独特偏好，我们将这种多样性称为差异性——人与人之间大量而多样的差别（个性特征、行为模式、风格和偏好），使得人们以许多不同的方法和形式表现其创造性。差异性提醒你注意，它们可能会影响创造性问题解决的有效性，因此，你必须要去认识、尊重和应对它们。理解和尊重差异性还包括了解人们是如何将自己的创造性带到个人或小组的任务中的以及人们在小组中是如何相互影响和创造性地工作的。

本章还会考察任务专长，它是指在使用创造性问题解决时，人员的具体背景、知识、经验和准备状况。任何任务都可以被不同的人，用不同的方式，在不同的时间，因为不同的原因而理解、解释、发展或建构、构造、接受或拒绝。没有唯一"绝对"正确的或最好的方法来推进工作，因此，沟通和决策是处理任何任务的最重要的事宜。

一、 所有权

在谋划自己的创造性问题解决路径或应用任何创造性方法来解决问题时，只要涉及人员，所有权都是最重要的内容。所有权包括个体在任务中参与和投入的性质、程度和位置以及促进或阻碍行动的能力。在非正式的用法中，所有权还包括推动事情发展的能力和意向。不管你是独自完成还是小组合作，如果你明确地知道所有权，你就会知道如何激发、支持、培养或鼓励积极的行动。你（和其他人）理解为什么要做这件事,因为有大批的跟随者,或自己努力的结果可能会被实施而倍受鼓舞。当所有权缺失的时候,你(和其他人)就会对为什么要做这件事、为什么必须投入时间或精力而感到困惑,并且很容易对工作感到沮丧、泄气、懈怠甚至是怀疑。所有权包括三个主要因素(见表 7-1):影响力(采取行动的能力)、兴趣(喜欢任务、想要解决它)以及想象力(对新奇或新颖的可能性或方向的开放性和需求)。

表 7-1　所有权的三个要素

影响力	你觉得自己有足够的实力去影响改革吗?
兴趣	你真的想去迎接这个挑战吗?
想象力	你需要或想要去考虑新东西吗?

(一)影响力(influence)

当你(独自或在小组中与他人合作时)对工作的结果或产出拥有权力或责任的时候,你就有了影响力。作为运用创造性问题解决的结果,你对所提出的想法或行为如何运行是非常清楚的。在小组背景下,我们通常区分两种有影响的角色:当事人(client,对行动具有即刻和直接责任或权力的个人或小组)和发起者(sponsor,对任务有最终权力或控制任务的人或小组)。分配和核实影响力可以帮助你有效地计划和准备创造性问题解决的使用。在你应用创造性问题解决时,明确影响力将有助于你理解和尊重决策的责任。

(二)兴趣(interest)

建立所有权需要我们考虑的第二个重要因素就是兴趣,它包括估计和核实你参与任务的承诺和意愿程度如何以及对于任务的情感投入程度。当你喜欢正在做的事情或对任务有浓厚的兴趣和巨大的热情时,你会有较高水平的所有权,在这种情况下你会积极地卷入和更愿意应用创造性问题解决。

创造性是需要激情的。如果你对任务漠不关心或消极的话,你可能以随便的或肤浅的方式应对,对于任务或做事方法投入较少的热情或思考。当你作为小组的一员工作时,同样的问题和事宜也适用于其他成员。当你在应用创造性问题解决时,高或低水平的兴趣常常是泾渭分明的。

(三) 想象力(imagination)

这个因素包括你对新颖性或新的方向、想法、解决方法或行为的需要。创造性问题解决的最恰当应用，是对有用且新颖的观点的需要和兴趣。当你明确地意识到这个需要的时候，你(如果小组中工作时，要包括其他成员)就会迫切地希望去使用创造性问题解决，并因此而向前迈进。想象力意味着对新事物的开放态度，也预示着高水平的所有权。如果任务不需要新观点，你可能会降低自己的努力和承诺，仅仅是"草草了事"而已。

当你在任务评估阶段考虑所有权的时候，需要问以下几个问题：

- 所有权的水平是什么？谁拥有它？
- 某人(或某些人)对采取行动有多大的权力和责任？
- 人们真的喜欢任务吗？对任务的热情或激情程度有多高？
- 任务需要多大程度的新观点或新方向？
- 当事人的本质是什么？谁拥有它？谁是发起者以及他/她会提供何种水平的支持？

二、 差异性

我们认为，工作中有许多因素会持续地影响人们的思维、情感和行为，认识到这一点是非常重要的。这些因素会使你变得非常独特，并且，反过来会对你使用创造性问题解决的方法产生极大的影响。对于个性特征和偏好的了解，除了有助于理解自己的创造性之外，还会提高你对其他人偏好以不同方式处理类似情境的欣赏水平。对于许多需要用创造性方法来处理的任务来说，兼顾并包容各种不同的观点是很有价值的。专注于包容和兼顾各种各样的差异性，你就可以有效地管理它们。在任务评估阶段，以差异化的方法进行思考会迫使我们追问："谁是关键的操作者？

他们如何在一起合作?"将人员区分开来的一些重要方法如下：

- 对于创造性的具体方法和工具，你的能力或技巧如何。

- 处理具体挑战，你的动机。

- 你成长和目前生活的社会文化环境。

- 人生中指导和鼓舞你的人。

- 你的年龄、性别和兴趣。

- 你偏爱的创造性、决策和问题解决的风格。

托兰斯(Torrance，1979)认为，创造性是能力(ability)、技能(skills)和动机(motivation)的综合体。如图 7-1 所示，可以用它们来组织或概括许多具体的个性特征。

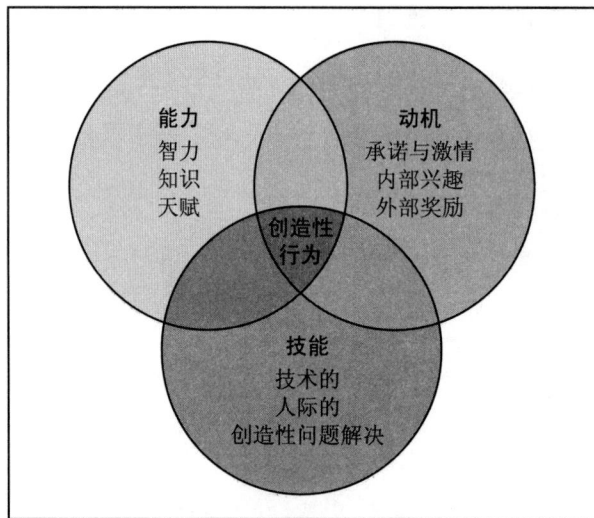

图 7-1　预测创造性行为的托兰斯模型

人人都有创造性能力，有天生的才能和优势，只是程度不同而已。但是，创造性行为也是后天习得的工具和程序操作技巧，更需要动机或参与的热情来完成任务或达到一个目标。

有关创造性人格动力和维度的研究是非常重要的，它有助于我们更好地理解在应用创造性问题解决时造成差异的许多个性因素。然而，最近出现了一种新取向，它主要关注人的创造性风格，这种取向更加强调理解"我们更愿意怎样运用自己的创造性？"或"以怎样的方式才能够最好地表达我们的创造性"。

我们不再以创造性水平来看待人（高创造性的人、中等创造性的人或没有创造性的人），因此，我们要考虑另一个重要问题："你是怎样表现创造性的？"对于这个问题的回答，有助于我们以全新的视角来看待人在创造性问题解决中的作用，扩展了我们对于创造性的理解，而不再仅仅去考察创造性"水平"的事宜。

创造力的风格取向假设人人都有创造性，它主要关心的是你怎样选择去表现它或更喜欢怎样去表现它。考虑风格有助于你理解怎样变成"最有创造性的自己"。就个人来说，你可以提高对自己的风格需要和偏好的了解，并且在必须以其他方法工作时变得更有灵活性。在团队中，了解自己和他人的风格可以减少摩擦，并有助于透过他人的观点来看待问题。专注于创造性风格，你就可以更好地欣赏和建设性地使用个体差异。让我们来看看，使用问题解决风格究竟会有多大的好处，图 7-2 说明了水平和风格的不同观点。

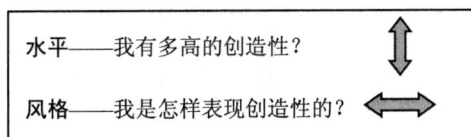

图 7-2　水平和风格的差异

为了全面、深入和集中了解问题解决风格的本质和内在机制，我们参与了许多研究与开发项目，开展了系统的理论、实验和实践研究。

(一) 问题解决风格（problem-solving style）

我们将问题解决风格定义为，在解决问题或管理变革时，人们计划和实施生成和聚合思维、明确问题、产生想法以及为行动做准备等方面所偏好的、稳定的个体差异（Selby，Treffinger & Isaksen，2002）。问题解决风格是自然的、中性的，它反映了你在解决问题时更喜欢的方式，因此，它们是稳定的，代表了你如何做才能够表现得最好。问题解决风格不是严格、固定和僵化的，它不是没把事情做好的借口，也不能反映你成功解决问题时的能力、专长或水平。

个体或团队在创造、解决问题和管理变革的时候，总是尽量对现有观点、产品、做事方法或服务进行改善——润色、"增加新的元素"、使它们更好或在新的方向上扩展它们的应用，而另一些人则更喜欢彻底的突破——"到从未有人去过的地方"。我们最近出版了一套新工具，它有助于我们对这些差异获得更丰富和更深入的理解，从一般意义上来说，是个人风格偏好在创造性和创新中的作用。这个工具是 VIEW：问题解决风格的评估™。VIEW 评估了风格偏好中的三个维度，它们在理解和指导个体和团队有效地管理他们的创造性解决问题和创新工作方面的作用是独特和重要的。这三个维度是：对变革的态度、加工方式和决策方式。

1. 对变革的态度(orientation to change)

VIEW 的这个维度为人们知觉到的两种管理变革和创造性地解决问题提供了一个笼统的指标，它包括两个相对的风格：探索者和完善者(见图 7-3)。尽管使用极端特点来描述这两种偏好的特征是方便的，但是大部分人都有这两种风格中的部分内容。在一段持续的时间里，个体的典型行为如何强调这些偏好以及它的一致性或清晰性，都会落在探索者—发展者这一连续体的不同位置上。

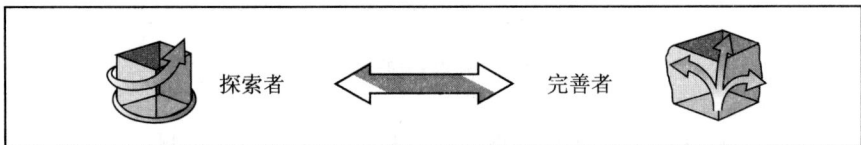

探索者 ⟷ 完善者

图 7-3 对变革的态度

(1)探索者风格(the explorer style)

英语词典对探索的定义是"为了探险或发现而穿越新领地"。探索偏好的人往往寻求新的突破，在未知的方向上不断冒险，引领有趣的新风尚。然而，如果你所生成的大量不寻常的想法被进一步完善或改进的话，就可能为更有效的新方向奠定基础。你可能发现结构会限制或约束你的创造性问题解决，你倾向于享受风险和不确定性，倾情投入情境中并依据环境随时制订自己的计划。你更喜欢特立独行，可能不遵守规则、程序或权威，认为专制会扼杀你的创造性。你会松散地持有观点，并在有吸引力的新观点出现后放弃它们。

(2)完善者风格(the developer style)

英语词典对完善的定义是"通过程度或细节来陈述或澄清……从朦胧状态向……前进，为有效地使用提供更多的机会，逐渐地形成"。偏好完善的人在一个任务或情境中会去思考基本元素、成分或想法，并且组织、综合、改进和加强它们，将它们组成或形塑成一个更完整、更能发挥功能和有用的条件或结果。完善者这个术语代表将任务圆满完成的个体，他在结构良好的情境中会心情愉快地工作，遵守和尊重现有的期待、规则和程序。他会紧紧地持有最初的想法，很难让这些初始想法接纳并支持新想法。表 7-2 描述了应用创造性问题解决时探索者和完善者的一些独特作用。

表 7-2   应用创造性问题解决时探索者和完善者的独特作用

探索者风格	完善者风格
更喜欢宽泛的和抽象的挑战和问题——高度抽象	更喜欢具体的和定义明确的任务和挑战
容易在现有的范式之中或之外生成许多新的不寻常的想法	容易在现有范式之中生成实用的各种想法
更喜欢高水平的实施方法——依靠对新挑战的自动适应	更喜欢细致和详尽的实施方法——依靠对挑战的有计划的应对
会为当事人重新解释任务并制订一个允许即兴发挥的过程设计	会深入细致地了解任务并发展出一个结构良好的过程设计

2. 加工方式(manner of processing)

加工方式维度描述的是在管理变革和解决问题时，个体对外部的(整个过程都与他人在一起)和内在的(与他人分享想法之前，先独自地工作与思考)工作的偏好(见图 7-4)，涉及你更倾向于怎样与何时运用自己内在的或他人的能量和资源，包括你使用不同方法处理信息的倾向以及在问题解决和管理变革时你更喜欢什么时候来分享你的想法。

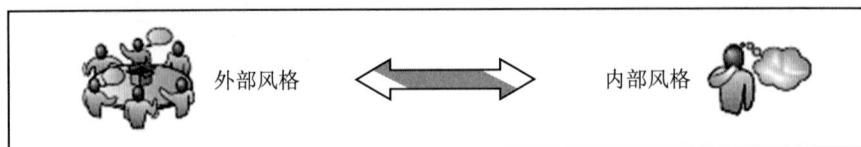

图 7-4　加工方式

（1）外倾型风格（the external style）

极端外部偏好的个体会从与他人的互动中得到能量，愿意与他人探讨各种可能性并且将自己的想法建立在他人想法之上。他们更喜欢将自身融入环境之中，当学习新的和困难的材料时，他们会在讨论中逐步明确自己的想法，将其加入有效讨论的一部分。他们不会被各种噪音所干扰，用各种方法学习，经常能发现身体运动会加强他们的学习、思维和问题解决技能。他们往往被他人看成是好的小组成员，并且经常看起来充满活力，由于更喜欢行动而不是反思，他们可能会被视为未想先动的人。

（2）内倾型风格（the internal style）

极端内部偏好的个体会本能地首先依靠自己内在的资源解决问题；更喜欢在与他人分享之前先独立思考；喜欢在深思熟虑之后才开始行动；重视安静的反思并以自己的节奏加工信息；倾向于在内在事件、想法和概念上全神贯注；更喜欢一个人学习、工作，至少开始的时候没有同伴或权威人士的帮助；他们看起来很安静，可能被他人视为沉默的或离群的人。表 7-3 描述了在应用创造性问题解决时外倾型风格和内倾型风格的一些独特作用。

表 7-3　应用创造性问题解决时外倾型和内倾型风格的独特作用

外倾型风格	内倾型风格
更喜欢通过直接的和主动的参与来理解挑战——参与到与许多人公开的交流中	更喜欢通过内部导向的分析来全面而深刻地理解挑战——寻求自己独立思考
容易与他们进行生动的交流并且自然地生成许多不寻常的想法	在生成想法时会以自己的节奏，享受独立安静的周密考虑的机会
更喜欢尽快采取行动并且与他人一起	更喜欢在制订了周密计划之后再采取行动

续表

外倾型风格	内倾型风格
通过公开的对话澄清任务，并且更喜欢立竿见影的过程设计	通过独自思索来理解任务和设计过程，然后在与他人的探讨中进一步澄清任务、完善过程计划

3. 决策方式(ways of deciding)

VIEW 最后一个维度是决策方式，它关心的是当个体在解决问题的时候，如何平衡以人为中心(如维持和谐的人际关系)和以任务为中心(如强调逻辑、合理性和合适性)的问题(见图 7-5)。在问题解决的决策过程中，个体可能会以人或任务作为自己首要的或主要的关注重点。事实上，每个人都可能既考虑人又兼顾事，但是决策方式描述的是个体在决策时首先看重的或给予更大权重的风格。

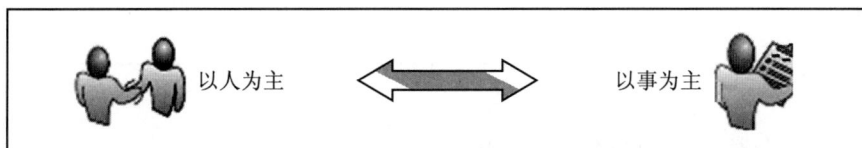

以人为主　　　　　　　　　以事为主

图 7-5　决策方式

(1)以人为主的风格(the person style)

极端偏好以人为主的个体，会首先考虑各种选择或决定对他人的情感、支持以及和谐积极的关系等方面可能造成的影响；在设定优先顺序时，更喜欢情感的卷入；经常被视为是热情的、友好的和关怀的；会迅速体察到并回应他人的需要；他们寻求能够被利益相关者"同意"或广泛接纳的解决方法或决定，往往重视受决定影响的他人的关注点。

(2)以任务为主的风格(the task style)

极端偏好以任务为主的个体倾向于首先考虑那些符合逻辑的、明智的选择和决定；他们更喜欢基于客观的、合理的推论来做决定；他们在做决策时寻求对内容或信息的精通以帮助自己找到"最好的解决方法"或易于定义和证明的答案或解决办法；他们在寻求澄清、精确和逻辑顺序时会强调保持冷静的需要并且摆脱情感；他们主要关注的是预期的结果。表 7-4 描述了在应用创造性问题解决时以人为主和以任务为主的风格的一些独特作用。

表 7-4　以人为主和以任务为主的风格在应用创造性问题解决时的作用

以人为主的风格	以任务为主的风格
更喜欢寻求一致认可的挑战——采取关怀的和有人情的角度	更喜欢寻求能得到最好结果的挑战——采取不受个人感情影响的和逻辑的角度
在生成想法时，会确保每个人都能听到它、欣赏它，并且提供的想法以满足人的需要和问题为目标	在生成想法时，会重点提供那些他们认为最有希望的、最现实的、以高质量结果为目标的选项
更喜欢指出选项的积极面，热情地支持助人的行动——以个人化的方式	更喜欢找出可能选项的缺点并且概括决策的效果和后果——以分开的方式
路径谋划时，会寻求一个能够兼顾到对人影响的预期结果和一个一致认可的过程设计	路径谋划时，会寻求一个客观的、周密论证的预期结果和一个严格按照操作规程才能够得到结果的过程设计

(二) 适度偏好(moderate preferences)

如果你在问题解决风格中的任一维度上都表现得不明显或难以严格区分，那么，你就有一个适度的风格。适度风格通常能够将你置于极端偏好的中间位置，这可能为扮演桥梁角色提供了机会——打开沟通管道，增进相互理解，丰富不同观点。那些有适度偏好的人，通常能采取更适应环境的问题解决方法——因为他们的偏好常常取决于具体的情境。

记住，每个人都有上面所说的各种风格的某些特点，只是它们发展、表达或偏爱的程度可能不一样。这就引出了下一个问题，即如何处理在我们自然风格之外工作的挑战。

(三) 在你的偏好之外工作

在许多情况下，我们需要在自己自然的偏好之外开展工作。这些场合要求我们扩展和学习新的思维和行为方式，有的人把这称为"应激"(coping)。与不同情境要求相适应的行为能力被视为心理成熟的标志。长时间的应激也是有代价的，因为维持应激需要耗费能量和动机，缺乏足够的能量，适应会导致压力及其他伤害性后果。其中的一个选择就是，学习那些能够使表现这些不同但想要的行为更加容易的工具和技术。例如，如果你对生成想法有自然的偏好，却对聚焦这些选项存在一定的困难，这时，你就会从学习和应用聚焦工具中获益。

另一种选择就是充分利用一切可以利用的风格，我们把这个叫作"优势互补"（coverage）。当某个具体情境所要求的特殊风格不是你自己所拥有的风格时，你可以找其他有这种自然倾向的人，这就是差异性的主要好处所在。

当你考虑差异性时，你可以问以下几个关键的问题：

- 对于要处理的任务，你有合适的人吗（或人群）？
- 是否有足够的多样化以确保产生大量的观点和方法？
- 差异性是不是太大了，以至于对建立和维持有效的沟通和合作提出挑战？
- 你如何帮助人们充分地理解、欣赏和有效地利用参与者之间的差异性？
- 在独自工作的时候，你的个性特征和风格偏好是怎样影响你的思维和决策的？你如何确保自己兼顾到其他偏好的人所提出的想法与关注点？

如果你希望了解更多的有关问题解决风格的事宜，请登录 VIEW 的网站：www. ViewStyle. net。

三、 任务专长

最后，当你在评价任务或应用创造性问题解决的任何一个成分或阶段时，考虑任务专长的问题也是非常重要的。任务专长（task expertise）是指人们在解决手头任务时拥有的知识、信息和经验。这里的专长是针对特定时间和具体情境下的具体任务而言的，而不是指那些总体的、概括的或适用于所有任务或情境的能力或天赋。任何人都有可能对某个任务有高水平的专业知识，而对另一任务则完全是新手。例如，经理可能对生产或技术有大量广泛且有价值的信息储存和个人经验，但是有可能缺乏诸如人力资源或财务方面的知识。

在某个任务周围或在任务之中，存在多个专业知识的"层次"问题。有些知识和信息关注的是具体任务本身——知道任务的定义和明确说明。然而，考虑宽泛水平的任务专长也是很重要的，即在任务所属的学科和领域里以规则的形式表示的知识。有时，考虑水平更为广泛、来自于其他领域、与具体任务间接相关的领域里的专业知识（有时是无关的领域，但可能是形成高度新颖想法或联结的来源）也是很重要且有价值的。对于某些任务来说，创造性问题解决的成功需要知识或经验的广度，而对于另一些任务来说，专业知识的深度则更为重要。

任务专长既包括与所要处理任务相关的内容，也包括与理解任务有关人员的知识和技能，还可能包括在具体任务中运用创造性问题解决的技能，或许多具体的、可迁移的技能（如写作、说明、设计或计算机技能）。一般情况下，这些专长来自于团队内部。但是，在某些情境中，你可能需要引进或聘请合适的专业人才来完成任务，这就是人们聘用顾问的原因。任务专长可能只在短期或某个特定的时间里需要，因此，聘用可能是最合适的，而不是学习并将其融入小组或组织之中。

最后，任务专长还包括人们意识到并擅长和愿意执行领导行为或从事领导工作的程度。领导力方面的专长包括威信、全局性、建立强有力的愿景、鼓舞他人参与愿景、促使他人采取行动、模仿合适的行为以及祝贺团队或成员的成就（Kouzes & Posner，2007）。有效的领导者要擅长指挥他人行为、训练个体、积极参与到复杂任务之中并有效地授权（Blanchard，1985），或具有克里斯齐维奇（Gryskiewicz，1999）所说的"影响团体实践"的能力。如果你想了解更多与创造性领导力有关的专业知识，请参考艾萨克森（Isaksen & Tidd，2006）的文章。

事实上，任务专长的问题适用于团队中的每一个成员，因此，在团队情境中计划、准备或应用创造性问题解决时，需要认真考虑这方面的事宜。确保团队成员对任务中的关键信息有着共同的理解也是非常重要的。不完整的信息、团队成员间对关键信息的不一致理解、无效的沟通或者团队成员基本技能的缺乏，都会阻碍创造性问题解决的有效应用，甚至会降低团队在任务中的表现。

与任务专长有关的事宜，可以从以下几个关键问题入手：

- 为了能够有效地完成这个任务，你（和其他人）对于任务内容和创造性问题解决是否有足够的知识或专长？

- 你（和其他人）是否了解自己在处理任务时的优势和需要？

- 你所拥有的具体背景知识和专长，与手头任务之间的相关性有多大？你是否有足够的信息资源来完成这个任务？你会不会因为经验太多，以至于思维受阻或对新的可能性或方向没反应？

- 你可以得到哪些类型的信息资源和支持？

- 你还可以得到或使用哪些重要的和有价值的信息？

四、 评估任务时如何使用有关人员的信息

如你所见，不管是在路径谋划成分中的任务评估阶段，还是在应用创造性问题解决的任意一个成分或阶段，只要涉及"人"的因素，所有权、差异性和任务专长总是以多种方式交互作用。这些问题不仅对你是否使用创造性问题解决的决定（任务评估阶段）产生重要的影响，而且对计划和准备（过程设计阶段）以及在任一其他成分或阶段中你的选择和行动都是至关重要的。

你可能会发现，要成功地完成各种任务，往往需要各种不同风格偏好和任务专长的人。有的任务可能需要广博的知识和专长，而其他任务则可能需要非常具体的专长和技能。当团队中存在相似的专长和经验时，维持组内的开放和探索精神（尽管小组成员必须知道如何管理风格差异性），善待差异性风格是非常重要的。另外，大多数跨学科（或跨部门）任务可能需要小组成员有不同的专长和背景，以使他们在共同完成任务时能够分享和尊重不同的观点。为了帮助人们协同工作，明确所有权也是非常重要的。你要尽力使人明白，他们在某个领域的专长并不一定能够成为这个任务的当事人。在高度多样化和专长各异的背景下，你需要明确当事人，以便大家知道小组中有一个当事人！

对于差异性、所有权和任务专长的思考有助于你考虑是否使用创造性问题解决，并且能够为过程设计甚至整个创造性问题解决活动提供有价值的信息。在充分了解解决问题的人之后，你在任务评估阶段就可以有以下四个可能的选择。

(一) 应用创造性问题解决

如果你能够定义和明确具体任务的所有权，如果风格偏好的"组成和混合"是合适的，如果你能够证明参与者的任务专长也是合适的，那么，你就有使用创造性问题解决的充分证据了。

(二) 修改任务

你可能认为已经有了一个可以共事的团队，它们具有相关的所有权、差异性和专长，但是，你担心任务的性质或定义。在这种情况下，应用创造性问题解决之前，回顾任务以及当事人和发起者，重新构建或定义问题，使团队能更有效地工作就显得十分重要了。

(三) 寻找合适的人

你可能认为任务是合适的，也被恰当地定义了，但是担心小组成员的所有权、差异性或专长。在这种情况下，最好的选择是重组小组成员，以使人们能够有效地处理任务。

(四) 等待或取消

如果你对这三个因素中的任何一个（或几个）有严重的怀疑或担心，那么，最明智的选择就是暂时不用创造性问题解决。你需要推迟任务，直到你能改变团队的构成，找到发起者并澄清所有权或改变任务的定义。有的时候，也可能要考虑其他办法，甚至拒绝完成任务。有一个重要的教训，往往也是难以学习的，那就是有时最明智的决策就是什么都不做。

五、 故事的余音

对广告公司工作人员进行咨询的担心，在我们见面之后就烟消云散了。我们一起探讨与他们日常使用创造性、决策和解决问题等与偏好有关的差异性事宜，以及这些问题对于独自或团队合作的含义。工作坊促进了他们对贡献的欣赏，即不同部门的人都可以用创造性的方式对解决问题做出贡献。

在工作坊中，他们选择了由于使用"辅助者"和"创造者"而造成人际和部门之间隔阂的问题去处理。最初他们不愿公开谈论这个问题，后来，他们选择解决这个核心问题，以使组织更具有灵活性。他们意识到，在他们使用的语言中隐含着创造者属于某个部门而不是其他部门的含义。团队要找到一种新的方法，避免使用这种易于引起隔离、防御或争吵的术语，提高组织运行的灵活性。

这件事证明，差异性在帮助人们学习以有效的和建设性的方式合作是非常重要的。当人们获得了有助于理解差异性价值的信息，掌握了从差异性中得到最大好处的方法和工具时，他们就会想方设法地去认识、使用和赞美他人的贡献。

六、 将本章内容运用到工作中

本章的目的是在谋划使用创造性问题解决的自我路径时帮助你理解人的重要性——个性特征和人际关系。我们强调三个重要的因素（差异性、所有权和任务专长），它们会影响你计划和使用创造性问题解决的有效性。

反思和行动

完成下列活动，以加深对本章内容的理解，并在真实情境中练习这些内容。如果你将本书作为一门课程或研究小组的内容，你可以先自己做，然后将你的答案与小组进行对比，或者与团队成员一起做。

第一，思考两个真实的团队经历，你是参与者或领导者：一个是令人兴奋的、有效的和建设性的；另一个是令人沮丧的、辛辛苦苦却一无所获。请用本章所学的差异性、所有权和任务专长的知识，找出导致两个团队明显不同的原因。

第二，对于上述的团队经历，你能够改变或有效处理什么因素，就会让无效的、令人不满的团队变得更富建设性和令人满意？

第三，根据 VIEW 中的三个维度，说说你如何对不同风格偏好的参与者进行有针对性的教学或培训。例如，对于探索者和完善者，你在教学或培训的过程中如何区别对待？

第四，设想一种情境，在其中，你负责管理或指挥个体或团队的工作（如一个项目小组、一个针对特定主题或问题的委员会或专案小组、一个业绩审查或评价会议）。在充分考虑差异性、所有权和任务专长等因素之后，制订一份事事有人负责的工作计划。

第八章

运用创造性问题解决的背景

上天并没有让人类只能适应于某一特定的环境……在我们的周围，有着众多能跳、能飞、可挖洞、会游泳的动物，但唯有人没有被禁锢在他们所处的环境之内。他们的想象力、推理能力、激动人心的敏锐与坚韧，使他们可以不接受而是改变现有的环境。

——雅各布·布洛诺夫斯基

本章介绍了用创造性问题解决解决问题时，在任务评估中必须考虑三个方面的背景因素：①准备度（文化、氛围和历史）；②意愿（战略优先性、变革领导力和精力）；③能力（时间、注意力与资源）。学完本章之后，你应该能做到以下几点：

1. 描述谋划自己的创造性问题解决路径时，了解任务背景（包括准备度、意愿和能力）的重要性；

2. 列举和解释组织氛围的九个维度及其对创造性的影响；

3. 至少找出三种方法获得有关准备度的信息，从而帮助人们理解、培养和管理创造性和变革；

4. 阐述谋划自己的创造性问题解决路径时，将意愿纳入考虑范围的重要性；

> 5. 阐述谋划自己的创造性问题解决路径时，将能力纳入考虑范围的重要性；
>
> 6. 针对个人工作中面临的机会和挑战，运用有关背景知识设计一个计划。

一家著名交响乐团的董事长目前正忙于组织变革。这个项目需要制定一份战略框架，以明确组织目标，完善和发起一个新的 5～7 年的愿景，确立组织价值和使命等。

高层管理团队面临的挑战之一是，组织是否支持他们所要推行的改革。团队明白这是一次重大的变革，需要全体员工的参与和合作，否则，变革将难以顺利进行。我们需要了解，背景是否准备好接受符合组织愿景的变革。有些人似乎对即将到来的变革十分兴奋；有些人对变革似乎毫无期待；有些人认为他们不能采取创造性的手段来完成这次变革；还有一些人对组织变革压根就没有一点儿兴趣——尽管他们也认为变革是必要的。

我们知道该机构人才济济，但并不知道这个组织环境对变革的准备情况。什么样的组织环境能够被视为有能力、有意愿和准备好了来支持改革呢？这样的组织环境具备什么样的特点？这些特点又是如何建立的？

我们已经在第七章学习了谋划自己的创造性问题解决路径时，了解和考虑一系列个性特征和影响力的重要性。然而，无论人们什么时候使用创造性问题解决，他们的工作总是处于特定的环境中，即使用创造性问题解决的背景。背景因素的影响可能是积极的、有促进性的，使得创造性与创新成为可能；也可能是消极的、令人沉闷或感到束缚的；还有可能是，部分背景因素对变革是支持的，其他因素并没有为变革做好准备。

你可能曾经很幸运地生活在一个充满生机的、等待着新观点的提出、为付诸行动早已做好了准备的组织中，参与了一些最终被证明是"在正确的时间里做正确的事"的新项目或计划。但你也可能经历过，一项新颖且有前途的想法或方案，因其涉及的政策、财务和管理过于错综复杂，最终不了了之。有可能是关键人物离开了关键的岗位，创新失去领导者，也有可能是烦琐的工作和没完没了的"总结—讨论—再总结"耗尽了人们的热情，还可能是因为优先顺序、岗位和承诺资源的调整，导致一些新项目失去了发展的契机。

这些经验都告诉我们，当你要处理创造性或变革的问题时，察觉、警惕和熟知背景或情境的信息是十分重要的，仅仅使用创造性问题解决或其他问题解决工具不足以保证成功。有效和卓越的结果总是受到组织环境中诸多因素的影响。

一、 有助于创造性的环境

请回忆两个你经历过的情境，以便于本部分的学习。首先，请回想一个你经历过的"最好"的工作情境——在这次经历中你取得了极大的成功，收获了有重要意义的成果或成就。请用词语或短语描述当时的工作环境，越多越好。其次，回想你经历过的"最坏"的工作情境——在这次经历中你的努力收获寥寥或毫无成效，你觉得毫无成就感和自豪感。同样，也请列举出大量描述这种工作环境的词语或短语。

接下来，请比较与分析这两个列表中的词汇或短语。在分析这两个列表的过程中，请思索以下问题：

- 工作环境中的哪些方面对你完成任务产生了积极或消极的影响？
- 哪些因素激发或提高了你的生产率和创造性成就？
- 哪些因素作为障碍或干扰物，扼杀或抑制了你的工作及其成果？

表8-1列举的因素是从大量实验以及不同团队的实践中总结出来的。现在，将表8-1与你自己列表中的"刺激物"（stimulants）与"障碍物"（obstacles）进行比较。表8-1是否包含了你的列表中所列举的项目？它是否提醒了你在列表时遗漏了一些重要的因素？

表 8-1　创造性环境的刺激物和障碍物

刺激物	障碍物
自由与控制感	过度的官僚主义
激励性	评价过于粗糙或不成熟；没有建设性
合作的氛围	资源不充足
挑战	过高的时间压力
适当的认可与奖励	对维持现状的强调
对尝试不同事物的开放性	过多关注内部政治
有"对事不对人"的能力	不可告人的目的
需要处理的是一项重要的、有意义的且值得努力的项目或任务	

艾萨克森等人(Isaksen，Lauer，Ekvall & Britz，2001)提出了一个综合性的组织环境模型，名为"组织变革模型"(model of organizational change)，如图 8-1 所示。

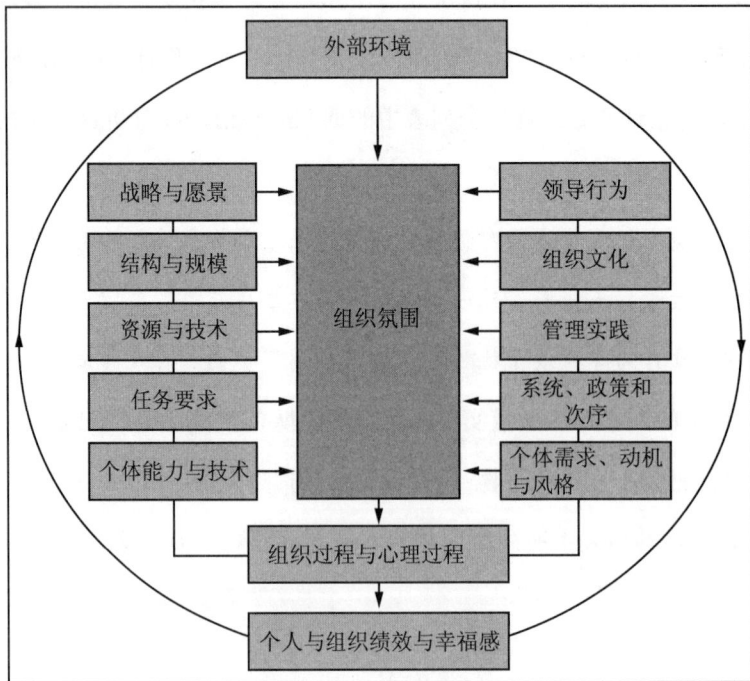

图 8-1　组织变革模型

组织氛围既受到内部组织过程和心理过程的影响，还受到外部因素的影响，同时，又会反过来影响个体和组织的绩效。组织过程（organizational processes）包括团队问题解决、决策、沟通与合作。心理过程（psychological processes）包括学习、个人问题解决技能、创造性技能和动机。这些因素直接影响个体、团队甚至组织的绩效和成就。这个模型概括了几个重要的组织因素，这些因素会影响组织氛围，进而影响到组织的生产率与绩效。

正如你所看到的，背景是许多不同要素的综合体，其中有些要素十分具体和局部化，只发生在同伴、同事或管理者之间的一般日常交往之中。当这些要素为你服务时，它们可以鼓励或激发你的斗志。但是，它们也可能会成为麻烦与干扰源，甚至会成为一堵坚硬的"墙"阻挡你前进。你周围环境中的人是否为彼此提供足够的支持、鼓励、肯定与奖励？为了创造性地发挥作用，人是否拥有了工作所必需的资源、设备和支持？你可能会发现，追问的时间不同或手头的任务不同，你对这些要素的感觉就完全不一样。它们每时每刻都在发生变化，但至少有一部分是你能够施加影响或容易控制的要素。

真实世界里还有一些特别宽泛、更为一般的要素，它们是由生活大背景"赋予"的。你所属的组织是否一直重视和支持创新与变革？或者相反，总是奖励那些循规蹈矩的职员，可能还比较明显地把那些不安于现状或胡思乱想的员工安排在一些不重要的岗位？对于你感兴趣或有天赋的领域，你所在的社会是否重视与鼓励这方面的创造性工作？你周围的世界是僵化的还是自由的？是平静的还是充满压力的、冲突的和由恐惧主导的？

当你运用任务评估这个阶段进行路径谋划时，了解创造与变革的背景是很重要的，开展这项工作的理由如下。

（一）支持创造能力

对于差异性的理解、重视和宽容，有利于建立一个支持创造性和变革的背景。人们对工作环境的知觉是影响他们能力发挥的重要因素。

(二) 支持人们的工作

如果组织希望保持活力，那么，支持革新和增长的系统与组织结构就必须不断完善。然而，仅仅是系统和结构本身的完善是不够的，系统内的人需要意识到改革是重要的、可接受的，参与这个系统是值得的。

(三) 提高满意度

精心建构和维持一个积极的环境能够保证组织的成功，增强员工满意度。要想发挥水平并取得高绩效，就必须将社会系统与技术系统联系起来。帕斯莫尔 (Pasmore，1988)指出，组织的设计必须要在满足外部环境需求的同时，也能够满足内部的社会与技术系统需要：无论它们看起来有多么的永恒，对于定义不良的问题，组织至多有一些暂时性的解决方案。他们基于一些不充分的信息与不清晰的愿景，对具体情境做出回应，他们是一群面对不确定事物结成的联盟。最重要的是，他们具有根据需求进行转变的能力……

(四) 对变化的回应

对于所有组织来说，改革的迫切性与竞争的压力都在增加。人们需要更好地了解，有效地管理变革与提高生产率，增强市场竞争力之间的动态联系。所有这些，都必须通过增加组织的运作水平来实现。

(五) 知识管理

现在是知识大爆炸的时代，知识越来越专业化，我们必须建立一个积极向上的组织环境，才能够卓有成效地利用和分享知识。

研究者们已经在他们的研究中使用了大量不同的术语来描述和界定这些因素。我们认为，可以用三个日常用语来通俗地概括这些因素。当你审慎地使用创造性问题解决来解决一项具体任务时，你要考虑其背景状况：你(或团队、组织)是否做好准备，有意愿并且有能力处理这项任务？"做好准备"意味着历史、文化和氛围都有利于创造性工作及其成果，或是你已准备好处理任务可能带来的挑战。"有意愿"表示该任务具有重要的战略地位，被人们视为重要的、有意义的且值得努力的。"有能力"意味着资源是充足的或可得到的，保证工作所需并能随时供应。

二、　你为变革做好准备了吗

组织文化具有长期性、弥漫性和变化的缓慢性，像丝线一样组成了组织这块布。组织的创造性氛围是贯穿于组织日常生活中的一套模式或过程，这套模式或过程能够被组织成员所体验、理解和解释。如图 8-2 所示，组织文化与组织氛围之间有清晰的界限，我们不是唯一对组织文化与组织氛围进行区别的人。汤姆森（Thomson，2000）指出，将组织生活视为单一要素，进而推动组织文化的变革，是行不通的。要想有效地实施组织文化变革，必须探讨信念和价值观以及它们对组织及其员工灵魂的影响。相较之下，改变组织氛围和商业语言则简单多了。

文化	氛围
反映组织深层的价值观、信念、历史、传统等 组织看重的是什么	能够再现组织生活特点的行为模式、态度和情感 组织成员体验到了什么

图 8-2　组织文化与组织氛围的区别

当我们谈论"创造性氛围"时，我们指的是什么呢？回忆你曾经遭遇过的一次挑战或机遇，在这次经历中，你提出了个人最好的或最有突破的想法。请描述在那个背景中，你认为最重要的几个因素（在本章先前的练习中，需要你回顾许多因素。现在这个练习，你只需要考虑那个让你产生突破性想法的背景）。在工作场所或其他地方，你是否做过其他一些事情，如开车、睡觉、做梦、剃胡子、沐浴、运动、休息？我们常常对一些大型团队问这样的问题，但很少听说他们最好的想法是在办公室上班的时间产生的。当人们解释为何他们的最佳想法产生在别处时，他们就会描述一个有利于创造性产生与形成的环境。

"氛围"(climate)这个概念是社会心理学家勒温等人(Lewin，Lippitt & White，1939)于 20 世纪 30 年代末期提出的。他们用这个概念来描述在研究组织时所遇到的主观"感受"、"空气"和"基调"。通过观察，他们发现不同的组织有着显著不同的氛围。他们将氛围与动机、生产率、颓废时段、利润和成功等因素联系在一起。艾克瓦尔认为(Ekvall，1983，1987)，组织氛围是体现组织生活特点的态度、情感和行为模式，区别于组织文化和个体心理气氛。艾克瓦尔指出，尽管组织氛围会受到多种因素的影响而出现波动，但在一定时期内，它能够保持相当的稳定(见图 8-3)。

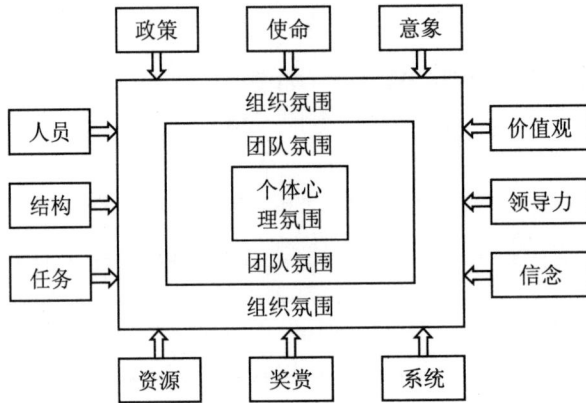

图 8-3　影响组织氛围的因素

到底如何建立创造性组织环境，文献中有大量的建议。范甘迪(VanGundy，1984)认为，影响一个团队的创造性环境因素有以下三类：①外部环境；②小组成员的创造性气氛(creative climate)；③成员间人际关系的质量。罗赛浦(Raudsepp，1988)列举了 24 条建立创造性环境的建议，他将这些建议命名为"两打(24 条)点亮组织这个'灯泡'的方法"。

不管是文化还是氛围方面的知识，都有助于提高我们实现目标、应对挑战或关切、发现以及回应新问题的能力。艾克瓦尔(Ekvall，1987)说道："氛围影响沟通、问题解决、决策、冲突管理、学习与动机等组织过程和心理过程，进而对组织的生产率与工作绩效、创新能力以及员工的工作满意度与幸福感造成影响。组织成员会受到整体氛围和一般心理气氛的影响，而且这些影响在一个相当长的时间里是相对稳定的。单个的独立事件不可能对行为和情感产生如此持久的影响，因为在日常生活中，我们始终暴露在这样的特殊心理氛围下。由于拥有这样大范围与持久的影响，'氛围'这个概念对我们了解组织生活是非常重要的，也是十分有趣的。"

（一）创造性氛围的维度

最基本的问题仍然是：对于具体情境来说，我怎么知道哪些建议是重要的？幸运的是，不断增加的大量文献为你回答这个问题提供了有益的见解。在界定组织氛围的核心特征方面我们已取得了很大的进步。

艾克瓦尔及其同事通过对大量组织的研究，试图找到组织氛围以及其中对创造性和创新有影响的主要特点或维度。艾萨克森等人在艾克瓦尔的基础上，又对大量的组织进行了研究实验，最终将影响组织氛围的因素归结为九个维度。

1. 挑战/卷入

这个维度代表了人们卷入组织日常工作、长期目标和愿景的程度。当存在着高水平的挑战和卷入时，人们斗志昂扬、甘于奉献。气氛是充满活力、催人奋进和鼓舞人心的，人们在工作中能够享受到乐趣和意义。在相反的环境中，人们无法投入工作，感到疏远和冷漠，对工作缺乏兴趣，人际关系是沉闷和低落的。

2. 自由

自由代表员工在组织中行为的独立程度。在一个十分自由的氛围中，人们被赋予了决定他们大部分工作的自主权和资源。他们会认真完成日常工作，拥有获取和分享相关工作信息的机会和主动性。在相反的氛围中，人们在严格的规章制度下工作，只能根据已有的方式和给定的空间完成工作，没重新解释任务的空间。

3. 信任/开放性

这一维度涉及人际关系中的情感安全性。当相互之间高度信任的时候，人们能够真正开放心胸、坦诚相待，在职业发展与个人生活上彼此相互依赖和帮助。人们真诚地尊重对方，彼此信任。当人与人之间缺乏或失去信任时，人们会相互猜疑，会紧锁自己的计划和想法。在这样的情况中人们会发现，坦诚交谈是极其困难的。

4. 想法—时间

该维度指对新想法进行精雕细琢的时候，人们能够使用（和实际使用）的时间量。在宽裕的想法—时间情境中，存在着讨论和检验方案的可能性，而在任务分配中并不包含这种讨论和检验，这就为探索和完善新想法提供了充足的时间。灵活可变的时间安排允许人们探索新颖的途径和可能的方案。在相反的情境中，每分每秒都被填满了任务，这种时间压力使得人们无法在指导和规定的路线图之外进行思考。

5. 玩乐性/幽默

这个维度包括在工作场合的自发性和轻松性。在一个专业但放松的氛围中常常伴随一些欢声笑语，这样人们就会觉得工作也是一件愉悦的事情，整个氛围也是随和而轻松愉快的。相反的氛围是沉重、严肃而压抑的，在这种僵硬、阴沉和低效的环境中，逗乐与玩笑往往被认为是不合时宜和不可忍受的。

6. 冲突

这一维度处理的是组织中出现的个人情感的紧张，是唯一对创造力没有积极作用的维度。总的来说，冲突少比冲突多更好。当一个组织的冲突非常多的时候，团队和个体可能会相互讨厌甚至是憎恨对方，这样的氛围也可以称为"人际冲突"。勾心斗角、争名夺利是这种组织生活的常态，个体差异常常会带来无尽的谣言和诽谤中伤。在相反的氛围中，人们的行为往往更成熟，更具有心理洞察力，对冲动有更强的控制力，而且人们接受并且能够有效地处理同伴之间的个体差异性。

7. 想法—支持

想法—支持指的是人们对待新想法的方式。在支持的氛围下，领导、同伴以及下属都会以热诚和专业的方式对待每一个想法与建议。人们相互聆听和鼓励新项目，制造了很多尝试新想法的可能。在考虑新想法的时候，氛围是积极的和建设性的。当想法—支持度比较低的时候，人们常常会习惯性地回答"不"，而寻找错误和发现障碍则是最寻常不过的回应方式。

8. 争论

我们将争论定义为不同观点、想法、经验和知识之间的冲突和不一致。在允许争论的组织中，可以听见不同的声音，人们热衷于提出自己的想法以供思考和评论，因此，常常能够看见对对立意见的讨论以及对多样化观点的分享。当组织不具备争论氛围时，人们只是服从权威而不会对其提出质疑。

9. 冒险性

这个维度与工作环境对不确定性和模糊性的容忍度有关。在比较敢冒风险的氛围中，人们往往会采纳冒进的项目，即使其结果还不甚明确，人们都认为可以在自己的想法上"赌一把"，愿意承担风险去推动项目的实施。在风险回避的氛围中，人们总会抱持谨慎而犹豫不决的心态，时常选择"安全的途径"，而且对事情不断进行"三思"，他们会成立委员会，并且用许多方法来保护自己。

你可能已经注意到，这九个要素中的很多项目已经出现在你所列的重要的创造性氛围因素之中。综合考虑这些因素将有助于你了解工作环境中的创造性氛围。它们会帮助你找出有利于和有碍于创造性生产率的因素，从而帮助你定夺背景是否为有效地使用创造性问题解决做好了准备，同时也让你计划如何以及什么时候推进创造性问题解决过程。

（二）理解氛围的意义

无论是在个体、团队还是在组织层面上，当谋划自我路径、评估任务或使用创造性问题解决任一成分和阶段的时候，了解氛围都有重要的意义。在个体层面上，了解氛围可以提高你对工作环境的认知，能够使你对一些模糊事物认识得更加清晰，能够帮助你判断应用创造性问题解决的成本和收益，从而决定是否要实施或参与这个过程。对于文化和氛围的认识，可能也会给你带来通过战略性地应用创造性问题解决而改善工作氛围的机会。此外，认真地考察文化与氛围将有助于了解你或同事如何看待使用创造性问题解决的重要性及其对工作氛围的积极和消极作用。

在团队层面上，增加对工作环境的认知，能够帮助你通过与同伴真诚的交流而做好有效应用创造性问题解决的准备。考察创造性的氛围，还能够帮助团队成员使先前不了解、不明确的问题清晰化、具体化，从而解决一些之前被认为无用或没有生产性的问题。这些工作能够克服团队高效运作中的障碍，并能帮助团队成员了解应用有效的问题解决方法和工具的重要性。当然，团队成员对组织氛围进行一次高效的讨论，也有利于他们增强团队优势和解决一些先前不明确的问题。

对于组织来说，对氛围维度进行周全细致的调查，能让领导者识别出适合应用创造性问题解决来改进的优势领域和机会。对于组织氛围的了解，能够指导与组织的核心目标、愿景和使命有关内容的决策，还能够帮助组织领导层更好地促进组织、员工和当事人获得成功和幸福感。通过确定什么样的组织结构最可能鼓励和支持使用创造性问题解决去解决具体任务，或是将创造性问题解决作为管理变革整体战略的一部分，对于组织文化和氛围的了解还可以帮助你更好地规划使用创造性问题解决的方法。

我们根据艾克瓦尔的研究成果，开发了一个名为"情境展望问卷"（the situational outlook questionnaire，SOQ)的评定量表，以获得对于某个具体氛围的了解(Isaksen & Ekvall，2007)。该问卷可以用于团队、领导力开发以及组织改进工作，对于氛围的了解有助于管理所有类型的变革，有助于组织迎接创新的挑战。你可以通过访问 SOQonline. net 来了解更多有关 SOQ 的信息。

(三) 历史

任务评估也涉及对历史经验的了解——长期地形塑组织并对组织的现在与未来产生重要影响的人和事。对于一项任务涉及的历史的思考，需要收集大量背景主题、事宜和从不同来源进行取样的信息。对于同样的历史事件，不同的人可能会给出不同类型的信息或不同的记忆和观点。

理解历史背景将有助于你认识到许多任务的不同解释、视角或观点。了解人们对过去和现今事件的不同解释和评价，你就可以更好地评估他们对从事新任务的准备情况。你也要做好准备，可能要明确地、建设性地去处理那些内隐的、受约束的观点和态度。在某些情况下，你可能会发现历史数据长期存在着矛盾或意见分歧，这可能会损害或限制任何新项目的效果。

为了深入了解背景是否为支持创新和变革做好准备，你还可以去追问以下几个问题：

- 这个任务或类似的任务过去是否尝试过？当时很成功吗？为什么或为什么不呢？对于这一段历史，人们的感受或反应是怎样的？

- 先前是否有其他人尝试过推动这项工作（或反对这项工作）？

- 之前是否有支持者或反对者？他们值得信任和尊重吗？他们仍然在从事这项工作吗？（为什么或为什么不呢？）

- 对于这个任务，人们有什么样的历史印象、记忆或经验呢？这些相关的看法、记忆或经验会对现在的工作起到促进还是阻碍作用？

三、 你愿意管理变革吗

我们将背景的第二要素概括为"意愿"（willingness），指的是团队中的你和其他人，在多大程度上确实下决心使用创造性问题解决来处理一项任务，主要包括三个考虑因素：①你（或团队、组织）的战略重点；②拥有的变革领导力；③完成任务的承诺与精力。

决定是否使用创造性问题解决，或如何最好地使用创造性问题解决去解决某个任务，首先要确定这个任务是否符合你或团队的战略重点以及任务符合战略重点的程度。你还需要知道是否有人能够正确地领导这项工作，并为这项工作提供承诺与支持。

如果这项任务与组织的战略重点和目标要求密切相关，那么，使用创造性问题解决很可能会得到支持与鼓励。如果能够证实任务与组织的愿景、使命或目标具有关联性或相符合的话，也是十分有帮助的。这两者的联系可能是直接且明确的，也可能需要一些探究工作才能确认两者之间的关系。相反，如果你不能以合理的方式找出两者之间的联系，你可能就会拒绝使用创造性问题解决，否则的话，一切支持你获得人员、时间或资源的努力都将会受到公开的反对。

变革领导力也是衡量背景中意愿程度的一个重要指标，它强调的是与第七章中提到的与"人"有关的人际关系。变革领导力指在组织中有这样的人，他会采取积极的行动，为人们的改革提供支持和鼓励。他们挑战现有的工作，构想美好的组织愿景从而激发员工。他们可能是，也可能不是处于组织的高层管理岗位。然而，如果组织的高层管理人员能够在变革中扮演重要角色，对变革是十分有益的。他们往往能够提供必要的权威，使变革工作合法化，清除变革中的障碍，并鼓励人们发挥才智以创造出丰富的成果。当然，意愿还与所有权、发起者提供的支持以及清晰的顾客需求等密切相关。

意愿的第三个重要方面是精力，涉及人们在多大程度上意识到艰巨的改革工作的成本和要求以及接受这些成本和要求的意愿。使用创造性问题解决或其他系统化、缜密策划的变革方法来解决复杂、模糊不清且重要的任务，是需要人们耗费大量的个人精力与承诺的。它需要对组织目标、追求这个目标以及完成这个过程的艰辛有很高的信念和承诺。热情与承诺还包括员工在面对逆境、挫折或障碍时也对这项工作任务不离不弃，以勇气和信念继续努力。在你决定使用创造性问题解决之前，有一点很重要，就是确保人们愿意做出必要的投入。

为了深入了解背景中的这个要素，你还可以去追问以下几个问题：

- 这个任务与组织愿景或使命中的某些战略重点是否有明确的联系？
- 它是否与某些已经被接纳的具体目标或任务相联系？
- 你能将它和组织、团队或个人的需要、愿望以及偏好的未来直接联系起来吗？
- 这项重要且值得做的任务，是否已为那些将要完成它的人所接受？
- 人们想要并且渴望去完成这项任务吗？
- 有领导人在积极推动这项改革吗？
- 任务的核心成员是否愿意为完成这一项目持续地投入热情、努力与承诺？

四、 你有能力推进任务吗

我们已经考察了背景的两个重要内容：准备度（一项任务或新项目所处的文化、氛围和历史）和意愿（任务的战略优先性、变革领导力和完成任务的精力）。任务评估需要考虑的第三个背景要素是能力，即为了成功地实施创造性问题解决，你能够在多大程度上使用或发动所需要的人、空间、时间、设备和其他资源。人们从挫折中已经认识到，仅有一个积极的氛围、优越的战略地位和一些强有力的支持者（指那些说自己与正在执行任务的人一样，对任务非常感兴趣），并不能够保证改革或创新的成功。

我们从三个具体领域来评估你是否有能力使用创造性问题解决来完成任务：①人力资源；②物质资源；③财政资源。为了有效地完成任务，人力资源必须找到所需要的人。然而，仅仅找到人是远远不够的，你必须还要确定他们有或者能够腾出完成任务所需要的时间，这一点对于我们在讨论意愿时谈论到的那些需要投入大量"精力"的任务来说是尤其重要的。还有一点是非常重要的，那就是需要知道这些时间从何而来（例如，这些时间与他们其他工作负担中的部分有关）以及别人对他们工作的支持和鼓励程度。

物质资源包括空间、物资、技术和其他执行任务所需的有形资源。当然，很多时候人们都希望能够以极少的资金或不用资金或是以最少的资源消耗量，来完成一个任务或项目。然而，为了判断推进这项任务的现实性，对于这个领域中的可利用物和相关限制的认识也是十分重要的。类似的，财政资源是指预算支持，你要估计自己是否拥有或能够得到完成任务所需的最起码的资金。

为了深入了解背景中的这个要素，你还可以去追问以下几个问题：

• 为了共同完成这项任务，人们是否有充足的时间？是真有呢还是需要人们抽出自己的额外时间？

• 是否有可利用的空间或设备？它们是否有助于顺利完成任务？

- 是否已准备好完成任务所需要的设备、物资、技术及其他的物质？如果目前还没有，那么，在需要的时候能否及时获得这些资源？
- 有完成任务的预算吗？这个预算现实吗？它能够支持必要的工作吗？
- 有预期完成的目标吗？什么时候完成？

五、 任务评估时如何使用背景信息

任务评估模型中的背景要素，帮助你分析环境或背景中几个重要的方面，从而确定是否使用，如何最恰当地使用创造性问题解决来完成任务。这些要素——准备度、意愿和能力——是十分重要的，需要认真审查，至少能降低你在开始实施任务前就失败的可能性才有可能最大限度地保证成功。任务评估的这个要素，同第七、第九、第十章中讨论的其他要素一样，你有以下几种方法来使用收集到的信息。

（一）应用创造性问题解决

在对需要完成任务的准备度、意愿和能力考察之后，如果你认为这些条件是合适的，或是通过一定时间的调整或完善可以达到满意程度的话，你就可以下决心采用创造性问题解决来解决这个任务。

（二）修改任务

对背景情况有了一定的了解或掌握后，你可能会发现，背景中的一个或多个重要方面并不适合应用创造性问题解决来完成任务。在这样的情况下，最恰当的行动可能是重新审视任务。你可以通过修订或重构任务，使之更好地与背景相匹配。如果这是可行的，那么你可以决定使用创造性问题解决。

（三）调整背景

如果你通过对背景要素的评估后认为，由于某种原因，应用创造性问题解决来完成工作不合适，那么，你可以考虑调整背景。也许你会发现某些鸿沟或障碍，尤其是与战略重点或资源相关的鸿沟或障碍，你可以通过转移关注点进行调整。为改革和创新所需环境做准备的一种方法，就是应用 SOQ 问卷来评估气氛中九个维度的现状。鉴于 SOQ 问卷包含了三个开放性问题，你可以了解哪些要素运行正常，哪些要素需要改变以及如何改变。

（四）等待或退出

通过对重要的背景要素进行评估，如果你认为使用创造性问题解决可能存在重大威胁，最好的选择就是从任务中退出，延迟行动直到具备合适的背景，或是将你的努力和精力分配到其他任务上。

六、 故事的余音

听到著名的交响乐团想要进行改革的消息，就如听到悦耳的音乐一般，我们庆幸有机会帮助这家艺术机构去解决与市场变化相关的挑战。我们将所有员工召集起来，向他们解释变革事宜，并利用 SOQ 问卷考察乐团的组织气氛。我们与高层管理团队分享了问卷的结果，提供了有关组织氛围及其对变革准备情况的报告，让他们能够谋划如何改善氛围和准备度以实现愿景。

管理团队找出了五个需要关注的氛围维度，他们组织了一个跨部门的项目团队来改进氛围。项目团队列出了一份他们觉得有意义的重要活动清单。他们认为，并非所有的活动都是必需的，只是为更好的选择提供机会。高层管理团队采纳了项目团队的建议，并结合五个最需要改进的维度对这些建议进行了评估。最后，选出一些关键的项目交给项目团队去完成。此外，评估结果还产生了几个立竿见影的短期活动。例如，对着装标准进行了调整，允许成员以更轻松和舒适的方式着装。长期项目则聚焦于诸如改善组织内部的信息流和建立类似人力资源的部门等一些项目。组织成员的非正式反馈表明，他们已为组织变革做好了准备，并期待着变革的发生。

这个案例说明，你确实能够为建立一个支持变革的氛围做一些事情。在这个案例中，我们通过评估，为高层领导者改善组织氛围和准备度提供了有针对性的建议，帮助管理团队了解他们在计划和管理变革中扮演的角色。他们现在明白，建设一个鼓励员工发挥才智、参与变革的组织氛围是多么的重要。

七、　将本章内容运用到工作中

本章关注的是对于需要使用创造性问题解决来处理的任务，其所处环境的理解。任务所处的背景或情境可以为你提供有关支持与维持变革和创新的准备情况、意愿和能力达到什么程度的信息。我们考察了文化和氛围的区别，描述了对于管理变革和创新的非常重要的九个维度。我们也提供了一些问句，你可以用这些问句来探索任何具体情境对使用创造性问题解决的准备情况、意愿和能力。

反思和行动

完成下列活动，以加深对本章内容的理解，并在真实情境中练习这些内容。如果你将本书作为一门课程或研究小组的内容，你可以先自己做，然后将你的答案与小组进行对比，或者与团队成员一起做。

第一，请思考你在本章前面所回顾的最好和最坏的工作情境，并根据氛围的九个维度对其进行打分。完善自己的列表，并对比两者的结果。考虑采取何种措施能够调整最坏的情境使之更适合于变革、创新以及创造性问题解决的运用。

第二，从你先前回顾的例子中选一个，或是重新找一个例子，针对本章所提供的准备情况、意愿和能力，用其来练习问问题，看看你能从情境中洞察到哪些信息。

第三，找出一个你知道的最具有创造性和创新能力的组织，它可以是一个商业机构、一所学校或其他类型的机构。思索它生产的什么成果让你坚信它确实在产出创造性成果、创新或变革方面非常成功。然后，对其工作环境进行分析。你如何界定这个环境的特点？这对你的工作环境或使用创造性问题解决有什么启示？

第九章

内容的作用

没有梦想就不可能发生任何事情，伟大的事情总是需要伟大的梦想。

——罗伯特·格林利夫

本章主要考察任务评估中的内容元素，它将帮助你在应用创造性问题解决的任何成分、阶段或者工具时，理解任务领域中具体知识与内容的作用。学完本章之后，你应该能够做到以下几点：

1. 确定并解释任务评估中内容元素需要考察的关键事宜；

2. 描述任务评估中的内容与方法元素之间的关系；

3. 阐述在推动改革的时候，采取平衡策略综合考虑系统中人、背景、内容和方法的五点好处；

4. 指出过分强调方法或内容的含义；

5. 为了有效地处理任务，选择你需要的新颖类型；

6. 明确你想从使用创造性问题解决中获得的影响范围以及这种影响对于方法使用的含义；

7. 指出影响范围对于你选择使用创造性问题解决可能产生的影响；

> 8. 指出将精力集中于创造性问题解决工作时最合适的切入点；
>
> 9. 判断任务中的哪些元素是最重要且值得去追求的，哪些不是；
>
> 10. 运用你对任务内容的理解来决定使用创造性问题解决的恰当性。

州教育局需要制定新的政策和措施来满足全州超常学生的需要，而主要的官员却认为这个问题太复杂。现有的做法千差万别，有些学区积极参与变革项目，有些学区为部分学生提供有限的传统项目，还有些学区则不提供任何项目。教师和行政人员的态度从渴望变革到坚持固有做法不等。家长的态度也存在很大差异，对新项目或服务有的强烈支持，有的强烈反对。新项目的实行还面临很多干扰因素，所有这些使得教育者压力很大，举步维艰，常常遭非议。

为了满足超常学生的需要，他们需要我们协助设计系统、稳妥、全面的而不是支离破碎、脱节的和"一事一议"的活动或解决方案。在这个案例中，你认为什么样的信息对于决定如何帮助该机构的价值最大？在判断创造性问题解决是否有效时，内容中的什么信息是最重要的？如果重要，用什么方式确定？

一、 什么是内容

内容是使用创造性问题解决的内在驱动力。也就是说，创造性问题解决的使用必须针对内容。评估任务中的内容将会帮助你认清自己想要改变的究竟是什么，它是对象、任务的材料或者是你正在处理的主题，也是你想要改变、取得预期成果的领域。明确自己想要改变的是什么将会影响你判断创造性问题解决是否可以帮助你推动改革。

理解任务中的内容不仅仅是了解任务的具体事实和基本信息，还包括知识所属的一般领域或学科、对任务持有的内隐或外显态度、任务所累积的经验（见图9-1）。对领域的了解为你提供了看待任务的宽泛视野以及如何与更宏观的内容相匹配。例如，如果任务是制造新的尼龙纤维化合物，那么，其内容就要包括尼龙产品本身、所用的化学原料、市场机会以及生产设备等细节。如果你的任务是开发新的历史课程，内容可能就要包括需要考察的时段、处理的主要事宜和主题，还可能包括主题的范畴、可用的教学时间和授课对象的年龄。

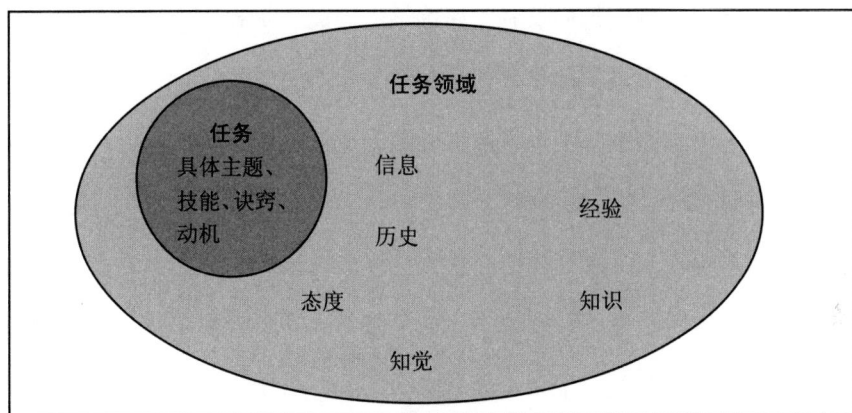

图 9-1　任务和任务领域的关系

这两个案例里的内容分别包括来自更宽泛的化学和历史领域的知识、信息和经验。对这些领域的了解会给你提供更多的机会，来推动与具体任务相关的新颖且有用的改革。它将会帮助你涉足任务之外的领域，以获取与任务相关的新观点。

二、　内容在系统中的作用

尽管关注任务的内容本身非常重要，我们还需要兼顾到它与任务评估其他元素（人、背景和方法）之间的关系。任务评估的这四个元素组成了创造性问题解决的整体运行系统（详见第二章）。因为它们构成了一个整体，元素之间两两相关，我们很难只操作其中一两个元素。你只有从整体出发才能够全面地理解任务，才能决定是否采用创造性问题解决。

过分强调系统中的任何一个部分，都可能会误判创造性问题解决使用的适当性，同样也会影响你成功解决任务。例如，我们发现，人们往往非常关注方法或内容，以至于忘记了所涉及的人和激发高水平创造性所必需的背景。商业人士常常对内容很感兴趣，以至于忽视了实施创新的人或激发创新所必需的氛围。人们常常会离开这些组织而去其他的地方（常常是竞争性的组织），那些组织会给予更好的待遇，并提供信任和冒险性的环境。在教育活动中，教师常常只关心学生的测验成绩，忽视学生的学习过程或长期发展。评价学生的成绩是教育中非常重要的一个环节，它为了解学生的学习进展和及时补救提供了一个有效的指标。然而，当测试由手段变成目的时，就会影响学生未来在社会上的成功。

在进行任务评估时，有时也会过分看重方法—内容维度中方法的一端。人们常常脱离任务内容本身而只追求具体的方法，甚至用方法的名称而不是所需要处理的内容来谈论变革。这种情况下，方法本身似乎就是一切。在教学情境中，我们过分强调课程和教学计划，却忽视了学生的健康。

我们的观点很明确，为了取得最佳效果，需要始终关注任务的整个系统，即你期望的结果、你的合作者、你工作的背景以及你使用的方法。过分看重内容或者方法，都有可能得出如表 9-1 中前两列的结果，表 9-1 的第三列是看重整个系统的结果。

表 9-1　关注系统的优点

强调内容	强调过程	强调系统
人与过程无关，导致后来需要花更多的时间进行补偿	只在开始时有热情和激情，当一直没有有价值成果的时候，就会失去兴趣	人们在开始时就参与了，减少精力的浪费
过程中较少关注非计划性或者突发事件，导致变革管理手忙脚乱	过程成为"娱乐时间"，脱离"真正的工作"	密切关注过程，使得过程高效、更有生产力
在过程的后期可能出现质量问题，导致更多的补救行为和较低的整体质量	人们会忽视最初的目的，不关心工作的质量或他们想达到的生产力标准 只要过程开心，他们就觉得自己做得很好。然而，在危机来临时，却发现过程并没有取得预期效果，想要补救却又为时已晚	人们可以在过程中及早发现问题，提高整体质量

强调内容	强调过程	强调系统
人们不注重相互配合，导致精力分散、不必要的重复和更大的浪费	人们认为管理过程的负责人与组织的核心目的无关，不重视他们 他们只是"花瓶"，对于改变不能做出实质性的贡献	人们了解如何适应整体的变革过程，导致各种成本大大降低的综合效应
环境不鼓励信任、冒险，导致很少的创造性或在原地打转的变革	人们首先学会怀疑他人和过程；然后，他们把过程当作是"娱乐和游戏"，甚至简单地将过程当作是那些正在变革的看得见的符号 结果是，过程的真正作用没有得到开发	提供信任、支持冒险的氛围，导致更大的新颖性，增加了变革的价值

在任务评估中探索内容元素的时候，需要考虑的最重要问题是什么？如何通过对内容的理解，帮助你判断创造性问题解决是否是处理任务的恰当方法？考虑以下三个核心的事宜将会帮助你回答这些问题：①你需要哪种类型的新颖性；②你想要的影响力范围；③你集中精力的最佳位置。

三、 新颖性： 你需要哪种类型的新颖性

任务评估中的内容元素帮助你理解，为了让你心仪的任务发生变革，需要引入哪种类型的新颖性。新颖性指的是你为背景、系统或者程序引入新奇、独特的事物。这种新颖性既可以是改善、改良已有的背景或系统，也可以为已有的背景或系统带来完全不同的新事物。你面临的挑战是，理解、澄清并确定自己到底需要哪种类型的新颖性，这样才能够确保发生你想要的那种变革。

改革的过程往往是各种新颖性之间交互作用的过程，真实情境下不会只涉及一种新颖性。例如，考虑下面的情境：你曾经有过提高某种加工过程的速度或效率的经历吗？在你努力的过程中，有些变革可能会导致过程的完善或细微的变化。然而，到达某个程度以后，过程的渐进改变再也不能满足要求。于是，你需要使用或

建立完全不同的过程来满足新的要求，改革的进程并不会就此终止。伴随着新过程的引入和使用，你也学到了新的和更好的工作方法，这会产生一系列渐进性的新过程。下一轮的完善将在此基础上进行，帮助你继续提高过程的效率。一定阶段以后，你会发现需要建立一个完全不同的过程才会将工作结果带入更高的水平。如此不断循环，过程会越来越好、越来越不一样。

一般来说，变革总是在改良到革命这一连续体上的自然、动态的过程（见图9-2）。你可能已经用不同的语言来理解或研究过这一连续体的"两端"。例如，渐进性变革有时被描述为持续地完善、渐进变化或提高整体质量，它聚焦于利用新事物使当前的结构、系统或程序更完善。它实施起来很快，成本往往小于革命性变革，革命性变革（revolutionary change）常常被称为巨变、彻底突破或者"跳出框外"的思维。它关注的是用与当前方式完全不同的方法做事情，实施起来比较漫长，成本往往高于渐进性变革。

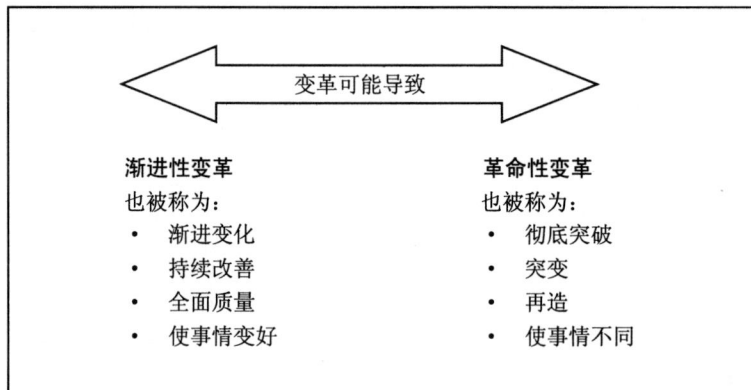

图 9-2　变革的光谱

渐进性和革命性变革对于推动整个变革过程来说都是重要的和必不可少的。在推动变革的过程中，不管单独工作或是在团队和组织中工作，如果将这两种互补的变革形式以连续、自然而有机的方式结合起来，工作效果将会更好。想象一下，如果你的生活中只存在"改良"不存在"革命"的话，那将会是什么样子？没有新颖的观点，没有与众不同的新生产线，也没有新的技术形式。如果生活只有"革命"的话，那又会是什么样子呢？不一样的衣服，不一样的工作方式，不一样的工作，甚至是不一样的家，今天和昨天都会完全不同。也许，这都是非常极端的例子，甚至根本不可能发生，只是希望通过这个例子来表达我们的观点。唯有这两种类型的变革有机地结合起来，才会达到长治久安的目的。

在特定的时间里，要满足具体任务的要求和约束，你面临的挑战就是要搞清楚自己需要哪种类型的新颖性，这个挑战不像听起来那么容易。回忆一下我们在第七章所提到的，你会偏爱某种类型的变革，而这将会影响你对任务的知觉。如果你有完善偏好，就会更多地选择改良，这样就会导致持续的改进。如果你偏爱冒险，就会更多地选择革命性变革，这会导致突变或者彻底的背叛。如果你偏爱适度变革，你就会根据情境判断任务需要的变革类型并做出决定。无论什么情况，人们常常会基于自己的偏好来选择所需的新颖类型，而不是基于任务的实际需要（如图 9-3）。

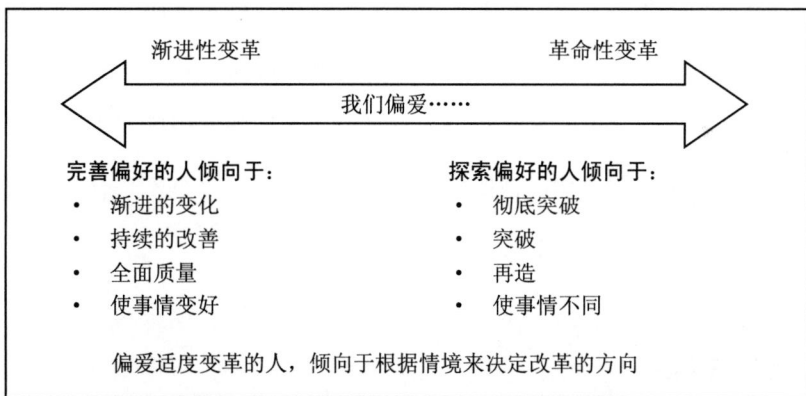

渐进性变革	革命性变革
我们偏爱……	
完善偏好的人倾向于：	探索偏好的人倾向于：
·　渐进的变化	·　彻底突破
·　持续的改善	·　突破
·　全面质量	·　再造
·　使事情变好	·　使事情不同

偏爱适度变革的人，倾向于根据情境来决定改革的方向

图 9-3　基于任务需要而不是个人偏好的变革

当你考虑需要哪种类型的新颖性的时候，需要兼顾任务的需求、机会和限制，而不能只顾自己的偏好。考虑下列问题，根据真实任务中的经验来检验它们。如果你认真考虑过这些问题，还会觉得已经为变革做好了充分的准备吗？当然，当你真正执行任务时，往往难以确定自己不仅提出了这些问题，而且坦率、准确地回答了问题。然而，你会发现，思考并回答这些问题是值得的。

· 你是希望依赖现有的结构和系统，还是想创建一个不同的结构和系统？

- 你试图推动渐进的改革还是希望提出完全不同的东西?

- 在现有系统内你有"发挥"的空间吗? 或者你需要在明确限制的环境中工作吗?

- 你是想要找到与现有系统匹配的事物并迅速实施它? 或者你有引入全新方法所必要的资源(时间、金钱等)吗?

- 你期望完成任务的方法发生彻底改变吗?

四、 范围: 你想要的影响范围有多大

　　想要的影响范围会影响你对人、内容和方法所做的很多决定。例如,在某个有限的个人空间里做一些装饰性的变革方法,完全不同于改变整个部门、功能单位或组织的宗旨或结构的变革方法。影响范围将会帮助你了解自己所需付出的精力与承诺水平以及完成任务所需的时间,还会帮助你了解你可能对背景产生的影响以及满足任务要求所需学习和使用的方法类型和数量。任务评估的内容元素将会帮助你分析你想要造成的影响范围,然后帮助你判断创造性问题解决是不是合适的方法。你可以从广度和深度两方面来考虑影响的范围问题。

(一) 影响的宽度

　　宽度关注的是你想改变的领域有多宽或多广的问题。例如,在狭小的范围内,你的注意可能会聚焦于个体而不是一个团队,是一个小组而不是一个部门,或是一个分部而不是整个组织。影响的宽度或范围很广时,你可能会关注改变生活的方方面面,或者影响多个团队甚至整个系统。改变一个班级中的一个学习单元,宽度是很窄的;改变一所学校或全市、全州或全国所有学校中某学科领域的课程,宽度就是很广的。如图 9-4 所示,改变整个生产线或服务链的影响是宽泛的,而改变某个具体的产品或服务,其影响的范围就很小。

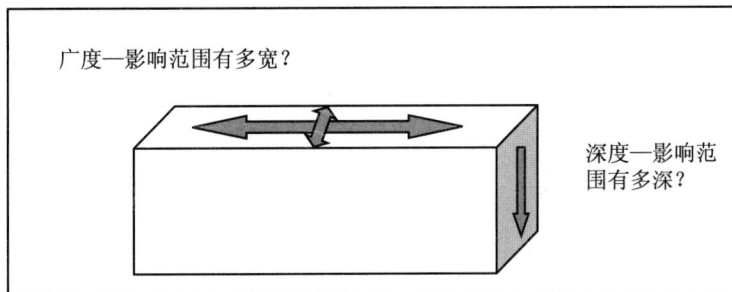

图 9-4　期望变革的广度和深度

（二）影响的深度

深度关注的是你想在具体领域内做出多深或多彻底的变革。例如，如果你对浅层或表面的变革感兴趣，你可能会集中注意力去做装饰性的、局部的或者有限的改变。如果你想实施深度变革，你很有可能致力于特定领域的结构性、广泛性或彻底的改变（见图 9-4）。重新定位一种肥皂的市场地位可能只是表面性变化，随着它的化学成分、功能和运输方式的改变，将会导致更深层次或根本性的市场地位的改变。修订教科书也许只是表面变化，而更新教科书、教学活动和辅助材料会加深变化深度。

人们通常会低估变革对于他们自身或其他人的影响。请认真思考转换型和事务型的变革（transactional change）。在组织中实施转换型变革（transformational change），通常都是规模巨大的改革，因为它会涉及许多方面（宽度）和多种层次（深度）的变革。无论你是学区、当地教堂还是全球制造性企业的一员，在这个水平上的变革都会产生深远的影响。它会改变组织的愿景、存在目的、使命与价值。转换型变革甚至会影响所开发的产品与服务的类型、雇用与解雇的员工类型以及整个组织所用的工艺流程。

此外，事务型变革涉及组织的工艺流程、办事方法、技能和人员等的改革。一般来说，这些变革只关注组织的特定领域，对组织的其他部分几乎不产生影响。因此，事务型变革的广度和深度都不及转换型变革。采购系统的变革一般只会影响负责采购的员工，对其他人几乎不造成影响。某个学校物理课程的改变几乎不会改变学校的数学课程和自然科学课程，也不会改变其他学校的任何课程。

无论采取渐进性变革还是革命性变革，都可能引起微小的或巨大的变化。然而，相较于事务型变革来说，转换型变革一般需要更多的时间、精力和资源的投入，它的影响范围更大。因此，对于任务评估中的内容元素，你必须明确所需变革的范围以及它对完成改革工作的含义。范围的含义与本章以及第十一章过程设计阶段之间具有密切的关系。

当你考虑自己想要或需要的影响范围时，请思考下面的问题。使用已做过的任务来检验下列问题，看看这些问题是否能帮助你澄清任务或更好地理解任务。

- 你想要对一个领域造成多大的影响？
- 影响仅限于一个具体团队中的人、系统、领域，还是会影响很多团队和系统？
- 你希望变革集中在某个特定区域还是广泛的区域？
- 你想要推动转换型变革还是事务型变革？
- 你追求的是装饰性变革还是结构性变革？

五、 杠杆作用： 集中精力的最佳区域在哪里

在所有任务中，你应当将精力集中在哪里呢？任务评估中的内容元素将帮助你找到杠杆点（leverage point），你将确信，在这个点上的变革会起到牵一发而动全身的作用。它会帮助你穿越体验到的激动、疑云、困惑或威胁，找到有效行动的发力点。你可能在动手之前就知道如何行动，也可能在完成任务的过程中找到继续前进的方向。不管哪种情况，知道将精力集中到哪里，都是成功的关键。

对任务所属领域的理解，有助于你明确将精力集中到哪里。然而，由于许多领域中的变革节奏不一样，因此，知道集中精力的区域可能非常困难。例如，如果你推动的改革中涉及计算机使用技术的话，就需要非常快速的节奏，因为电脑的更新速度很快。最近，我们合作团队的一名专家说："8～12秒就会有一款新的电脑软

件或硬件进入世界市场。"我们从其他两家计算机公司也获取了同样的消息。如果这个消息属实，就意味着你电脑中所有软件和硬件会快速由先进变成落后。在科技迅速发展的今天，许多领域都是如此，今天认为不可能的事也许明天就会走进千家万户。

也有一些领域的发展比较缓慢，你能够更精确地了解任务的相关信息。例如，一些医疗领域的设备使用寿命往往长达 12 年，在医疗领域中任务评估的内容元素和计算机领域将会完全不同。了解任务所属内容的变化节奏是非常重要的。

你如何知道将精力集中到哪些最恰当的地方？任务的内容常由很多不同的部分或元素组成，其中，有些元素可能比其他元素更重要，也可能你更擅长解决其中的某些元素。这两方面就构成了如图 9-5 所示的杠杆方格。这个方格是以特雷芬格（Treffinger，1992）的研究为基础提出的，它为集中精力成功解决重要事宜提供了一种方法。

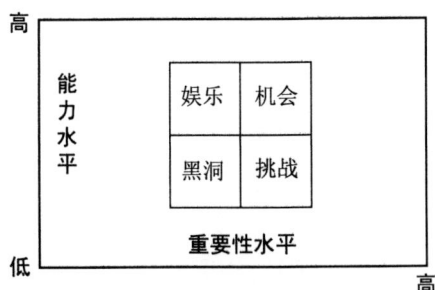

图 9-5　帮助你确定最佳杠杆点的模型

重要性水平：重要性维度用于确定需要处理的任务内容中最有意义的部分、元素或领域。比较重要的任务元素是指值得注意的、有价值的或关键的，需要新的思维方式来解决。如果这些部分成功地解决，你会取得实实在在的好处或突破性进展。不重要的任务元素是指微不足道或者无关紧要的，然而，需要将任务元素的重要性和紧急性区分开来。例如，你也许认为，电话铃声非常紧急，因为对方这时候正在电话的另一端。然而，电话里所谈的主题本身可能并不重要。

能力水平：能力维度是指有能力、技巧或诀窍将事情成功地完成。当你坚信自己可以完成任务或者可以获得完成任务所需的技能、技术或信息时，你的能力水平就很高了。能力水平低是指你不相信自己可以完成任务，或者你不知道从哪里获取这些诀窍，或者完成任务的能力目前根本不存在。了解任务的重要性水平和能力水平有助于你确定任务的最佳杠杆点（如图 9-5 所示）。对任务中这两个维度的知觉，将会帮你确定黑洞(black hole)、娱乐(distractions)、挑战(challenges)和机会。

重要性水平低且能力水平低的任务元素为黑洞。黑洞会从邻近区域汲取能量，它的引力很强，连光也不能逃脱。也许任务黑洞没有宇宙黑洞的引力大，但它也会消耗投入任务区域的能量，降低工作效率。你也许没有能力解决这些问题，即使你能够解决，结果也不足以弥补你付出的精力。它们只会浪费你的时间和精力，因此，不要碰它们！不要把它们看作你可以产生重大突破的机会或者挑战。

重要性水平低但能力水平高的任务元素为娱乐。因为它们很容易完成，所以你可能很感兴趣。不幸的是，完成这些事情只是浪费时间、精力和资源，因为它们毫无价值。最终的结果是，你的精力和注意将会偏离目标，不去关注更重要、更有意义的区域。科维(Covey，1989)认为，要确保自己"将最重要的事情摆在第一位"。

重要性水平高且能力水平高的任务元素为机会。它们为你精力的投入提供了合适的地方，因为完成这些事情可以提供有价值的结果，并且你也有能力成功完成。它们建立在你或者你的团队或组织已有的技能、优势或者知识的基础上。相对于那些需要掌握许多能力的任务元素来说，它们可以快速地处理。

重要性水平高但能力水平低的任务元素为挑战。它们非常有趣，如果你具备足够的能力，它们会为你提供取得突破性进展的机会。它们可能需要你进入未知的领域，掌握你现在还不具备的技能和知识。你可以通过找到将现在不可能的事情变成可能的方法而取得突破性进展，这需要高水平的承诺来提高基本能力。

虽然你可以快速地处理机会，但是，你也可能有各种原因选择去迎接挑战，不过，千万不要轻率地放弃它们。例如，假如你是一个企业的员工，企业需要在两年内盈利。你可以选择基于现有能力开发的新产品，它们很有可能带来大量的收入（方格中的机会）。然后，随着财力的增强，你可能去考虑其他的商业机会，而此时日益激烈的竞争就又变成了一个问题。你也可能选择，不是利用已有能力去开发新产品，而是通过建构新的内部能力来开发全新的产品和服务，如暗箱操作、类似的新产品开发系统、一个新的研发部门，任务所处的背景（本例中是组织的财务和竞争状态）对确定任务的最佳杠杆点也有重要的影响。

使用下列问题可以帮助你确定任务的最佳杠杆点。回忆曾经完成的任务，看看这些问题是否能够帮助你搞清楚在哪里集中精力。

- 任务中最重要/最不重要的部分是什么？
- 任务中的哪个部分收益最大/收益最小？
- 任务的哪个部分当时好像不可能完成，但如果完成的话，就会实现预期的目标？
- 具有建设性的新见解最有可能在哪里产生？
- 最重要的内容元素是什么？

六、 应用你对内容的理解

任务评估的内容元素只是用来决定创造性问题解决是否适用的四个元素之一。然而，它为决策提供了重要的依据，你有以下几种方法来使用内容考察的结果。

（一）应用创造性问题解决

当你知道了所需要的新颖性类型、影响范围以及处理任务的最佳杠杆点以后，你可能认为，选用创造性问题解决来处理任务是合适的。不过，影响创造性问题解决适用性的首要因素是新颖性的需求。当你发现新颖性是多余的，任务只需要利用已有的解决方案费力去解决时，你可以选择其他的方法。创造性问题解决的特殊性在于，它帮助你创造新的方式来解决复杂或模糊的情境。第十章将具体讨论创造性问题解决的特殊性。

（二）修改任务

你可能会发现你所选择的要解决的部分任务根本没有给新颖性思维留有余地，如任务的界定太狭隘或太笼统。任务限制太多将很难发挥创造性，因为没有发挥的空间。任务太笼统或太抽象也很难有效应用创造性问题解决，因为你思考的"目标"不清晰。因此，你需要调整对任务的界定，使得其既需要新颖性，又目标明确。

（三）调整你对使用创造性问题解决的期待

你可能发现自己对内容没有最终的所有权，其他人对其负最终的决策责任。这种情境下，你也可以应用创造性问题解决。但是，你可能需要调整自己的期待，因为在这种情境下，你能够做的最好的事情，就是为决策制定者提供建议。你对任务是否选用创造性问题解决以及使用创造性问题解决的结果没有决定权。

（四）使用其他方法

如果你认为结果对新颖性没有需求或预期，那么，任务就可能不适合使用创造性问题解决。在这种情境下，就需要寻找其他方法来更好地实现预期的结果。

七、 故事的余音

州教育局显然需要新颖性，他们希望运用有关人类天赋与才能方面取得的最新研究成果来指导学校建立超常儿童教育的新模型和新方法。然而，我们在执行过程中非常谨慎，因为理解、支持和生成这个项目需要专业知识。为了获得他们对实施新政策和新项目的支持，我们不得不开展大量新知识和新信息的培训。

考虑到现在的专业知识和认可度，我们在初始阶段的工作是比较渐进的。随着工作的进展，添加了新的挑战性内容，但我们也提供额外的过程培训和支持。我们向他们展示并让他们体验新内容、新的加工工具和技能。在几个月时间内，慢慢地向他们引入项目，而不是在没有准备好或者没有后续支持的情况下，突然向他们提出新要求和新期望。整个项目的早期阶段，我们与州教育局的工作人员一起，努力让各部门、各学校和社区的领导人认可和参与这个项目。

最终，这些工作帮助州教育局的领导者制作了一份创造性管理变革的有效计划。在考虑了内容和过程的一系列问题之后，整个项目远远超出了写作和开发诸如指导手册、政策和操作程序的范围。来自该州偏远地区的领导团队参与了综合评估和高级训练课程。他们学习最新开发的材料与资源，并接受结构化的培训。培训项目之后，再安排其他高级培训课程，它是将新方法（内容）的培训与超常儿童的项目结合起来进行学习风格与创造性问题解决的培训。在培训时，以学校遇到的真实问题和挑战为案例（与学生或其他成人相关），使得他们为新角色做好了充分的准备。认识到影响范围的重要性之后，州里还决定为一些地区提供持续的支持，作为其他地区参观学习的示范点，并成为继续完善项目的试验区。

八、 将本章内容运用到工作中

对于是否使用创造性问题解决来处理具体任务而言，本章的目的在于帮助你理解"内容"所扮演的角色。我们主要探讨新颖性、影响范围以及最佳杠杆点三方面的事宜以及他们对于选择自我路径的意义。

反思和行动

完成下列活动，以加深对本章内容的理解，并在真实情境中练习这些内容。如果你将本书作为一门课程或研究小组的内容，你可以先自己做，然后将你的答案与小组进行对比，或者与团队成员一起做。

第一，回忆你参加过的一次会议。会议期间，主持人把注意力主要集中在会议的内容上，以至于过程完全失控。想一想，在会议期间发生了什么。请思考，你怎么知道注意力太过于集中在内容上，没有平衡对过程的关注？过分强调内容对会议的进程、参与者以及会议的最终结果产生什么样的影响？如果兼顾内容和过程的平衡，需要做哪些不同的事情呢？

第二，回忆你曾是某团队的一员，该团队完成了一次成功的改革。想一想，该团队采取了什么行动启动了改革，这些行动对这个情境中的人、背景和方法产生了什么样的影响。这种改革属于哪种类型——渐进性变革还是革命性变革？从这种类型的成功改革中，你获得了哪些感悟和收获？

第三，回忆你曾是某团队的一员，该团队完成了一次成功的改革，这次改革属于革命性变革。想想看，团队采取了哪些行动启动了改革，这些措施对该情境中的人、背景和方法产生了什么样的影响。在这种类型的改革背后，你能够得到什么样的观察和感悟？将你的感悟与上一条结论进行比较。

第四，找出一个你负责的、需要变革的情境。请思考，什么类型的变革最能满足任务要求。

①描述你需要引入的新颖性类型。它更偏于渐进性变革还是革命性变革？解释原因。

②对于你所要产生的影响范围来说，变革的性质能够告诉你什么？指出寻求影响广度与深度的含义。

③确定你使用创造性问题解决解决任务的最佳杠杆点，解释原因。

第十章

作为一种变革方法的创造性问题解决

只有改变才是永恒的。

——赫拉克利特

本章考察路径谋划成分中任务评估阶段的方法元素。当你思考使用创造性问题解决的恰当性以及如何有效地使用创造性问题解决的时候，它会帮助你找出需要考虑的关键事宜。学完这一章之后，你应该能够做到以下几点：

1. 解释什么是变革方法，举例说明它们是如何帮助你解决问题的；

2. 为什么说慎重而明确地使用变革方法非常重要？请指出四个原因；

3. 当谋划使用创造性问题解决的自我路径时，能够区分方法与内容；

4. 找出衡量使用创造性问题解决合适性的四个任务特征；

5. 阐述创造性问题解决的框架、语言和工具是如何帮助你解决不同性质的任务；

6. 为什么你相信使用创造性问题解决可以管理变革？请说明原因；

7. 指出应用创造性问题解决的成本与收益以及它们对于你使用方法的意义；

8. 基于你在任务评估阶段中方法元素的探索，判断使用创造性问题解决的合适性。

　　假如你是一个生产肥皂和纸巾的大型消费品公司经理，现在你的竞争对手也开始生产一种新产品，它可能会带走客户，你该怎么办？某全球消费品公司的洗衣部目前就处于这种境况，于是想得到我们的帮助。他们希望我们用创造性问题解决帮助他们开发和实施其他公司没有想到的新产品，以超越竞争对手。他们这么做的目的就是找到未知的和未被满足的消费者需求。

　　我们知道，该公司面临艰难的处境。他们想要找到竞争对手根本不知道的新的消费者需求，所以，任务具有极高的新颖性。于是，他们想要找到新方法来发现新需求，进而满足这些需求。公司希望找出世界各地客户的普遍需求和期望，所以，这个任务是非常复杂的，需要公司内外不同部门、不同学科和不同文化背景的人员共同参与。公司想要进行探索性的客户调查，鉴于耗资巨大，之前大多使用验证性的方法，这就需要公司使用之前从未用的新产品开发的方法，因此，这项任务又是非常模糊的。传统的市场研发部在该公司中占主导地位。

　　你怎样判断创造性问题解决是否适合这类任务？创造性问题解决能够帮助你开发新产品或新方法来服务客户吗？这一章的重点在于帮助你慎重而明确地判断，选用创造性问题解决是否可以作为实现第九章所考察预期结果的方法。

一、 什么是变革方法

　　有时只要一想到变革就会激起人们对于机会或新起点的兴奋感。它能够引起人们对于做新颖的、不同的或更好的事情的力量或激情。伴随着变革的不确定性，你会对未来感到焦虑或惶恐，导致你对给定情境中该做什么抱持犹豫的态度。变革（change）是指你将现状转变为某种理想的未来状态。未来状态可能有些模糊，或者包含一定程度的复杂性和模糊性。无论是为客户开发一种新产品、开创一门新课程或一种新的教学方法，还是改变个人的行为或知觉，变革通常都伴随着新颖性、模糊性和复杂性。

　　你可能会将变革视为应该抓住的机会或应该避免的威胁，或者有时两者兼而有之。无论变革的情境或原因是什么，清晰的工具和方法都能帮助你充分发挥自己及他人的力量，并将你的工作指向积极的方向，从而有效地推进变革。变革方法（change method）是你能够将某些事物变得更好或不同的具体方式或手段，是帮助你以建设性的方式思考或处理任务的框架或结构。在一种非结构化的情境中，面对一个开放性的问题或机会，如果你试图去开发某种新事物，这种变革方法就是创造性的。由于没有现成的可以利用的解决方案，你需要充分发挥自己的想象力。变革方法可以是内隐的或外显的、有意的或无意的；可以在问题出现之前使用，也可以在问题出现之后使用；可以单独使用，也可以在小组中使用它。

当然，创造性问题解决并不是唯一的变革方法。艾萨克森找到了 30 多种不同的变革方法，有些方法拿来就能用，有些则需要调整或整合在一起才能用。有些方法可以在不同情境中使用，而有些只适合具体的任务。有的适合独立使用，有的适合在小组、团队、组织情境中使用。面对环境与挑战，创造性问题解决是一种侧重于开发出新颖解决方案的方法，而其他方法的重点如下。

凯普纳/特雷高（Kepner & Tregoe，1981）：用"理性的"方法面对环境，目标在于诊断与修改错误。

侧向思维和六项思维帽（DeBono，1970，1986）：使用逻辑思维瞧不上的一些方法来解决那些复杂难办的问题。

六西格玛（Brue，2002）：以测量为基础，为过程的改善和变化的减少提供策略，从而提高其商业能力。

全面质量管理（Deming，1986）：通过让所有的组织成员都参与到改进过程、产品和服务中来，从而提高客户满意度，确保长期的成功。

精益生产（Womack & Jone，1996）：消除生产过程中的所有浪费。

战略管理（Mintzberg，1994）：按照严格的程序来决策和行动，从而形塑和指导组织是什么、它要做什么和为什么要这么做，集中精力奔向未来。

TRIZ（Altshuller，1996）：使用算法式方法来解决技术和科技问题。

这些方法都有自己独特的发展历史，创造性问题解决也有与创造性问题解决

6.1™版本具有共同历史渊源的许多其他版本。创造性问题解决的每一个版本都是为了满足特定情境中的具体需要。例如：

单一结构®（Basadur，1994）：聚焦于工具在具体组织中的运用，强调构思和评价之间的平衡。

创造性问题解决：思维技能模型（Puccio，Murdock & Mance，2007）：为领导者如何审慎地思考与行动提供一种系统和方法。

这么多可以利用的变革方法，如何找到最适合于任务的变革方法呢？你需要知道方法中的哪些东西，才能够更有信心地应用它？为什么你考虑使用创造性问题解决，而不是使用其他30多种方法呢？任务评估阶段中的方法元素将会帮助你回答这些问题，它帮助你判断创造性问题解决或任意一种方法是否适合于给定的任务。最重要的是，方法元素将会帮助你审慎而清晰地考虑解决具体任务的方法事宜。

审慎地考虑用于处理任务的方法会带来极大的好处。例如，我们的一个学员使用创造性问题解决为他的组织创造了新的商机，他审慎而清晰地思考方法事宜，帮助团队开发出一种解决客户问题的新途径。他对方法的关注将团队的注意力从制订针对一个客户需求的具体解决方法转移到建立能为许多不同的客户解决问题的方法上。在这种情况下，审慎地考虑方法事宜，使他的公司找到了一个年收入达到1500万美元的商机。

尽管审慎而清晰地考虑实现预期结果的方法可以取得丰硕的成果，但是，它需要耗费大量的时间和精力，因而也是非常困难的。有时候，你因为过于关注任务的内容，以至于较少或根本不投入精力来辨别、理解或管理解决这些内容所用的方法。你的大部分注意力都集中在需要完成什么任务，而不是你怎样去完成它。例如，当你将注意力集中在任务的内容上时，你将会思考或做以下的事情。

- 还需要哪些人来完成这项任务？
- 需要完成的最重要任务是什么？你如何将精力集中到那个方向上去？
- 什么样的策略和优先等级是最重要的？
- 你应该将精力集中到哪里，才能够获得最高品质的结果？

- 处理任务的最佳时间是什么时候?

- 你为什么需要首先处理那个内容呢?

人们倾向于特别重视任务的内容,这一点也不奇怪。我们通常是因为做了某些事,实现了预期结果而获得奖励。无论是帮助孩子学习、将新产品推向市场还是建房子,大部分组织的工资结构和它们的奖励项目都会聚焦于鼓励人们获得结果,而不是用于完成工作的变革方法。因此,一旦有可能,大部分人都会选择聚焦于任务的结果或内容,而很少或根本就不关注方法方面的事宜。

在任务评估阶段,你有机会深思熟虑地区分方法和内容,然后,使其分别对结果做出自己的贡献。以网球教练为例,一个有效的网球教练(或任何教练)既关注行为的结果(学生是赢了还是输了? 哪一盘或哪一局赢了还是输了? 某个动作打丢了多少次和打中了多少次?),也关注行为的形式(比赛时技术发挥得怎么样? 学生用了什么策略? 赛场上学生的专注度怎么样?)。教练只有同时关注这两方面的问题,才能够了解它们各自对于整体行为的贡献,从而找出下一次提高它的方法。

区分方法和内容,意味着把它们理解为独特而又互相依赖的,并找出它们各自对于推动有效变革所做的贡献。审慎地和明确地考虑方法事宜,可以帮助你做到以下几点。

- 精心地、有目的地选择处理具体任务的最好方法。

- 确认和计划使用最好的方法来理解工作中存在的挑战和机会,生成解决问题的不寻常的、有价值的想法,并谋划出使你的想法被接受和执行的方案。

- 找到并使用强有力的工具,它将加强你的创造性思维能力,做出更有效的决策,建设性地解决问题。

- 计划和实施你将如何使别人参与进来,激发他们对于实现预期结果的承诺,并将他们的精力集中在有效的方向上。

- 任务本身的性质会帮助你决定,什么时候花费必要的时间与精力去区分方法与内容。尽管创造性问题解决对大小任务都会有帮助,但是当你从事更为庞大的、更为复杂的、需要一些新反应或新方法的任务时,你可能会从明确地区分和管理方法中获得更多好处。让我们来考察那些最适合创造性问题解决的任务特征。

二、 创造性问题解决

第七、第八、第九章分别介绍了在决定是否使用创造性问题解决时，需要考虑人员、背景和内容方面的关键事宜。那么，在一个具体任务中，当你决定是否使用创造性问题解决时，创造性问题解决本身的哪些事宜是你应该考虑的呢？下面三部分的内容将分别介绍，当你决定是否使用创造性问题解决作为一种变革方法时，需要考虑创造性问题解决的核心问题，包括创造性问题解决的目的和独特性、怎么知道它会起作用和使用它的成本与收益。

(一) 你需要创造性问题解决的目的和特殊性吗

任何方法的目的都是其存在的根本原因，只有搞清楚某种方法的根本目的或意图，才可能帮助你理解它最适合哪种任务。方法的独特性会帮助你理解：它与其他方法有什么区别？在什么条件下这种方法是最有效的而其他方法却是无效的？了解一种方法的目的和独特性质，有助于你对它的有效性建立合理的预期。你会更好地了解，在什么时候最有把握用好这种方法以及什么时候你可以扩展这种方法的作用。

你可以使用创造性问题解决来处理各种不同的任务。不管是私人任务还是职业任务，独自完成还是多人完成的任务，都可以使用创造性问题解决。它能应用于技术问题、人员问题、组织过程问题以及环境问题。它是一个动态的、强大的做事方法。然而，创造性问题解决的目的和独特性，使它更适合于某些特殊性的任务。

四种任务特征可以帮助你判断什么时候使用创造性问题解决是一种明智的选择，如图 10-1 所示。其他因素也可能会影响你对于某个具体任务的方法选择，但是，这四种特征在考虑各种不同情境时都很重要。记住，创造性问题解绝不是灵丹妙药或通用的方法，并不适合于任意的或所有的任务。对于这四种任务特征的考察，将会帮助你有效地选择那些能够最大限度地发挥创造性问题解决作用的任务。对于这些特征，我们在图 10-1 中以横杆的形式描绘其适用性的范围，而不是具体的、量化的评分量表。这四种特征可能会相互作用，在某些情况下，其中的一种或两种因素可能比其他因素更为重要。应该将这些因素视为一般的指导原则，而不是具体的"标准"或精确的测量指标。我们将详细地介绍每一种任务的特征，并讨论它对于选择创造性问题解决的作用。

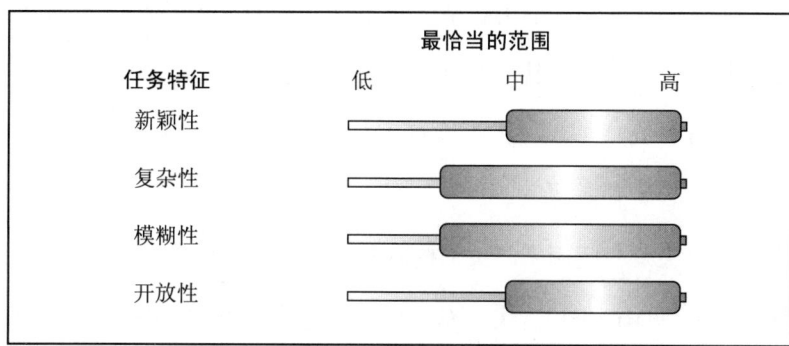

图 10-1　创造性问题解决最恰当的运用范围

有些任务的答案已经存在，只需要找出或发现答案即可。还有些任务没有现成的合适答案，你需要创造自己的答案。新颖性聚焦于你是否需要发明、设计或构建预期的结果以及实现的路径。高新颖性需求的任务，在解决的时候需要更多的想象力，而不是记忆或理解。你需要的新颖性可能是渐进的或革命性的、累积的或突变的。在任何情况下，新颖性都关注是否需要追求或创造新的、更好的或不同的东西。

复杂性是指相互关联的任务元素、层次的数量或者任务中已有主题或问题的数量或种类问题。复杂性水平低的任务，仅包含很少或没有相互关联的因素，层次很少，各种因素之间很少或没有竞争。只要把因素或层次清晰地区分出优先次序，它们就可以自行运转了，因为它们有着已知的、预先决定的或相对简单的解决路径。复杂性水平高的任务有着大量相互关联的因素或层次，很多是冲突的或纠缠在一起的。因素之间都是彼此依赖的，因此，你不可能改变一个因素而不影响到其他因素。解决路径是未知的、未确定的或高度复杂的。

模糊性是指任务被解释的程度。模糊性低指的是定义良好的和结构清晰的任务，对于必须处理的事宜有着清楚的理解。模糊性高指的是含糊不清或定义不良的任务，它们的需要是不明确的，往往令人困惑，你很难找到问题的核心，因此，需要努力去创建任务的清晰图像或定义。

开放性是指你可以生成各种可能性的空间有多大。开放性低的任务是指那些早有定论、一目了然的任务。它们为生成其他的选项留有很少或根本没有留出空间，因为答案是不言自明的，没有其他的可能性。开放性高的任务是指那些没有预先指定观点、选项或行为的任务，开发的空间足以让你选择和实施任何你认为合适的方向。

创造性问题解决是专门用来解决那些有着中度或高度的新颖性、复杂性、模糊性和开放性的任务（见图 10-1）。由于专注于用创造性方法去解决问题，我们专门开发了创造性问题解决的框架、语言和工具帮助你发挥自己的创造性，以建设性的和有意义的方式运用它满足你的需要。

1. 创造性问题解决的框架

通过 60 多年的持续发展与完善，创造性问题解决框架卓尔不群。它最早诞生于商业领域，学术界不断地完善它并且教导人们如何使用它，现在各行各业的人都主动地使用它来管理变革、提高创新生产力和建构组织的创造性能力。

现在的创造性问题解决框架具有超强的灵活性，你可以任意地修剪它，以满足处理各种错综复杂任务的需要。在完成新任务的过程中，它帮助你快速应对各种突发事件。过程成分帮助你从事高度模糊的任务并将它转变为焦点行动。其中，理解挑战成分帮助你澄清模糊性，产生想法成分帮助你生成解决任务的多种想法，准备行动成分则帮助你设计精准而有效的行动。

创造性问题解决框架的特殊性还在于它是一个完整的系统，帮助你持续思考并谋划各种有可能影响你顺利完成任务的事宜。路径谋划是它的管理成分，不停地帮助你考虑所涉及的人员、背景、内容和方法。这种持续的监控，保证你始终聚精会神于任务的开放区域，明白自己在哪里，如何选择下一步前进的路线。

创造性问题解决的部分力量来自于它将创造性思维所必要的两种基本思维形式（生成和聚合思维）整合起来了。框架包含的两套指导原则为这两种思维形式建立了最好的实践标准。创造性问题解决的脉动（在过程成分的每一个阶段中都有生成和聚合思维）帮助你超越显而易见的常规思维，还会帮助你回避新颖性的自然倾向而选择、发展、加强和实施所需要的新颖性。

由于创造性问题解决具有灵活性、清晰性和预谋性，你可以轻而易举地将其他方法融入创造性问题解决的框架之中。任何单个的变革方法都难以完成每一件事情，所以，我们才设计了创造性问题解决框架。艰巨而复杂的任务往往需要运用多种方法才能够取得最佳的效果。创造性问题解决的每个成分和阶段都有着自己明确且独特的目的。变革方法中的任何一个工具都可以用于创造性问题解决之中，以帮助你实现创造性问题解决任何一个成分或阶段的目的。总之，现在的创造性问题解决可以与其他方法和睦相处，它可以方便地与项目管理、分析性问题解决以及其他方法整合起来。

2. 创造性问题解决的工具

创造性问题解决包含两套经过认真开发和慎重选择的工具包，既包含生成选项的工具，也包含聚焦选项的工具，因此，它特别强调平衡。两套工具分别帮助你开展两类不同的思维，例如，有些生成工具帮助你想出大量或不同类型的选项；另一些生成工具帮助你生成高度原创的想法，或者帮助你扩展自己的想法。聚焦工具则帮助你分析、评价和按优先顺序排列你的选项，同时，还完善或加强你的选项。

创造性问题解决工具能用来帮助个体或团队将思维聚焦于想要生成的新颖性类型——在既定范围内的新想法，或者是既定范围之外的新想法。有些工具会帮助你生成渐进的或累积的变革，而其他的会帮助你生成革命性的或突破性的变革。工具箱还包括两个独特的选择模型，帮助你确认什么时候使用哪种生成工具（见第四章）、什么时候使用哪种聚焦工具（见第五章）。

每种工具都有着不同于创造性问题解决框架的清晰而明确的目的、描述和结果。这意味着你可以在创造性问题解决框架的不同成分和阶段中插入任何一种工具，也可以独立于创造性问题解决框架而单独使用这些工具。它也意味着，你可以轻松地用其他工具补充、调整它们以满足特殊需要，或修改它们以适合具体背景或人员。

3. 创造性问题解决的语言

语言和思维总是紧密联系在一起的。特殊但自然的创造性问题解决的语言将帮助形塑你的思维，更多地关注可能性（强调可能是什么）而不是不可能性（强调可能"不是"什么）。因为你无法确定，什么地方一定会产生新颖性，所以，使用这些语言会特别有帮助。特殊的创造性问题解决语言将会提醒你关注可能的、貌似有理的和有问题的，而不是关注不可能的、似乎不合情理的或没问题的，甚至是不确定和不清晰的情境。

创造性问题解决语言简单、自然且易于使用，不像学习新的或晦涩的技术术语那样困难重重。你可以全力以赴地去解决任务中的微妙和复杂之处，或厘清你想要在任务解决中创造什么。这些语言是希望你在开放的空间中施展才华，而不是让你聚焦于那些不适当的和自我强加的约束。

创造性问题解决语言也是清晰的、准确的、前后一致的和描述性的，它们简洁明快、切中要点。因此，创造性问题解决很容易为那些需要跨部门和跨文化的不同人员参与的复杂任务解决创造一些共同语言。这些语言可以帮助你考虑和整合不同的观点、信息、因素和方向，并且减少错过创造性地解决复杂问题的机会。

上述四种任务特征会帮助你判断创造性问题解决是否适合你的任务。为了帮助你做这个决定，请问自己以下几个问题。用过去经历过的一个任务来试一试，看看它们是如何影响你对创造性问题解决的选择的。

- 我需要的新颖性到底是什么？它是强调渐进性还是强调革命性变革呢？
- 我要处理的任务，其复杂性和模糊性水平是多少？
- 创造性问题解决的目的是如何与任务的独特性质相匹配的？
- 任务空间的开放程度如何，我有使用创造性提出解决方案的空间吗？

- 有必要"扩展"创造性问题解决能力以解决这个任务吗？

（二）我如何相信创造性问题解决的作用

当各种知识、人员和经验都认为创造性问题解决非常有效时，使用它会使你信心满满，恰恰这三个方面都有大量的证据支持创造性问题解决。例如，艾萨克森列举了 700 多篇支持创造性问题解决有效性的文章，这使得我们有把握说创造性问题解决为改革和创新提供了非常有效的方法。证据的力量不仅在于它提供了理论研究的支持，也提供了人们使用创造性问题解决所创造的伟大成就，还有来自于我们使用创造性问题解决对组织进行干预后取得成效的大量数据。我们会继续关注和收集创造性问题解决有效性的报告，并不断更新这些证据的简报，你可以从我们的网站（cpsb. com）下载相关的内容。

使用创造性问题解决的一部分信心来自于多年来人们在教育、政府、非营利和商业情境中，个人、小组和组织成功地运用它处理各种问题的事实。世界上越来越多的组织将创造性问题解决作为他们管理创新和变革的核心方法。有很多创造性问题解决帮助人们有效管理变革的故事，我们会在第十二章分享其中的一部分。

我们通过持续修改和完善对于创造性问题解决的理解，来提高我们对创造性问题解决的信心。在这本书中，我们通过分享创造性问题解决的运用经历说明了它的作用。然而，了解创造性问题解决是不是适合你，最好的方法就是亲自尝试它。尽管你可能从很多著作、文章和课程中了解到它的作用，但是，你的亲身体验是最有说服力的，这样你才能够理解到底什么在起作用、什么没起作用以及什么时候你该尝试其他的方法。

我们鼓励你运用陌生的工具，实际操练适合用创造性问题解决语言来描述的任务。这些任务相对来说不重要，也不需要他人的参与，或者不会对他们造成很大的影响。然后，当你有了一定的经验和使用工具、语言和框架方面的信心之后，再去处理更大或更重要的任务。

当你考虑使用创造性问题解决时，问自己以下问题，看看自己是否准备好去尝试它。

- 我对创造性问题解决能够处理这项任务有多大的信心？

- 哪些事实能够说明，使用创造性问题解决处理这类任务的可能影响？

- 我能得到更多的支持性材料，以了解创造性问题解决的更多作用吗？

- 如果我需要有效地运用创造性问题解决来完成某个任务的话，我能得到帮助吗？

正如我们在这本书中想要证明的一样，创造性问题解决对很多类型的任务都是有效的。通常重要的问题似乎是："你愿意投入多大的成本从应用创造性问题解决中获得好处？"而不是"创造性问题解决真的有用吗？"

（三）使用创造性问题解决的成本与好处是什么

对于个体、团队和组织来说，使用任何方法都是有要求的，当然是要收获或回报超过使用它的成本。在决定是否使用创造性问题解决之前，掂量使用创造性问题解决的好处和成本，可以帮助你判断是否值得劳心费力地去获得这些好处，还会帮助你理解并设置合理的期望。

1. 使用创造性问题解决的好处

表10-1列出了一些使用创造性问题解决的好处。你会发现，好处是建立在前面提到的框架、语言和工具的特征之上的。然而，使用具体阶段的好处也是值得注意的。例如，创造性问题解决帮助你在积极的方向上聚焦你的注意和能量，帮助你关注你想要的而不是你不想要的东西。不幸的是，人们经常关注那些他们想要回避的东西，而不是关注那些他们想要创造的东西。创造性问题解决帮助你了解任务所处的情境，以免偏离目标，它还能够使你以积极的和有承诺的方式来建构问题，在小组情境中，它有助于促进有效的团队合作。

创造性问题解决能够以各种不同寻常的方法拓展你的想象力，激发你用新颖和有效的方法生成解决问题的想法。然而，拥有好的想法并不足以解决问题或做出改变。创造性问题解决还能够帮助你将有趣的想法转化为强有力的解决方法，然后，帮助你制订成功实施的计划。此外，使用创造性问题解决能够获得高质量的结果，还可以降低成本和时间。

表 10-1　使用创造性问题解决的一些好处

面对新颖与复杂的机会和挑战，它会增加产生建设性结果的可能性
提供问题解决的共同语言——促进跨部门、跨文化和跨学科的团队合作，降低与变革有关的时间和成本
为组织工具和策略提供一个自然灵活的框架——它符合人类创造性、决策和问题解决的自然方法，易于学习和使用
当生成和聚焦选项时，它鼓励创造性思维和批判性思维之间的动态平衡——获得满足需求的新颖性
提高团队的所有权——建立实施它的承诺，并鼓励考虑更多的因素、信息和经验
促进资源小组的参与——鼓励使用多样化的观点、知识和信息，减少产生隔阂或丢失机会的可能性

2. 使用创造性问题解决的代价

使用创造性问题解决在得到好处的同时，也是需要付出代价的。如表 10-2 所示，使用创造性问题解决需要所有参与者必须诚实和开放。创造性问题解决直指问题的核心，所以，必须公开所有必要的信息才能确保成功。当涉及他人时，还需要清晰地沟通和真诚地合作，因为只有这样，别人才可能从你这里"获得任务的所有权"。对任务所有权的不明确将会导致任务参与者之间期许的混乱或冲突，他们可能认为自己拥有比实际更大的决策影响力。

表 10-2　使用创造性问题解决的一些代价

需要当事人的诚实和开放
个体和组织要花费承诺和精力去学习和使用创造性问题解决的框架、语言和工具
为了有效地运用创造性问题解决，需要深思熟虑地构建机会和环境
需要自控和勇气，以超越传统的、模式化或习惯的思维方式
当团队而不是个体使用创造性问题解决时，需要花费更多的时间和精力去聚焦、决策和达成一致
需要与资源小组成员进行有效和高效的沟通和合作，才能够筹备、执行和跟进创造性问题解决的使用

为了最大限度地发挥创造性问题解决的作用而修剪它，需要深思熟虑的计划。

使用创造性问题解决之前的精心准备和谋划，将使你从创造性问题解决或任何其他方法中得到最大的好处。修剪创造性问题解决需要承诺和精力，并且你和你的小组也必须愿意投入精力。尽管语言是自然且易于使用的，你还是需要一定的学习才能够保证创造性问题解决得到有效和成功地使用。当你希望开展高新颖性的工作时，还是需要投入精力、时间和承诺的，当所有人都拥有同等决策权的时候，这一点显得尤为突出。

创造性问题解决需要自制和勇气，这样才可能超越传统的、模式化或习惯化的思维。创造性问题解决关注的是构思出能产生有效变革的新方法，你必须准备好、愿意并且能够处理变革事宜。你可能还需要准备好处理组织中反对使用创造性问题解决作为创造性、决策和问题解决方法的力量，因为这种方法完全不同于组织中常用的方法。

当你考虑使用创造性问题解决的收益和成本时，你可以问自己以下几个问题：

- 我明白了在这项任务上使用创造性问题解决的成本和收益吗？
- 使用创造性问题解决的收益超过成本了吗？
- 对我来说这项任务是否足够重要，值得我去投入以有效地使用创造性问题解决？
- 我是否愿意接受使用创造性问题解决的成本？
- 所牵扯的其他人是否理解使用创造性问题解决的成本和好处？

三、 探索方法之后你的选择

对于任务评估阶段中方法元素的探索结果，你可以有许多选择。

（一）应用创造性问题解决

你可能发现创造性问题解决的目的与你的任务非常匹配，是一个合适的方法。你可能有使用创造性问题解决的足够证据，也可能从他人使用创造性问题解决获得成功的案例中得到支持。在这种条件下，你可能会选择创造性问题解决并开始谋划如何最大限度地发挥创造性问题解决的作用。

（二）将创造性问题解决与其他方法结合起来使用

在对方法进行考察时，你有可能发现创造性问题解决只能部分满足任务的要求，而其他方法却可以提供重要的或必要的补充。在这种情况下，你会认为最好的做法是将创造性问题解决与其他的方法或工具结合起来。下一步就是找出这种方法，应用任务评估模式以确认它们的适合性，并且谋划如何将它们整合起来以产生最大的效用。

（三）等待或退出

你可能认为，创造性问题解决对于你的任务或情境来说并不是最好的或最合适的方法。你也可能发现，自己并没有足够的所有权来处理任务所需的新颖性、复杂性或模糊性程度。你可能发现任务很简单或很清晰，不需要花费如此大的代价去完成它。对于这样的任务，可能更适合使用其他的方法而不是创造性问题解决。例如，如果你认为有现成的答案，而你只是需要去找到它，那么，查询的方法就更合适，而不是使用创造性问题解决构建或发明一个答案。接下来，你要做的事就是选择哪些其他的方法更适合任务，然后，探索它们可能的应用。

四、 故事的余音

对于这家大型消费品公司的洗衣部来说，他们需要在客户还没有表达出需求之前就能够识别出消费者的需求，因此，对于他们来说，创造性问题解决就是最好的方法。创造性问题解决是专门为那些高度新颖、复杂和模糊的情境而设计的，就像这里的情境一样。我们设计并实施了一个为期一年的项目，期望洞察客户及其需要。这个项目把创造性问题解决作为总体框架，这样我们就可以将其他更为普通的方法整合进来，以获得对客户的深刻了解（如焦点小组），找出那些客户未表达的需求，并发现满足这些客户需求的方法。

在这个为期一年的项目中，我们使用创造性问题解决方法，将洗衣部所列举的概念开发成产品，从而把他们过去七年开发的 25 种产品提高到现在的 76 种产品。这些概念现在都被开发成为新产品，它们改变了人们洗衣服的方式。我们还利用创造性问题解决开发出新的探索性研究方法，以找出未知的、未表达的和未满足的客户需求。使用创造性问题解决可以有效地降低错误和先前必须重复的工作，而这些以前都会被焦点小组的研究活动所误判。

该项目的一个独特结果是，该组织发现了现有产品无法满足的一些客户需求，这引发了跨部门合作的需要——利用不同部门的核心能力。例如，有一个概念需要洗衣部门和造纸部门结合起来才能够实施。仅这一个概念，就形成了一个全新的产品，第一年就获得了 800 万美元的净收入。

从这个例子中得到的另一个启发是，创造性问题解决可以掺杂其他的创新与改革方法。这个项目包括使用人种学、原型研究、未来学以及其他一些市场研究的新形式。在创造性问题解决框架中简单地加入这些方法，使得公司改变了他们市场研究的方式。它也导致创造性问题解决新的独特运用，帮助该组织发现了未满足的、未知的和未表达的客户需求（这一方法被称为 GEMagination ™，想获得更多信息可以联系 CPSB）。

这个项目再一次使我们坚信，创造性问题解决对于解决那些陌生的、复杂的、结果具有不确定性或模糊性的任务拥有强大的力量。当我们获得所牵扯的人员、所面临的比较、想要处理的需要等信息以后，创造性问题解决就可以作为主要的方法来使用了。我们的主要挑战之一就是设计创造性问题解决的最佳应用。我们需要构建完成任务所需的成分、阶段和工具之间最恰当的组合，在第十一章，我们将会把注意力转向路径谋划成分中的这个方面（设计过程阶段）。

五、 将本章内容运用到工作中

本章的目的是探讨任务评估阶段中的方法元素，并帮助你做出是否使用创造性问题解决来处理具体任务的选择。我们具体介绍了创造性问题解决方法的独特性、应用创造性问题解决的信心水平以及使用它的成本—效益是如何影响你选择创造性问题解决的。

反思和行动

完成下列活动，以加深对本章内容的理解，并在真实情境中练习这些内容。如果你将本书作为一门课程或研究小组的内容，你可以先自己做，然后将你的答案与小组进行对比，或者与团队成员一起做。

第一，考虑你曾经面对过的一种情境，在其中，你需要开发一种新的方法才能够解决挑战性的问题。找出这个情境中的哪些因素使你从创造性问题解决的运用中获益以及哪些因素妨碍了创造性问题解决的有效应用。

第二，找到一个你熟悉的问题解决或变革的方法（除了本书中描述的创造性问题解决），思考那个方法的作用以及可能的优缺点。为了使这种方法特别适合处理某个任务，请指出，那个任务需要具有哪些品质。

第三，将创造性问题解决与第二个活动所用的方法进行比较。请指出，对于给定的任务，你使用一种方法而不用另一种方法的主要原因。

第四，对于第三个活动所说的两种方法，考虑可能将这两种方法结合起来，并将它们的一些组合运用在一个任务上的可能性。请找出综合使用创造性问题解决和另一种方法而获益的任务特征。解释采用这类方法有哪些意义。

第十一章

通过创造性问题解决来设计自己的方法

机遇总是垂青有准备的人。

——路易斯·巴斯德

本章的目的是帮助你理解路径谋划中的过程设计阶段，并利用这个阶段来定制或调整你对于创造性问题解决的运用。学完本章之后，你应该能做到以下几点：

1. 指出并解释设计过程的目的和结果；

2. 利用所获得的人员、结果、背景和方法等方面的数据来调整你对于创造性问题解决的运用，以提高使用创造性问题解决的效率和效果；

3. 将你所选择的创造性问题解决成分、阶段和工具与你的具体需求和目的匹配起来；

4. 用日常语言来描述创造性问题解决的目的，帮助你确认应该集中精力于哪个成分或阶段；

5. 在使用创造性问题解决的过程中，根据它的有效性来监督你所选用的成分、阶段或工具，并在需要的时候及时修改你的选择；

> 6. 每次使用创造性问题解决后分析其结果，判断应该采取哪些行动，可能的话，下一次使用时应该运用哪些创造性问题解决成分、阶段或工具；
>
> 7. 为一次活动、一个项目或一项工程设计一个创造性问题解决的运用。

上一章所说的消费品公司洗衣部，故事有了一个完美的结局。该公司找到了消费者的需求所在，并且开发出了满足这种需求的产品。他们原计划将一些概念发展为消费品，结果以三倍的数量完成了该计划，甚至还将一些想法卖给其他公司，获利丰厚。那么，我们到底采用什么样的过程设计帮助该公司如此成功地完成这个项目？我们运用了哪些信息完成过程设计呢？

为了回答这些问题，请回顾一下前面所学的内容。第二章至第五章为你提供了使用创造性问题解决成分、阶段和工具所需要的知识。第六章至第十章让你了解了任务评估时需要探究哪些内容。本章将帮助你汇总这两部分学习到的内容，从而为手头的任务设计出创造性问题解决的最佳运用。我们将详细介绍过程设计，并将它视为联结任务评估与具体使用创造性问题解决过程、语言及工具之间的桥梁。

创造性问题解决的某些功能来源于你可以轻松地将它融入日常思维和行动之中。例如，如果有人请教你，如何使用 ALUo 工具处理某个想法，你就可以按照下面的步骤去做。首先，找出至少三个喜欢这个想法的理由；其次，找出这个想法的三个缺点，但是要以"如何……"的句式来表达你的反应；再次，根据你对这个想法的理解，指出其中一两个独特之处；最后，给他提供几个克服某个缺点的建议。我们相信，你会为自己的反馈效果惊喜不已，这只是一个非正式或自发地应用创造性问题解决的例子。然而，在本章中，我们将关注那些为你提供更为周密谨慎和系统化地使用创造性问题解决的机会。

如果给定的任务只需要你使用创造性问题解决的部分内容，那么，你怎么知道需要使用哪个部分？对于创造性问题解决的定制化使用，必须将任务需求与最能满足这个需求所涉及的成分和阶段联结起来。也就是说，要将你对任务内容的知识与任务内容的创造性问题解决过程部分联结起来。

　　任务评估和过程设计是创造性问题解决路径谋划成分中的两个阶段。我们将路径谋划视为管理成分，就是因为它的目的在于帮助你根据具体情况来使用创造性问题解决。它的功能与电脑的操作系统很类似，操作系统会在你使用电脑的过程中一直运行着，而你写报告时会用 Microsoft Word，分析数据时会使用 Microsoft Excel，准备演讲稿时又会选择 PowerPoint。类似的路径谋划成分将帮助你选择和使用创造性问题解决中最能够满足你需求的成分。否则的话，我们的思维就很刻板，认为对所有的任务应用创造性问题解决时都要使用创造性问题解决的全部元素，而这并不是获得创造性问题解决最大效用的方法。

　　按照以下三个步骤，你可以把过程与自己的需求有效地联系起来。第一，了解你的需求，找到满足这个需求的最佳切入点（详见第九章）。你可能会通过任务评估（尤其是内容要素）或是对任务的一般理解而获悉这个需求。第二，了解创造性问题解决每个成分和阶段的具体目的。第三，根据创造性问题解决各成分和阶段所要实现的具体目的，将任务的具体需求与最合适的成分或阶段联系起来。

　　通过考察三个过程成分，就能够轻松地将创造性问题解决与你的需求关联起来。每个成分和阶段都有具体而独特的目的，如图 11-1 所示。从成分的层面来看，创造性问题解决可以帮助你清晰地了解自己所面临的挑战，生成大量的想法，或把想法付诸行动（分别使用的是理解挑战、产生想法和准备行动的成分），它们代表创造性问题解决过程成分的三个核心目的。

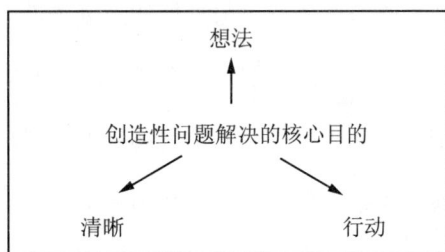

图 11-1　创造性问题解决过程成分的三个核心目的

　　知道要使用什么成分之后，你就很容易找到该使用哪个或哪些阶段。每个阶段也都有各自的目的，而这些目的又与所属成分的目的息息相关。例如，捕捉机会阶段会帮助你获得未来的清晰图像；描述问题阶段帮助你明确要处理的具体问题；完善解决方案阶段帮助你将想法转变为比较好的解决方案；寻求接纳阶段将解决方案转变为有前途的行动。我们来做一次选择成分和阶段的练习吧（见图 11-2）。

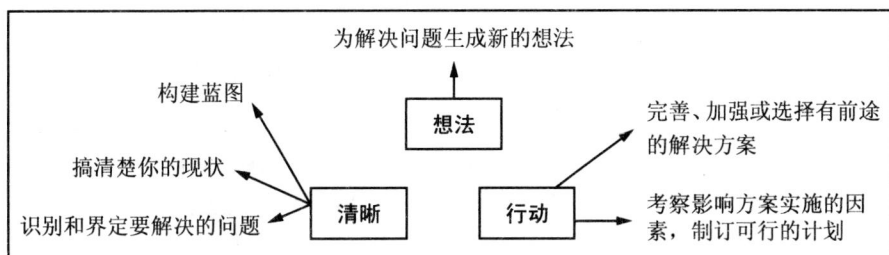

图 11-2   创造性问题解决过程成分与阶段的核心目的

下面这个例子将有助于你理解我们所说的将创造性问题解决与任务需求联系起来指的是什么意思。阅读以下的段落并设想那就是你需要处理的任务情境。创造性问题解决的哪个成分和阶段能够最好地帮助你处理这个任务？以下三点将有助于你做出选择。记住，为了让自己沿着正确的方向前进，你需要对创造性问题解决中的成分和阶段进行准确的评价或估计。

你有一个伟大的想法要与单位的环境改善规划委员会成员进行分享，你坚信，这个想法一定会取得良好的效果，因为你已经和委员会的部分成员进行了探讨，而且他们都很喜欢它。但是，你也知道，在真正实施这个想法之前还需要进一步完善它。你还知道，在下次会议中，委员会将帮助你加强和完善这个想法。

这个任务的需求到底是什么？哪个成分能够满足这个需求？哪个或哪些具体的阶段能够最好地满足这个需求？你应该选用哪个成分或哪些阶段？（我们将会在本章的后面部分探讨这些问题的答案）

你将会在两个层面上进行诊断。第一，确认最能够满足个人需求的那个成分。你可以使用图 11-1 来帮助回忆创造性问题解决三个成分的目的，从而帮助确定需要使用其中的哪些或哪个成分。第二，考察该成分所包含的阶段，确定最适合使用其中的哪个阶段。请根据以下的成分描述来帮助你选择使用哪个阶段。

使用理解挑战成分

图 11-3 指出了使用理解挑战这个成分的三个阶段（见图的右侧）能够满足的具体需求（见图的左侧），左侧的需求与右侧的阶段一一对应。以最重要的需求为起

点，追问自己，这个需求是否准确地概括了上述任务描述中真正想到的东西？在你评估之前，先阅读图中的三个需求陈述。如果某个创造性问题解决需求（左侧）与你的描述相符，那么，相应右侧的那个阶段就是你需要使用的阶段。

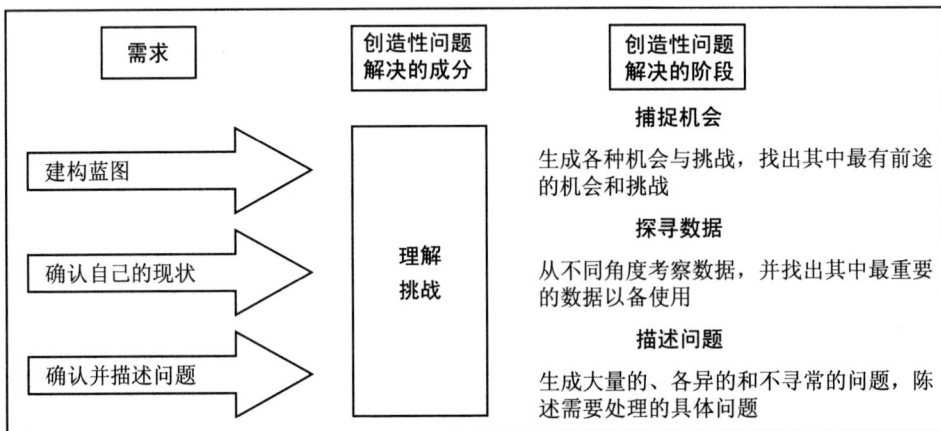

图 11-3　理解挑战成分中所要处理的具体需求

使用产生想法成分

图 11-4 为你提供了生成想法成分和阶段所处理的具体需求。当你需要提出大量的想法、多种多样的备选方案或许多不寻常的可能性时，生成想法能够帮助你。如果你需要发现一些点子来解决一个问题，那么你将需要使用产生想法这个成分和阶段。

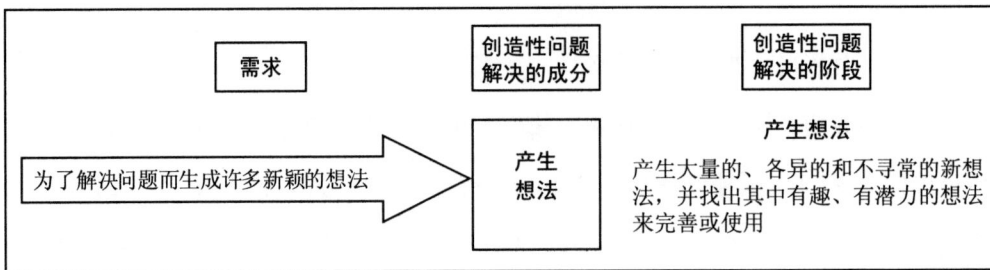

图 11-4　产生想法成分处理的具体需求

使用准备行动成分

图 11-5 为你提供了准备行动成分的需求与阶段描述。如果你需要完善和加强

某个解决方案，那么，你就需要使用完善解决方案阶段。如果你想要考察实施解决方案的影响因素，或者为管理变革制订一个具体的行动计划，那么，你就需要使用寻求接纳阶段。

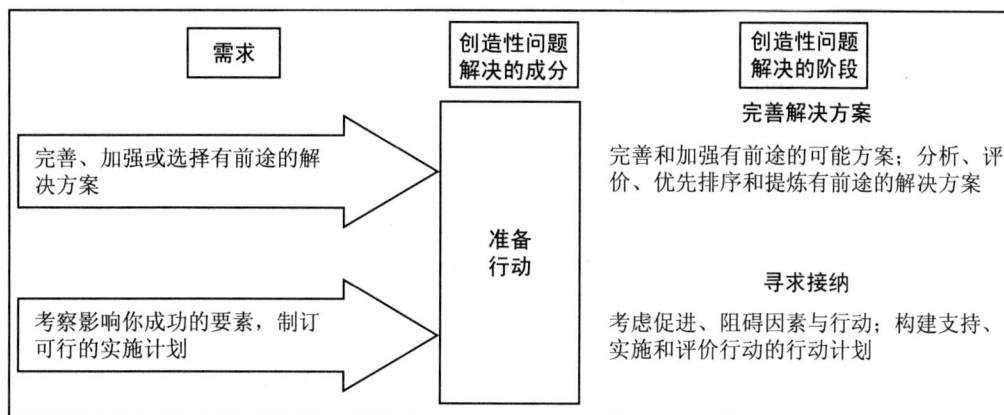

图 11-5　准备行动成分所处理的具体需求

在实际工作中，你需要记住两件事。第一，每当你需要决定使用创造性问题解决哪个部分时，就用这种方法把你的需求与过程联系起来，你既可以在准备使用创造性问题解决时也可以在完成任务的过程中使用这种方法。第二，如果你发现最初的评估并未"击中要害"，要随时准备重估情境并调整计划。

你已经对创造性问题解决各个成分和阶段的核心目的有了大致的了解，现在我们再次回到案例中。你能找出哪个成分或阶段最适合于这个任务吗？简言之，任务陈述是"我们需要改善办公环境"。在这个案例中，你有一个在实施之前需要完善和加强的想法，你需要为行动做好准备。因此，你需要使用的是准备行动成分。然而，在准备实施这个想法之前，又必须完善和加强它。因此，你需要使用寻求解决方案这个阶段。

正确地选择使用创造性问题解决的哪个成分和阶段，往往是一种经验积累的技能。实践得越多，这个技能就越娴熟，而且做得越多越熟练，你得到的结果也就越好。创造性问题解决中的核心活动就是让刺激创新与变革的方法更独特且更有效力。

一、 什么是过程设计

你是否有过一次梦幻般的问题解决经历，在这次经历中，一切都顺利自然、恰到好处。任务是你和你的团队最喜欢的事情，你也对如何完成这一项目有着清楚的认识，还明白自己的职责所在，明白需要得出何种结果。周围的人也认可这个任务的重要性，并为你提供所需的支持。你能够很好地应付各种阻碍你工作的人，当遭遇障碍时，你采取富有创造性的手段处理这些障碍，不用花费多少力气，各种想法就自然而然地产生出来。你推进变革，时时修正和完善解决方案，如施了魔法般顺利地完成了任务。需要资源时它们总是唾手可得，即使在需要的时候找不到它们，你也可以通过其他的方法完成这项工作。

不幸的是，事情不会总是以那样的方式发生。你是否有过最糟糕的经历，在那种情境中，你处于次要位置，因任务琐碎或时常改变而分心，常常遭遇一些突发事件的干扰？你并不清楚与任务有关的优先顺序，也不清楚其他人是如何参与这个工作的。你不了解自己的决策责任或始终需要他人告知自己工作的信息，当你试图往前迈进的时候，总有一种进两步退一步的感觉。

创造性问题解决中的过程设计，将通过创设最有利的情境和避免最不利的条件帮助你勾勒出一个灵活而动态的计划大纲，从而顺利到达成功的彼岸。简言之，如图 11-6 所示，你需要通过三条途径来制订使用创造性问题解决的计划及过程，从而实现自己的愿望：①将你的需求与过程联系起来；②确定你所要处理的任务层次；③设计创造性问题解决运用的范围。

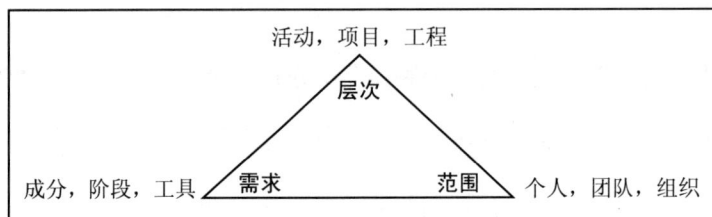

图 11-6　设计过程简图

尽管过程设计阶段与任务评估总是有千丝万缕的联系，但它更多地扮演桥梁的角色，将任务评估的结果与如何实施创造性问题解决联系起来。过程设计所需要的信息涉及有关创造性问题解决是不是完成这项任务最合适方法的决定。铭记这一点，你就必须要确定：对新颖性是否有迫切的需求，是否拥有这项任务的所有权以及该任务对于你、你的团队或组织是不是最重要的。你还应该确保自己愿意投入足够的成本以获得创造性问题解决带来的收益。

过程设计的工作包括四个关键的步骤，这些步骤可能会正式或非正式地进行，四个具体的步骤是：①确定为了取得预期结果，需要创造性问题解决来处理的层次（一次活动，项目，工程）；②将任务需求与创造性问题解决过程联系起来，选用最合适的创造性问题解决成分、阶段和工具；③明确应用的范围（个人、团队或组织），这样，你才能够在使用创造性问题解决时找到愿意参与的合适人员；④运用你对背景的了解，选择、配置和获得适当的资源以完成任务。

过程设计的结果是一个你如何使用创造性问题解决框架、语言和工具来实现目标的计划。这个计划包括在实现预期目标的过程中，你如何发动他人的参与和处理背景所带来的影响。尽管你会制订出一套周详的计划来使用创造性问题解决，但保持计划一定程度的灵活性也很重要，这样，才能在应用创造性问题解决的过程中出现意外情况时，做出恰当的反应。

与任务评估一样，过程设计也是"操作系统"的一部分。因此，在整个筹划和使用创造性问题解决的过程中，过程设计工作都会持续进行着。无论是在完成任务的初期还是中期，"过程设计"都允许你随时制订创造性问题解决使用的新计划或调整原有方案。例如，某大学的一个特殊教育中心参与了一项重新定位州和地方政府角色的项目（Reid & Doral，1996），在这个项目中，他们主要参与了帮助那些需要获得政府机构特殊资助的家庭与儿童这一部分。我们为来自该中心的一个团队提供了创造性问题解决的培训，他们将成为这个州的社会工作者。这些社会工作者最终都要与不同的政府机构打交道，从而为有需要的家庭和儿童提供服务。最初只是制订了一年计划，但由于获得了积极的反响，该计划又延伸到两年、三年、四年，最终持续了五年。该计划每延伸一次，其关注点都会根据新形势进行调整。在这五年期间，该计划一直在改变。因此，更多来自新组织的人群获得了培训，项目服务了许多新的当事人，参与者们处理了各种不同的任务。

路径谋划始终伴随着我们的工作，使得我们成功地完成了这五年的工作（Freeman，Wolfe，Littlejohn & Mayfield，2001）。在我们开展工作的过程中，它使得我们能够持续地监控和调整我们的计划，从而更好地支持特殊教育中心的项目。每次谋划路径时，我们都对这些计划进行提炼与改善。这个项目的成功也为其他的许多项目奠定了基础（Littlejohn & Mayfield，2005）。本章接下来的四个部分，我们将帮助你参与到设计过程这个阶段中来。它们会帮助你将创造性问题解决过程和自己的任务需求联系起来，设计你的应用范围，谋划动员他人参与的方法，考虑背景因素对你设计的影响。

（一）设置创造性问题解决应用的层次

将任务需求与创造性问题解决过程联系起来，你将知道该使用创造性问题解决中的哪一部分，而设计创造性问题解决的应用层次，则会帮助你估计在任务中使用创造性问题解决的频率与时长。你所期望的影响层次或大小，将会极大地影响你如何设计创造性问题解决的运用。图11-7列举了应用创造性问题解决三个可能的层次。一个微小的变革往往只会对你的生活或你周围的人、系统产生很有限的影响，常常只需要用创造性问题解决中的一个阶段或工具，通过一个简单的活动就可搞定。一个重大成果对许多人、结构、系统、规则和政策都会产生影响，因此，作为工程的一部分或作为一个项目，你很可能需要在一段时间内多次应用创造性问题解决或其他的方法。你需要考虑在三个层次的哪一个里面进行应用，然后，设计使其发生的过程。我们来详细看看这三个层次的细节吧。

运用层次的设计

持续 2~4 小时的简单活动；一般仅包含一个创造性问题解决脉动

一系列有具体目标的连续活动，一般持续数日至一年才能够完成

活动

由聚焦于某个长期目标的一系列项目构成，持续时间一般为数月至数年

项目　工程

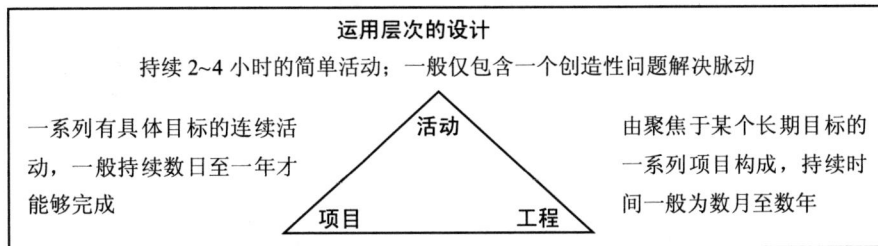

图 11-7　创造性问题解决应用的三个层次

1. 设计单项活动

你可以在单项活动中使用创造性问题解决。一次活动是一次单独的事件或一次会议，目的在于用创造性问题解决来帮助人们实现与某项任务相关的具体目标。持续时间一般在 60~90 分钟，往往只涉及创造性问题解决中的某一个阶段。它可以用于那些需要集中精力或立竿见影的任务，也可以用于那些将你难住、不知如何继续的任务，这些任务要么是问题的关键决策点，要么是需要特殊关注才能战胜的障碍。

一次活动一般都会有一个具体的焦点，往往具有明确的开始与结束时间。它可以发生在你的办公桌前、会议期间、远离家庭或工作的休息期间，还可以发生在那些需要创造性解决问题的工作坊或研讨会中。实际上，工作坊或研讨会往往会花费一天或数天时间举行多个小活动。

很多人在应用创造性问题解决时往往喜欢使用单个的活动，而且这种方式非常有效。单个的活动，因其易于计划、组织和实施而非常有用，它能提供充足的时间保证任务的顺利完成。为了确保创造性问题解决的"活动"能够高效地实施，计划中需要考虑以下几个因素。

（1）活动的目的与结果

知道自己需要完成的内容是非常重要的，因此，一开始就需要确定活动的目的和结果，其他事宜几乎都来自于这个明确的目的。它能告诉你开展这个活动的原因，帮助你抉择需要做什么事情才能够使其具有建设性，还能帮助你选择出最恰当的成分、阶段和工具。活动的结果会告诉你通过应用创造性问题解决可以获得什么

样的成果，而且这个成果应该是具体的和可测量的，这样的话，你就可以透过它了解使用创造性问题解决是否成功。拥有具体的目标还能帮助你了解是否需要应用创造性问题解决的其他内容来更好地完成预期目标。

（2）使用的创造性问题解决成分和阶段

应用创造性问题解决的成分和阶段时，没有固定的顺序和既定的规则或要求。实际上，你并不总是需要使用创造性问题解决的全部要素。设计一次小活动，就是要找到创造性问题解决的哪个（些）成分和哪个（些）阶段能够最有效地满足任务的需求，我们已在本章的"联结需要与过程"部分详细论述了这一点。

（3）应用的工具

不同的工具对应着不同的目的。选择生成和聚合工具能够帮助你在小活动中实现具体的目标。使用工具时要确保有充裕的时间，方可获得最大的产出。宁愿拥有充足的时间使用某个工具，也不要在你的计划中引入过多的工具。能够高效地使用较少量的工具，总比走马观花地使用大量的工具要好得多。只能根据任务的需要选择所用的工具，而不应以你的个人偏好或因对某些工具充满好奇来决定工具的使用。你可以使用第四章、第五章介绍的工具选择模型来帮助你做出自己的选择。

（4）团队的参与

在单个的活动中使用创造性问题解决，也涉及是否需要他人参与的问题。你是要完成一项个人任务，还是一项团队任务，抑或是一项需要组织参与的任务？如果你知道这些任务在团队层面或组织层面需要他人的参与，就要确定他们是谁，他们在任务中扮演的角色以及承担的职责。我们将会在本章中的"规划让他人参与的方式"部分对此进行详细论述。

（5）为活动制订计划

确定是在个人层次还是在团队层次来实施这个活动。制订一份个人使用创造性问题解决的计划看起来有些怪怪的，但是，如果你在应用创造性问题解决时有周详而明确的计划，对你提高创造性问题解决的使用效率是十分有利的，尤其在时间仓促的情况下。当你知道要使用哪些成分、阶段和工具后，一定要制订一份使用创造性问题解决的明确计划。你的计划应包含你要做什么、如何做以及什么时候完成这项工作。为你自己制订完成具体目标的明确截止日期或完成日期。

如果需要他人参与，那么，拥有明确的计划（如图11-8中所举的例子）就显得更为重要。一份活动计划或议事日程（agenda）能够帮助人们达成什么时候做什么事的共识，有益于人们在应用创造性问题解决时保持步调一致。使用议事日程或活动计划，还能满足人们想了解自己在会议中到底要做什么的需求。在活动计划中要留出充足的时间，以保证在需要使用的成分或阶段中都能有建设性地生成和聚合活动。

议事日程
• 迎接，目标和概述
• 角色与职责
• 任务总结
• 产生选项
• 聚敛选项
• 下一步，结束评论

图11-8 一次小活动的设计

当你计划和实施创造性问题解决的活动时，请考虑以下两条诀窍。

第一，寻求生成与聚合思维之间恰当的平衡。人们一般很容易将重点放在创造性问题解决的生成一侧，因为对于个人或团队来说，生成思维总是有趣而富有激情。然而，如果生成之后紧跟着某种形式的审慎地聚合思维，即使聚合思维分量很轻且伴随着其他的生成思维活动，人们仍然会从这种聚合思维中获得许多好处，因为这将为各种可能性的酝酿提供宝贵的时间与机会。

第二，随时准备使用其他阶段和工具。在任何创造性问题解决的活动中，总会有一些惊喜或新的见解刺激你选择不同的途径而不是按原计划实施。尽管人们事先难以知晓到时可能会使用哪些阶段，但还是要做好使用创造性问题解决其他部分的准备，如支持材料。

2. 设计一个项目

项目是一些独特的任务，它需要安排一系列目标明确的具体活动。它们常常需要在特定时间内，设计一系列有序的小活动，以取得具体的结果或可递进的成果。项目，尤其是那些需要持续地使用创造性思维和问题解决的项目，都是你应用创造性问题解决的膏腴之地。项目的持续时间一般在数日至一年，可能需要他人的参与，而这些人往往有着不甚相同的工作重点、目标和任务。项目还需要大量资源的支持才能完成。因此，它们通常会有一些具体的授权或"费用"，甚至还可能要规划一些有里程碑意义的事件，即在项目进展的某个时期需要完成的一些明确规定的任务。

项目也常常会带来一些新颖性的结果，这些结果往往是复杂且常常是中度或高度模糊的。尽管并非项目的所有方面都需要应用创造性问题解决，但是，还是可以通过创造性问题解决的使用，支持或提高项目很多方面的效率和产出。为了提高创造性问题解决项目的效率，在你的计划中应该考虑以下四个因素。

（1）高水平的项目计划

为项目如何实施制订一个一般性的计划，该计划中应该包括你想在项目期间完成的关键成果，并确定取得这些成果的具体时间框架。这些成果为你指明了在整个任务期间你必须实现的具体目标。你需要将这些具体目标精心组织和安排在你的计划中，这样才能确保最终实现总体目标。

（2）项目中涉及创造性问题解决的部分

一个项目的某些部分可能会从应用创造性问题解决中获利，而其他部分有可能不会。如图 11-9 所示，项目的某些部分（图中的方框）包含了创造性问题解决的要素，而其他部分则没有。找出项目中的哪些部分需要使用全新的思路来解决复杂的问题或厘清模糊情境，确定项目中这些特殊部分的需求，然后，制订满足这个要求所需要的创造性问题解决成分或阶段的使用计划。最后，为项目或其中的小活动设计出创造性问题解决的使用计划。记住，你也可以运用创造性问题解决来处理项目执行过程中的突发事宜或惊喜。

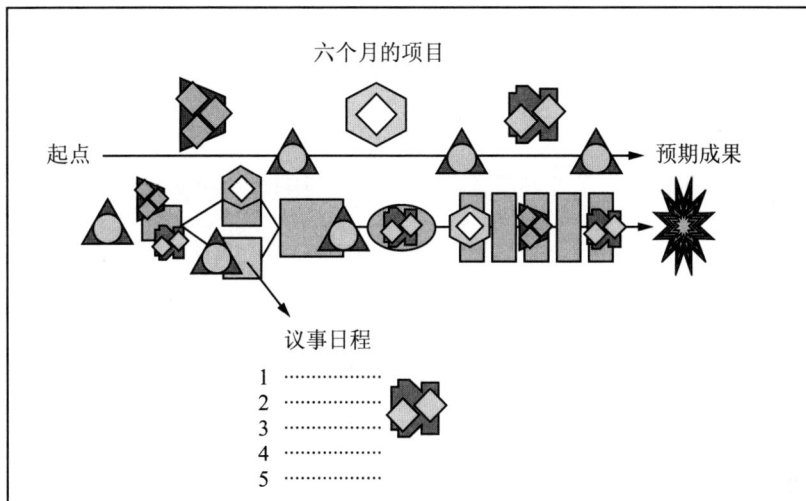

图 11-9 一个项目的设计

（3）项目进程中不同人群的参与

项目总会涉及其他人，他们可能会以不同的方式参与进来。有些步骤可能需要特殊人群的参与，比如具有特殊的任务专长的人，而其他步骤可能有多样化人群的参与更有利。要确认在项目的每个步骤中你想让他人如何参与，并告知每位参与者在项目中的角色与职责。

（4）日程安排

在项目层次上运用创造性问题解决时，与组织会议时的一些逻辑很相似。制订计划和日程安排，明确需要什么人参与，会议召开的时间和地点等事项，要确保每一个参与者都能了解到这些计划与具体细节。

当计划和实施创造性问题解决的运用时，请考虑以下三条小诀窍。

第一，项目计划要保留足够的灵活性。我们在之前谈到了这一点，这里再次强调：保留创造性问题解决使用计划的足够灵活性是十分重要的，你可能已经从参与或组织管理项目的经验中了解到了这一点。项目完成的时间跨度越长，事情发生变化的可能性就越大。一些人参与进来，一些人离开，项目的目标改变了，新的机会与约束也出现了。突发事件总会出现，因此，只有制订一个可以预期、理解和充分利用变化的计划，才能确保项目的成功。这可以通过在整个项目实施过程中经常开展任务评估和过程设计工作来实现。

第二，把各种活动联系起来的计划。在项目中使用创造性问题解决会牵涉将各种活动联结起来所带来的额外挑战。尽管并非项目的每个部分都需要应用创造性问题解决，但一个项目可能会多次或重复地使用创造性问题解决，包括在问题出现时需要使用哪些必需的成分、阶段和工具。你可能会多次面临类似的问题，因此，可能要多次使用创造性问题解决的同一要素。一次活动的结果应该能够帮助你确定下一次活动所需要的输入。因此，你应该将任何一次活动的设计视为指导你进行其他工作或下一次活动的跳板，应该把每个活动都当作整个项目的一部分来完成，始终围绕着项目开展工作，而不应把它们看作是一个个为了获得问题解决方案或完成项目的孤立事件。

第三，长期努力的设计。项目为你在计划中融入长期努力提供了一个独特的机会。长期努力指的是通过持续投入必需的时间与精力，来提高获得所需新异性的可能性。你可以在生成思维中持续努力地工作，以获得超越常规的、非同寻常的选项。在聚合思维的长期努力中，涉及使用必需的时间来筛选、淘汰、完善和加强你所生成的新颖选项。因此，如果你使用创造性问题解决处理的项目需要高新颖性的话，要记住，提供足够的时间来考虑新颖的想法，然后，对方案进行最充分的分析和完善，以使它们更实用。长期努力既需要在具体活动之中，也需要在活动之间给予额外的时间。

3. 设计一项工程

有些任务过于庞大，需要大规模的变革工作才能完成。例如，一个公司可能需要丰富和完善其已有的产品和服务；一所学校的系统可能要在各个层次上对其组织结构和行政管理进行调整。我们使用"工程"（initiative）这个术语来表示一项需要长期努力才能够完成的高层次战略目标。工程通常持续数月至数年，并常常涉及完成一个能对个体、团队或整个组织甚至是一个国家产生深远影响的变革。20 世纪 60年代，肯尼迪总统通过"我们要在十年之内将人类送上月球"的宣言，开启了一项庞大的登月工程。

工程与项目的不同之处在于，工程往往需要持续的时间更长。相比于项目，工程的成果也更为宏伟，更为复杂和模糊。工程的开展并没有预先安排好的明确的结束点或完成日期。在工程中还会包括多种不同类型的项目，每个项目都有自己的起始点。工程往往包含不同类型的活动、事件、程序或行动，它们往往发生在同时或先后实施的项目期间。

因此，工程往往会牵涉更多的人员、机构、部门甚至是整个组织。在工程层面中设计创造性问题解决的运用时，有一些特殊的事宜需要考虑。

（1）工程的目标与战略

无论什么时候，当你需要投入时间、精力和资源来推动变革时，能够清楚地了解战略和战术目标是非常重要的。这一点在计划与推行一个工程时尤为重要，因为工程往往耗资巨大，只有明确地确立工程的战略与战术目标，才能在工程实施期间用它们来决定该做什么。

（2）制订指导工程开展的规划

根据你对工程实施期间需要做什么的理解，制订一份指导整个工程的总体规划，将整个过程分为几个不同的阶段，然后，根据你对每个阶段目的的理解，选择合适的创造性问题解决成分来指导具体阶段的工作。

（3）时间框架与项目的成果

每项工程都包含多个项目，这些项目可能按顺序进行，也可能同时进行。无论哪一种情况，都要为每个项目制订一个时间表，以确保每个项目的成果都能有效地接入或支持后续的项目，还要确保每个项目的结果与总体战略目标密切关联。

（4）为人员参与做好计划

一般情况下，在一个工程中，不可能也不需要同一批人参与工程的全部工作。因此，作为计划的一部分，你必须要考虑在工程的哪些方面需要哪些人的参与。你还应该清楚他们在各个项目期间所扮演的角色和承担的责任。

当你使用创造性问题解决来计划和实施一个工程时，请考虑以下四条建议。

第一，在创造性问题解决的成分水平上进行总体规划。如果在项目实施期间事情发生了改变，想象它们会对整个工程进度造成多大的影响。拥有一个规划能指引你沿着正确的方向去完成与战略目标相关的各项活动。但是，你在总体规划中考虑到的一些元素，往往会随着工程的进展而发生改变。因此，我们需要在一个更抽象的水平上对工程进行总体规划，并聚焦于创造性问题解决的成分（见图 11-10，一个抽象水平的工程设计案例）。相较于关注具体要素的计划，一个抽象水平的规划更可能在相当长的时间内保持稳定。随着过程的进展，随时准备制订每个阶段的计划。

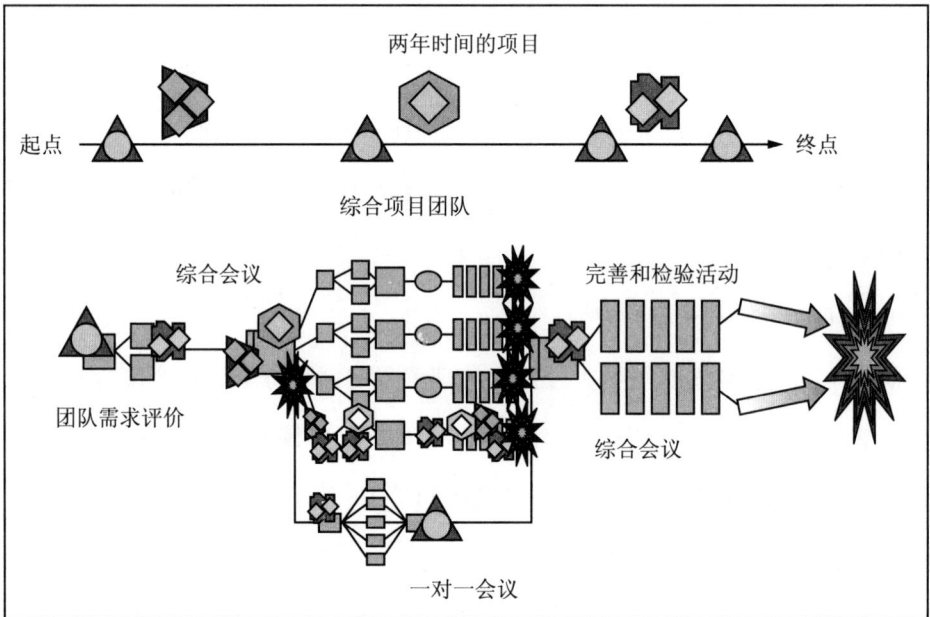

图 11-10　工程设计

第二，规划协调的项目成果。工程是由不同的项目组成的，因此，在工程层次进行规划时面临的挑战之一就是要确保不同项目的结果与工程的整体战略目标是一致的。当不同项目的成果交织在一起时，它们需要相互匹配。

第三，为人员的调整做计划。随着工程的进展，参与其中的人通常会发生变化。在你的工程计划中必须要考虑到如何将新人融入工程中，如何处理由于人员调离所造成的影响。记住，当新人加入进来以后，你需要带领他们跟上工程的进度与创造性问题解决应用的步伐。因此，可能还要在计划中加入培训新人的内容。

第四，计划工程的检查点。工程持续的时间越长，它偏离最初目的或意图的可能性就越大。检查点能让你对项目实施状况进行评估，查看预期中的变化是否已经发生，重新检验工程战略与战术目标，考虑人员或战略重点的潜在变化，以确保工程顺利开展。工程规划中的各个关键里程碑是我们设置检查点的天然场所。

（二）设计人员参与的方式

当你计划让他人参与到创造性问题解决的应用中时，就会有许多的问题需要考虑，而大部分的问题都已在第七章介绍过了。对于如何让他人参与的设计，是由你希望在个人、团队还是组织层面使用创造性问题解决决定的。如果你决定让他人参与，就要选择最有利于支持你工作的方式。我们将利用第七章提供的信息，来帮助你思考在这三个范围内运用创造性问题解决的含义。如果决定让他人参与，还需要厘清他们在任务中的角色与职责。

1. 决定使用创造性问题解决的范围

创造性问题解决的优势之一在于，它可以在个人、团队或是组织范围内应用（见图 11-11）。工程设计就是要了解你在哪个范围内使用创造性问题解决，然后设计整个过程，使其最符合你想要的应用范围。为了决定你手头的任务最好是独自处理，或是团队合作完成，还是在组织内实施，请考虑以下几个要点。

(1)在个人范围内应用创造性问题解决

有些任务最好独自处理。例如，这个任务仅对你有意义，太过于个人化而不适合与他人分享，或有一定的私密性而不能与他人分享。在这种情况下，创造性问题解决通过将你的创造性和决策过程清晰化和缜密化，帮助你获得最好的结果。在个人范围内，你可以将创造性问题解决设计用于：①提高对自己创造能力的了解和运用；②了解自己的技能和风格偏好；③处理生活中的管理挑战；④进行职业与财务的规划；⑤建立和维持良好的人际关系，甚至是进行自我重建。

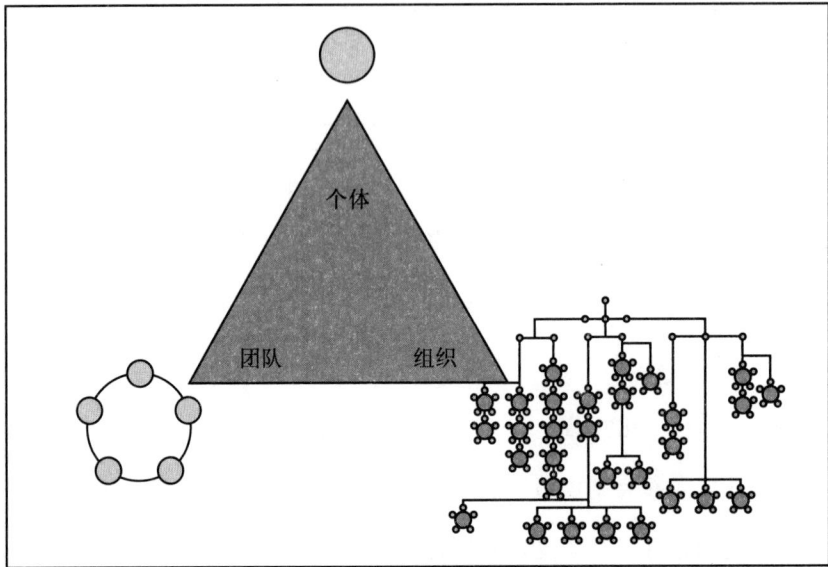

图 11-11　从个人到组织：设计使用的范围

在这些情况中，必须根据你个人想要实现的目标来设计创造性问题解决的应用。无论何时何地，只要你有需要，就可以灵活地运用创造性问题解决。你能投入一定的时间和精力，深入细致地了解创造性问题解决的框架、术语和工具的使用方式，对你是十分有好处的。经过在第二章的探索，你已经知道自己在自然情况下是如何解决问题的了，所以，你可以挑战自我，通过更明确地和审慎地使用创造性问题解决来增强或拓展你个人解决问题的能力。

（2）在团队或小组范围内使用创造性问题解决

在另一些情况中，你的创造性问题解决应用过程可能会因他人的参与而受益，一些小组或团队也可能因为使用了创造性问题解决而获益匪浅。事实上，奥斯本的几个早期创造性问题解决版本都是为了帮助团队获得最大收益而提出的。

本书中使用的"小组"和"团队"两个概念几乎是可交替互换的。事实上，团队与小组两个术语是有区别的，了解这一点可能对你以后使用创造性问题解决有帮助。卡岑巴赫和史密斯（Katzenbach & Smith，2003）认为，小组指的是一些个体的组合或集合，人数可多可少，其中的个体是因共同的兴趣爱好聚集在一起的。在某些情况下，个体之间除了地理位置之外，就没有其他相同之处了。团队是指一组拥有互补技能的人群，他们因追求共同的目的和一系列的行动目标以及他们在一起时才可实施的方法而聚在一起。高效的团队在解决问题时，其成员都能够相互协调合作，共同思考与行动。随着团队的发展，各成员之间的情感纽带越来越深，这对提高团队中每个成员的个人绩效水平是十分有帮助的。因此，相较于低效的团队，在单位时间内，高效团队的思维更具有高创造性，能够卓有成效地进行决策、解决问题和实施行动。

你可以使用创造性问题解决来帮助小组和团队进行创造性思维和问题解决。实际上，小组使用创造性问题解决的好处之一，就是它能使这些小组转变为高效的团队。在小组或团队范围内，你可以设计创造性问题解决用于：①提高团队成员之间的合作；②发挥个人的优势和风格，获得更高的生产率；③更有效地管理团队项目；④在决策和问题解决活动中提高团队合作水平。

上述这些情境，都是为了从所有人的参与中获得最大收益而进行创造性问题解决的应用设计。通过使用创造性问题解决，你可以考虑多种多样的观点并避免信息鸿沟，从而提高团队决策和解决问题的质量。然而，在小组中使用创造性问题解决也需要你进行更全面的计划。你需要确认人们的角色分工与职责，制订应用创造性问题解决的时间表，或是将创造性问题解决融入已有的活动之中。你还需要找到一些公共空间，使得人们可以聚在一起使用这些工具。你甚至还需要为小组安排学习一些创造性问题解决的语言和工具，这样才能更好地提高生产率。

如果你对使用创造性问题解决加强小组力量的相关内容感兴趣，可以阅读艾萨克森和多尔瓦(Isaksen & Dorval，2000)或艾萨克森和谢泼德(Isaksen & Shephard，2008)的文章。本书结尾提供了一些其他的创造性问题解决简易教材，你也可以参与我们的课程——点亮你的创造潜力：简化课程的焦点(你可在 CPSB 的网站 www.cpsb.com 的"日程表"一栏中找到)。

（3）在组织范围内应用创造性问题解决

还有一些任务可能更适于在组织范围内进行处理。创造性问题解决可以服务于一些大型的任务，这类任务需要来自不同部门、不同职能单位或文化的人员共同参与才可完成。在这个范围内，创造性问题解决能帮助你进行如下任务：①推动组织变革工作；②开发新的产品与服务；③为已有产品与服务带来新的活力；④推动组织的研发工作；⑤开发人力资源；⑥欣赏与管理差异性。

对于这类任务，设计创造性问题解决应用过程时，必须要考虑组织各方面的多样性，包括人员多样性以及背景多样性。创造性问题解决能帮助你在不同文化和部门的人群中建立合作关系。这类设计应广泛支持人们学习相关的术语和工具，同时，还应包括如何获得创造性问题解决使用团队的支持，尤其在你将创造性问题解决作为跨部门和职能解决问题的共同方法的时候。

2. 明确人员的角色和职责

鉴于不同的考虑，你会选择不同的人一起共事，以获得一般性的支持与能量，获得他们的专业技能，因为他们拥有任务的部分所有权，因为需要他们的帮助才能完成任务，还可能是为了获得转换思维的全新视角，或者让他们帮忙管理进程等。无论是什么原因，你都需要确认谁将扮演什么角色，承担什么责任，并让他们为工作做好准备。你是否曾经参与过某个项目，在这个项目中你实际拥有的决策权远远比你想象中的要小得多？这可能会给人们造成很大困扰，也可能会严重打击人们参与的积极性和工作效率。当你独自使用创造性问题解决时，明确角色和责任的意义可能不大，但是，当有他人参与时，这就成为一个核心问题。艾萨克森和多尔瓦或艾萨克森和谢泼德的文章，对这些角色有更为详细的介绍。

他人可以作为当事人、促进者或资源小组成员的角色参与任务（见图11-12）。这是一些暂时性的社会角色，并非"永久性"的称号或职位，仅仅在使用创造性问题解决的某些特定社会背景下才有意义。在计划或使用创造性问题解决时，你一定会扮演其中的一个角色。你可以在一项应用创造性问题解决的任务中扮演当事人的角色，而在另一项任务中扮演资源小组成员的角色。设计创造性问题解决应用过程时需要知道，人们可以参与的任务不同，所扮演的角色也会发生变化，但是，必须告知他们在每一特定时刻所要承担的角色和要完成的任务。

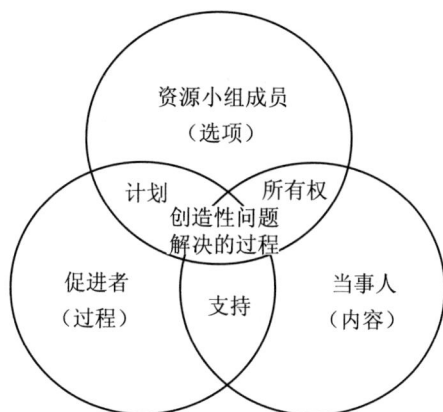

图 11-12　当事人、促进者和资源小组成员的角色

（1）作为当事人

在某些任务中，你可能需要扮演当事人的角色，需要对该任务本身负责。你需要拥有内容选择的权力，也必须有能力在不同方向上驾驭这些内容，有责任推动创造性问题解决的应用不断取得成就。因此，必须拥有任务的所有权，才有可能成为称职的当事人。

在某些任务中，可能只需要你一个当事人，而在另一些任务中，可能需要你和其他人共享当事人这个角色。在谋划创造性问题解决的应用时必须搞清楚，你到底是独自还是与他人共同担当事人角色，因为这件事将会影响创造性问题解决的应用设计。每一位承担当事人角色的人都需要熟悉运用创造性问题解决完成任务的计划，这通常意味着，所有当事人都会公开使用过程设计这个阶段。一般来说，最有价值的成果总是与当事人团队联系在一起的，因此，他们可以共享成果。

（2）作为资源小组成员

在某些情境中，你或当事人必须获得他人的帮助才能够完成任务，因为这些人可以为你提供备选方案和能量。在这种情况下，有一个资源小组的参与是非常必要的。资源小组成员应该是根据他们在当前任务中，能够为当事人提供资源、建议和反馈信息的能力和意愿而选拔出来的。他们能够提供能量、兴趣和想象力来帮助当事人成功完成任务。你或当事人需要审慎地设计过程，才能使资源小组的价值最大化。有些人可能在创造性问题解决应用中的某些部分作为资源小组的成员，但在另一部分就不是了。然而，当你需要这些人的参与时，他们应该知晓自己的角色和职责，才可能有效地做出贡献。

使用资源小组可能会带来好处，但是，它并非是应用创造性问题解决的必要组成部分。表 11-1 列出了使用资源小组的好处和缺点。例如，他们可能提供当事人所没有的多种视角，然而，为了能够充分发挥每个人的聪明才智，也需要付出额外的精力进行管理。

表 11-1　在创造性问题解决中使用资源小组的优缺点

潜在的价值	可能的责任
提供大量的知识与信息	由于社会压力而限制其贡献，并增加了一致性
增加想到其他点子的可能性	促使人们聚焦于获得更多认同的项目而忽略其质量
提供宽泛的经验以激发新的视角	使得处于领导位置的个体对结果有过度的影响
增进了解以促进接纳与承诺	降低人们的责任感，使得人们进行更冒险的决策
为沟通、小组合作以及团队发展提供机会	矛盾选项会引起不良的竞争

在考虑资源小组的人员构成时，确定谁应该参与是非常困难的。你可能会选择那些能够为任务提供高度新颖视角的人，你可能想让那些对创造性问题解决实施结果起关键作用的人参与，或者是让能够经常出席碰头会的人参与。使用资源小组的前提是，他们能为你的首要目的和战略目标做出贡献。图 11-13 提供了选择资源小组成员时，应该考虑的一些原则。

> 这个人：
>
> - 能为任务提供高度新颖的视角吗？
> - 能参与执行任务吗？
> - 拥有与任务相关的专业知识吗？
> - 与其他组织中的资源小组成员有同等的水准吗？
> - 愿意承担资源小组成员的角色和任务吗？
> - 能够有效地与资源小组的其他成员进行合作吗？
> - 能够腾出时间来参与会议、活动或创造性问题解决其他形式的应用活动吗？
> - 是否有意愿、能力和机会为创造性问题解决的运用带来让当事人觉得是新颖且有用的事物？

图 11-13　选择资源小组成员的指导原则

（3）作为促进者

如果你扮演的是促进者的角色，你将要负起领导整个过程的责任。促进者负责设计、计划和管理创造性问题解决框架、术语及工具的使用。他们需要识别出任务的需求，制订一项为取得预期成果选择与使用一些工具完成工作的过程计划。他们要确定任务需要使用的创造性问题解决成分与阶段，还要确定和谋划一些具体工具的使用，保证某些必需的思维能够有效地运行。

无论你是在个人还是在团队范围中使用创造性问题解决，都要鼓舞所有参与者的士气，让大家最大限度地发挥自己的创造性、决策和问题解决的技能。一个高效的资源小组需要一个支持性的氛围。因此，一个促进者需要对第八章讨论的问题以及它们对于应用创造性问题解决的意义有深刻的理解。

你可以在自己应用创造性问题解决或帮助他人完成任务时担任促进者的角色。如果是你的任务，而且你想有一个资源小组的参与，建议你选择他人作为促进者。对于你来说，在一段时间内专注于一件事并将其做好，已经很不容易了。把握内容的方向、为过程做出决策、管理团队的成员和建立一个创造性氛围，这些任务对一个人来说实在过多，往往很难同时处理好。

当你准备设计创造性问题解决的应用时，要确保找到了谁将参与进来，他们在每项活动中扮演何种角色。记住，对于一般人来说，一次扮演一种角色，其承担的责任就已经足够多了。因此，要确定在你设计中的任何一点上，每个人都只承担一种角色。

（三）设计背景的影响

无论是在个体、团队还是组织范围内，也无论用于一次活动、一个项目还是一项工程，使用创造性问题解决的效果都会受到第八章讨论的所有背景因素的影响。对背景的设计，意味着你要根据自己对具体背景的了解，来指导和管理创造性问题解决的使用。你可能会兴奋地构想即将获得的成果，但是，如果没有一个支持性的环境，实施创造性问题解决将会十分困难。

任务所处的背景中包含着许多影响工作的因素，其中有些你很熟悉，有些你并不了解，也无法预料。你可以通过任务评估来了解这些因素，也可能利用一般性的任务知识就能够获悉这些因素。为了帮助你谋划背景的影响，在过程设计中需要考虑以下三个问题。

1. 准备度的设计

你是否已找到那些可能影响你工作的氛围、文化及历史因素？请考虑背景中人员对你使用创造性问题解决的准备度（readiness）。你会发现，有些人员或团队将比其他人员或团队更欢迎和接纳你使用创造性问题解决。过程设计需要你根据对任务所处背景的了解，来设计能够使创造性问题解决效用最大化的过程。你不仅要考虑环境中存在的支持性因素，还要考虑抵制性因素。这些因素来源于人们过去处理类似任务的经验、不支持你试图完成项目的文化、抵触新异思维或以创造性方法解决问题的氛围。你的计划中应该包含主动地找到解决这些问题的积极途径，甚至可以用"情境展望问卷"来获取更多、更细致的环境信息。

你如何让那些支持你工作的人参与到任务解决中来？你会以什么样的方法将抵制性因素转化为支持性因素呢？例如，你可以计划在面对阻碍因素时以非正式的方法使用创造性问题解决，而在有支持力量时以常规途径应用创造性问题解决，也可以在计划中加入将阻碍者和支持者配对或联系起来的具体步骤。

2. 意愿的设计

请根据任务的重要性进行排序，将任务与关键领导团队所提供的支持联系起来。如果这个任务具有高优先性，并且为关键领导团队或组织所支持，那么你就有机会将你的时间和精力专注其中，从而高效而快速地完成这项任务。然而，事情并不总是这样，如果你是负责一些行政事务的，你可能需要在你的实际工作之外挤出一定的时间和精力完成这份工作。你该如何进行计划以获得领导的支持从而推进你的变革工作？你可以做些什么让那些与你有共同目标的关键人物也参与到任务中来？另外，如果该任务的优先性很低，你可能需要将过程设计得更小、耗费的时间更少、持续的时间更长，以便于保留你的精力，并将精力专注于其他更重要的项目。

3. 能力的设计

你的设计也必须要考虑到应用创造性问题解决时资源的可获得性。你可能有愿望，也有需求和时间设计一个创造性问题解决应用计划，却没有必需的时间、注意力和资源来实施这个计划。时间、注意力和资源的稀缺可能源于你或他人的需求过多，以至于难以在预期的期限中获得完成任务所必需的支持。

你可能需要在计划中明确如何从变革的关键领导者那里获得必要的帮助来实施这项计划。当某些资源可以利用的时候，为了有效地实施创造性问题解决，你可能需要对计划做出调整。你可能还需要以涉及尽量少的组织部门为前提设计创造性问题解决的过程，从而为自己的工作争取长期的承诺。

你所面临的挑战，就是要充分理解任务所处的背景，这样，你才能在实施计划时取得最大的收益，为自己带来最大可能的成功机会。根据背景的影响而进行设计，可以让你在实施计划时，避免因意外事件降低你成功完成任务的能力。

（四）设计你的工作空间

在更具体的层面上，设计应用创造性问题解决的工作空间也是非常重要的。对于一些任务，最好采用非正式的设计，对于另一些任务，则比较适合于采取更正式的设计。你选择的空间、背景和家具等，对于设置合适的工作基调来说是十分重要的。例如，有些环境就非常适合激发创造性思维和问题解决。如果讨论的话题很严肃，你可能倾向于选择一个适合思考严肃话题的环境。如果你想要创设一个充满玩乐性质的环境，就需要寻找一个鼓励玩乐性思维和行动的场所。

当团体使用创造性问题解决时，你需要考虑大量的问题，例如，参与者能否到达集合地点，是否有能让所有人都感到舒适的足量空间，是否有一个让人人都感觉已经做好准备，有意愿且有能力使用他们创造性的环境。这一空间要足够大，足以让人们单独、成对、小组或是以整个团体的形式进行工作，还要有足够宽阔的展示墙来陈列团体所需的信息或是人们共同合作产生的想法。一个非正式的设计一般包含柔软舒适的椅子、沙发或类似的非正式设备以及一些较小的桌子或工作空间，类似于一个"客厅"或"密室"。一个较为正式的设计通常会使用一个会议室，里边放着一些椅背挺直的椅子和圆形或长方形的会议室用桌。

你面临的最大挑战可能是要与不在同一公共空间的人进行合作，如分散的团队、数个工作地点等。如果情况真的是这样，当你们在同一场所工作时，对于空间进行细致周全的组织规划就显得更为重要了。有大量的合作软件程序可供你在网络上组织虚拟的创造性问题解决小活动。许多组织都有内部网络，其中，有不少可以召开虚拟会议。

二、 设计过程的一些建议

要设计出高效的创造性问题解决应用过程，需要认真细致地计划并考虑大量的因素，对于庞大而复杂的任务来说，这一点尤为重要。我们已经向你介绍了在你的需求与创造性问题解决过程间建立联系的方式，由此你可以知道该应用创造性问题解决的哪一部分；考察了在活动、项目、工程三个不同应用层次上，你如何有效地规划你的精力；还介绍了如何让他人以当事人、资源小组成员或促进者的角色参与到创造性问题解决的使用过程；最后，还探讨了在计划创造性问题解决的应用时，考虑背景因素的几种方式。

当你设计和实施你的计划时，下面的三条建议将有助于提高你的能力和工作效率。

(一) 设计时要谨记目的

在你计划和实施创造性问题解决的整个过程中，必须将目的牢记于心。无论何时你想在计划中添加任何步骤，都需要牢记任务的目的。要清楚地知道，你在工作中任何一处使用创造性问题解决的某个成分、阶段或工具的原因。此外，还要明了之所以让某个人或团体参与的原因，以及你将精力更多地放置于任务中某一特殊位置的原因。如果你不清楚设计中某部分为什么会出现某个人或某个事件，要通过自我提问的方式来获得所需的答案。缺乏清晰性可能会获得无价值的结果，最终导致时间、精力和努力的白白浪费。当你在实施方案的中途发现某些步骤是不必要的，或是毫无价值的，那么，在你继续后面的操作之前，请移除它们，调整计划设计，并重构你完成任务的方法途径。

(二) 通过创造性问题解决设计简洁的路径

很多时候，解决某个任务最有效的方法往往就是那个最明显且最直接的方法，因此，在你计划时，要寻求最短和最简单的路径。这里"简单"一词不是指无价值的、平凡的、不重要的，而是指清晰明了、易于理解和跟进的。例如，你既可以用两步也可以用三步来实现目标，那么，两步的计划就是简单的。如果与一个人合作就可以完成任务，那么，你大可不必设计一份三人合作或五人参与的计划。要避免仅仅因为你想看看某些成分、阶段或工具是如何运行的，或只是你喜欢用它们，要用那些实现预期结果所必需的。

(三) 为计划的调整做好准备

记住，你的计划体现了此时此刻你对任务的最佳理解。当你对任务的理解发生改变或你在任务中取得一定进步时，计划也要做出及时的调整。因此，随着你工作的推移，要做好改变计划的准备。不能因为你的计划写在了一张纸上或存在你的电脑里，就认为它是永恒的或不可更改的。事实上，要不断寻求机会去改变、更新、调整或改进你的设计。方法是服务于内容的，如果你对内容的理解发生了改变，你就应该调整你的使用方法，我们常常将这一点解释为"计划赶不上变化"。

三、　故事的余音

还记得我们在第十章开头和结尾提到的那家消费品公司吗？我们在与那家公司的合作中获得了许多过程设计方面的重要信息。你可以回想一下，当时我们面临着非常复杂的状况。我们聚集了 35 名能力很强的员工，试图开发出有全球竞争优势的基础性新产品。这些成员来自于不同的背景，拥有解决问题的独特知识、专长和方法。我们的挑战就是，设计一个能够以某种方式整合所有因素的过程，来高效率地实现项目的战略目标。

我们将创造性问题解决作为整合所有活动、人员和方法的总体框架。我们将这一项目分割为数个阶段，并确认了每个阶段所需的成果。根据对预期结果的理解，将创造性问题解决交织整合进了每一个活动之中。非预期问题可能出现在项目周期的任何阶段，这为我们提供了大量使用创造性问题解决迎接新挑战的机会。我们为最初的那个项目所设计的过程是清晰的、明确的和可重复的，以至于五年之后我们还可以帮助项目管理者计划和实施一次活动来检验一个新概念产品。后续的活动计划与项目最初目的是非常一致的。

时至今日，这个项目已发展成为一个独立运行的工程，为该组织开发出许多更激进的新概念产品。该公司的员工在这项工作中也获益匪浅，因此，他们继续用探索性方法培训新的研究者，从而在项目开展期间开发了许多产品。参与项目的人员使用有专利权的研发新产品的方法对其他组织员工进行培训。

本章帮助你设计应用创造性问题解决的过程。由于创造性问题解决主要关注于加强你日常的创造性过程，你可以以许多不同的方式应用它。路径谋划这个管理成分的过程设计阶段，引导你考虑许多重要因素，从而提高你成功应用创造性问题解决的可能性。

下一章我们将会列举一些创造性问题解决的应用实例，并介绍如何使用路径谋划成分来指导整个框架、指导原则和工具的应用，其中还会介绍一些资源，你可以从中继续学习到有关创造性问题解决当前版本的更多知识与信息。

四、　将本章内容运用到工作中

本章主要探讨创造性问题解决中的过程设计阶段以及根据任务需要调整你的创造性问题解决应用。我们强调了在调整创造性问题解决时的三个关键问题——设定你的应用层次、设计如何让他人参与的方式以及决定你的使用范围。

反思和行动

完成下列活动，以加深对本章内容的理解，并在真实情境中练习这些内容。如果你将本书作为一门课程或研究小组的内容，你可以先自己做，然后将你的答案与小组进行对比，或者与团队成员一起做。

第一，请你回忆两个你参与过的团队解决任务的工作情境。第一个是你经历过的最佳工作情境，在这次合作中，团队里的每个成员在完成任务的过程中都能保持步调一致，团队的目标是清晰的，工作效率也很高。第二个是你经历过的最差的工作情境，团队中的每个成员对于该如何完成工作各持己见。多样化和冲突的过程极大地影响和降低了工作效率。请思考，到底是情境中的什么核心特质导致了它成为最好或最差的工作情境，比较这两种情境。我们在本章讨论的概念在这两种情境中各起了什么作用？

第二，从你的经验中回忆一次你作为团队领导的经历，其中你既要承担内容又要承担过程的领导者角色。请思考，当领导者同时扮演促进者和当事人的角色时，在完成团队任务的过程中发生了什么事。请找出，当领导者同时担任两种角色时，他到底做了些什么，他面临着哪些挑战。找出领导者应采取什么行动才能更好地管理这双重角色。双重角色的承担，对我们有什么启示？

第三，指出当前或近期你面临的情境中，一个自己拥有所有权以及非常适合于应用创造性问题解决的情境。考虑任务的需求，确定你认为最有利于你开始创造性问题解决过程的成分。解释你做出这些决定的理由。找出创造性问题解决中最适于开始的阶段，并给出你决策的原因。

第四，对于第三个活动的情境，请考虑你将设计创造性问题解决过程用于一次活动、一个项目、还是一项工程？指出影响你决策的因素以及它们与任务相关的原因。如果要将你的过程设计用于一次活动、一个项目或一项工程中，描述你将如何调整你的设计。

第十二章

运用创造性问题解决

命运不是运气而是选择，它不是用来等待的，而是用来追求的。

——威廉·詹宁斯·布赖恩

本章介绍三个使用创造性问题解决的真实案例，提出应用创造性问题解决的一些建议。学习本章以后，你应该能够做到以下几点：

1. 描述聚焦于人员、背景、方法和结果对于改善创造性问题解决运用效果的重要性；

2. 在现实生活中应用创造性问题解决，说明人员、背景和内容对应用创造性问题解决的影响；

3. 举例说明如何在活动、项目或工程中应用创造性问题解决，并说明它们对于有效实践的意义；

4. 为了卓有成效地使用创造性问题解决，必须谨慎地做出计划，请列出十条建议。

创造性问题解决的早期版本采用的是固定、连续的模式，你必须从"第一阶段"

258

开始，经过中间的每个阶段，最终完成任务。每次使用创造性问题解决时，你都需要经历所有的阶段。结果，这个过程本身似乎成为最重要的事情了。经过多年的研究、完善和实践检验，我们发现了新的有效应用创造性问题解决的方式。如果按照以前"一刀切"的固定模式，我们需要使用算盘或计算尺，而不能用计算器或计算机来进行数学运算（见图12-1）。当然，你肯定可以用算盘或者计算尺，但是今天的工程师或者科学家倾向于使用最有效的工具。这同样也适用于创造性问题解决，最新版本的创造性问题解决比以前的版本更加有效。

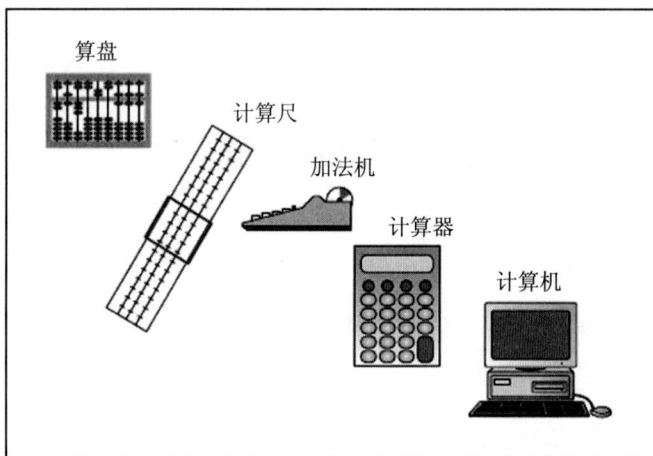

图 12-1　从算盘到计算机

最新版本的创造性问题解决所包含的过程与之前的版本存在很多的不同。路径谋划成分的出现也许是它与其他版本之间最大的不同。通过这个成分，你可以选择是否使用创造性问题解决以及使用创造性问题解决时需要哪些成分和阶段。这个成分帮助你在深思熟虑之后，定制最适合自己的创造性问题解决方法，特别是当有些成分和阶段对于你来说没有必要时。运用路径谋划，你可以考察、理解和琢磨人员、内容、背景和方法四个元素，从而判断是否使用以及如何使用创造性问题解决。

在改革过程中，高效的组织和个人总是关注所有的这四个元素。例如，戴维斯（Davis，2000）指出，最成功的组织在开发新产品的时候，往往会关注参与者、改革与创新氛围以及与创新有关的方法。该研究得到的最重要结论是：这些组织关注所有元素，而不会仅仅关注其中的一两个元素。如果他们不关注整个系统，一切就不会按照计划进行。我们坚信，这个原理不但适用于商业领域，还适用于教育领域、非营利性组织和政府部门。

根据我们的经验，人们将大部分精力都集中在所需的结果上。也许有人会说，这样做不好吗？内容上的表现常常是成功或失败的主要指标。不管是学生的测验成绩还是学业成就，抑或是产品或服务产生的收益，我们都主要关注自己想要的结果而总是很少注意到产生这些结果的过程中涉及的人员、背景和方法。

卢斯（Loos，1994）的研究佐证了这个观点。他访谈了北美地区大约 350 名公司的高管，这些公司都在努力变革。在阻碍和反对变革的各种因素中，前六个都与组织成员对变革的接纳和支持有关。当问到他们会为此做些什么的时候，一位高管说，他会帮助管理者和员工看到变革能够给他们带来哪些好处。对变革方法的忽视是他们遇到的另一个共同的阻碍因素。例如，一位高管说，他们认为自己知道最适用于项目的方法，却没有考虑到执行过程中可能遇到的阻碍。

当组织忽视背景时，也会出现类似的问题。你所在的组织变革是否发生过看起来似乎"危险"的事情——尝试新的或不同的事情如缩小规模或降低成本？我们曾经在一家跨国石化企业中发现类似的事情。他们实施了一个为期两年的工程，希望帮助一个有 3200 名员工的部门实现新的愿景。我们连续 18 个月测量组织的创新氛围，结果发现，人们知觉到的冒险行为在显著下降，很多人失业或者被外包了。结果是，那些还留在部门的员工都非常害怕冒险，因为他们在裁员过程中了解到，如果他们失败了，公司很有可能把他们开除。因此，该高管团队希望工程完成之后，工作氛围能够有所改善，员工重新愿意去尝试新事物、尝试冒险，并发挥自己的创造性。

事实证明，改革时如果不关注所有这四个元素，就会造成可怕的后果。更重要的是，大量事实表明，关注所有元素会带来巨大的好处。我们将与你分析三个关注所有元素的案例，并指出这对你使用创造性问题解决的启发。它们会让你知道，如何在一次活动、一个项目或一项工程中使用创造性问题解决去鼓励创新。同时还让你知道如何在个体、团体或组织水平上使用创造性问题解决。讲完这些案例后，我们会提出四点帮助你准备使用创造性问题解决的建议以及 12 条帮助你提高使用创造性问题解决处理任务的能力和影响力的建议。你可以从我们的网站 www.cpsb.com 查到其他的个案研究和案例。

一、　遗失的珍宝

这个案例的参与者是一群教育工作者，他们关心的是辍学青少年这一高危群体的问题，在一次团体活动中运用了创造性问题解决。

在由几个学区组成的区域联盟里，一些管理者非常担心已经辍学或即将辍学的高危青少年。这些学生有能力成为好的学习者，但是，他们常常发现学校的社会性、动机性和智力性措施令人失望，乏善可陈。失望越多，行为问题和师生冲突的可能性就越大。反过来，这些行为又会加深他们的失望，进而导致更差的学业成就。人们发现，那些辍学生的未来生活和职业前景非常糟糕。辍学生的就业非常困难，他们可能会加入帮派或者从事犯罪活动。大人们也知道，其中很多年轻人都具备天资和潜能，只是未被发现和开发而已，而且往往会放大他们的劣势。

（一）在活动中参与者都做了些什么

参与者都是区域联盟内的专家，他们应用创造性问题解决来探索处理这类不利情境的方法，并尽可能找出预防这类问题发生的具体步骤。在一个为期两天的活动中，他们利用理解挑战这个成分来澄清情境，建构问题陈述，从而指导未来的工作。他们将现状与期待的未来状态进行比较，考虑许多可能的机会陈述。他们使用 5W1H 来探索数据时，"天才"一词常常被提及。小组成员们发现，人们常常用惹是生非、麻烦制造者等一系列负面词汇而不是用"天才"一词来描述这些学生。他们还发现，这些学生变得消极且缺乏自信，不认为自己具有任何有价值的优势或者才能。当团队成员应用聚焦工具如"突出亮点"时，由一位小组成员提出的"找回丢失的价值"就成为关键的问题。学生已经不能意识到自身的"价值"，如果这些"价值"不能被找回，社会也会失去这些有价值的"珍宝"。

这次活动让"遗失的珍宝"项目的想法得到完善。在第一次活动中，大家对于挑战有了建设性和前瞻性的理解。作为活动准备的一部分，通过与学生、教师、家长和社区负责人的交谈，阅读有关高危学生的文献，管理者掌握了许多内容。鉴于对新方法的需要以及创造性问题解决的广泛影响力，他们认为应该使用创造性问题解决。他们认为自己对任务有了所有权，并且让区域联盟内的专家来制订变革计划并申请基金支持。

（二）参与者面临的挑战是什么

这个项目像很多复杂的社会问题一样，最初总是充满着挫败感、消极情绪以及利益相关者的焦虑感。学生们不开心，学校教职工、父母、其他社区成员和机构也一样不开心。通过使用理解挑战的成分和工具，小组成员能够以建设性的方式来描述任务，并以积极的心态看待未来的工作。管理者也知道，他们将面临多个挑战，例如，消除部分教师和学生的抵触情绪，在传统的学校措施之外安排活动，为学习建立积极的氛围。

（三）创造性问题解决产生了什么样的影响

紧接着，团队又处理了许多其他的任务，争取到了政府基金对于一个跨学校、多年期项目的资助，其结果已经在其他地方做了报道。这个项目让很多青少年发现了自身的优势，在社区中接受完中等教育，学到了谋生技能，获得了工作或接受高等教育的机会。通过这个项目及后续的相关项目，少年犯中的重犯率大大降低了，很多青少年的生活转向积极的方向。

灵活的创造性问题解决结构帮助教育者在本次挑战中选择和使用他们有效处理任务所需要的成分、阶段和工具，三年中遇到的其他挑战他们也是这么做的。创造性问题解决语言促进小组成员之间有效地和积极地沟通，其对建设性、积极性和前瞻性的强调，使得找到一种方法去帮助每一位青少年成为可能。过去，人们常常觉得自己知道想去哪里，可是却往往只关注错误、过失或不足。

团队在任务中使用生成工具来探索很多方面的数据，并发现了新颖的机会（此处，一般团体只会看到一系列"错误事情"的清单）。探索数据的具体工具，如5W1H工具，帮助人们"扩展"了他们的思维。聚焦工具尤其是"突出亮点"工具，帮助小组为项目建立明确的、积极的方向。

小组成员发现使用创造性问题解决给他们带来了巨大好处。创造性问题解决的使用贯穿于"遗失的珍宝"项目的整个过程。项目的指导者在与学生共同工作时，使用了创造性问题解决。学生们也学习创造性问题解决以帮助他们发现和运用自己的优势与才能，项目完成以后，学生们继续这么做。

二、 制造电脑软件

这个故事讲的是一个管理者如何使用创造性问题解决领导一个项目开发新的软件，这个管理者不仅自己使用创造性问题解决及其工具，而且在他与项目组其他成员交互作用时也使用创造性问题解决及其工具。

一家咨询公司看到了市场全球化、电子商务化以及新技术快速整合的发展趋势，公司的许多客户正准备转向更"虚拟"的工作模式。这些客户希望既能享受到面对面沟通的优势，又能省却大家聚在一起的成本。他们希望以国际化或跨部门的项目团队开展工作，进行客户研究，参与组织变革工程，在国内或国际范围内培训员工，在满足这些要求的同时，减少差旅所耗费的时间、精力和必要的资源。

为了满足日益变化的市场需求，这家咨询公司希望开发一套网络软件。人们运用这些软件，就不需要待在同一个房间，甚至不需要在同一个时间段讨论任务。虚拟互动可以减少出差、住宿、聚在会议室、离开办公室和家庭等时间上的浪费。

这家咨询公司与一家软件开发公司合作，软件公司有丰富的软件开发技术和经验。项目团队的成员就来自这两家公司，他们彼此相距 400 英里。

（一）项目经理做了什么

项目经理使用创造性问题解决与项目成员一起工作。首先，陈述项目的战略和战术目标。其次，开发和推广软件。项目团队应用头脑风暴工具生成阶段性事件以及实现每个阶段性事件所必须完成的具体行动。最后，选择关键的阶段性事件和行动，将它们分类，并使用诸如"选择击点"和 SML 等聚焦工具对它们进行排序。两家公司都接受了最终的项目计划，并使用准备行动成分。这些工作为项目开展过程中人力资源的充分使用创造了条件。

在项目进行的过程中，项目经理用一系列方式使用创造性问题解决，既有正规的方式，也有非正规的方式。例如，在项目的每个阶段都使用创造性问题解决，使得产品逐步得到明显改善。在项目的初始时期，探索数据阶段帮助他们想象出产品的模样，而这恰恰与他们开发的新软件产品很相似。产生想法阶段帮助他们确定了产品的名字。

在整个项目过程中，该团队也在很多非正规条件下使用创造性问题解决。例如，在软件开发的初期出现了一系列问题，项目经理使用创造性问题解决中问题陈述的语言来明确界定核心问题，从而为团队生成想法、解决问题做好准备。

（二）项目经理面临哪些挑战

在开发软件的过程中，90％以上的合作是在"虚拟空间"中发生的——通过电话会议、电子邮件和即时通信等。项目经理面临的挑战是，他需要将软件的开发进展情况及时反馈给程序员。程序员具有开发软件的丰富经验，所以，这一点就显得非常重要。然而，程序员又不能接触潜在的客户或者最终的软件使用者。因此，项目经理就需要给程序员提供开发的建议和意见，并在过程中一直激励他们。然而，项目经理还需要将软件的开发引导到顾客需要的轨道上。

图 12-2 是项目经理如何使用 ALUo 工具给开发过程提供结构性反馈的一个范

例。他在整个项目期间，甚至在每个阶段规定的时间里都非正规地使用这个工具。这个工具非常有效，它的好处在于既要承认程序员的优势还要符合公司的文化。它还鼓励成员们思考，因为局限和劣势在他们的观点中已经变成了以题干"如何……?"表述的疑问，这激发了成员完善产品的干劲，还使项目经理获得特殊的见解从而修改项目计划。结果，团队的速度和效率都提高了。

概念：用新技术开发具有特殊功能的软件

优势：

- 该功能可以准确模拟真实情境下应用创造性问题解决的情况
- 该功能的界面直观、易于操作

劣势：

- 如何在第一次发行时就能够融入新技术
- 在线主持人在使用该功能时，我们如何帮助他维持小组的动态性

独特之处：

- 该功能使我们的软件区别于其他的竞争软件

图 12-2　利用 ALUo 获得反馈

（三）创造性问题解决产生了什么影响

总的来说，在开发软件的过程中使用创造性问题解决，有助于项目经理的决策制定和问题解决，使得人人都积极地投入到项目中来。灵活的创造性问题解决结构帮助制定了行动的最初方案，并在意料之外的挑战出现时协助修改行动方案，有助于及时处理出现的问题。使用创造性问题解决语言促进了项目成员之间的有效和建设性的沟通，减少了沟通时间。这对于那些需要借助邮件进行沟通的工作来说是非常重要的。

ALUo 工具有助于在项目进行期间，在所有成员之间建立创造性的氛围。当看到自己的意见被采纳时，程序员会觉得自己的工作远远超出编写程序的范畴。这使程序员不会因为任务的困难或枯燥而产生抵触心理，更容易编写出满足功能需求的软件。该软件在预定时间内完成，并取得了商业上的成功。

三、 开发新产品

这个案例讲的是使用创造性问题解决支持一家跨国公司开发新产品的故事。他们不仅在小组范围内使用创造性问题解决，还在组织范围内应用创造性问题解决。

这是一家全球性的出版公司，目前正面临重大的市场变革。他们意识到，世界正趋于电子化，竞争对手开发的产品威胁到了公司的财务稳定。公司需要快速开发新产品，并快速、有效地占领市场。他们必须在两年内争取盈利，时间非常紧迫。

公司雇用我们来协助他们完成新产品的开发工程。公司的短期战略是加大核心业务中核心产品的投资，一旦在该领域取得成功，他们就有资金开发新业务，并促进核心业务或非核心业务的长期增长。

在这个工程中，他们遇到一系列挑战。和大多数组织一样，他们需要找到加速产品开发过程的方法，还需要降低成本。同时，他们想充分利用全球协作优势，将他们的协同工作提高到国际水平。因此，我们需要设计一种使用创造性问题解决的方法，既能满足这些目标，又能帮助公司开发出高质量的新产品。

(一) 我们做了什么

我们在两个层次上设计创造性问题解决的运用。第一个层次，我们借助创造性问题解决为新产品开发设计了一个为期两年的工程规划。我们利用创造性问题解决框架的成分为工程的各个阶段设计出一般性目标。从理解挑战成分开始，了解市场机会和顾客需要，借助对市场的了解，我们确定了满足顾客需要的初步产品构想。

工作团队连续工作了 4 个月，确认客户需要，然后将这些想法转换成满足顾客需要的概念，为全面开发和测试所必须要投入的资源建立了商业模型。最后，他们需要将初步的概念转化成可以给客户检验的新产品，这个过程花了 10 个月左右。我们借助准备行动成分将这个过程变成结构化的行动。

在第二个更具体的层次上，我们将工程分解成一系列可以运行的小项目团队，他们也能够使用创造性问题解决处理具体问题。每个团队负责处理 2～4 个新产品概念，每个概念都可以大到足以单独成为一个项目进行考虑。这些团队的成员来自不同职能部门和不同文化背景，每个团队在不同的国家，针对不同的产品，以独特的方式开发项目。

因此，我们没有预先设计或规定所有团队使用统一的创造性问题解决方法，不同的团队可以根据自己的具体问题应用创造性问题解决的阶段和工具。同时，我们又为整个工程各个阶段的产品设置统一的规格和形式，例如，为每个项目的完成设计一个标准案例。这种设计既使得团队在项目水平上可以灵活安排，还使得组织水平保持目标一致。

（二）我们面临的挑战是什么

在整个过程中，我们面临着一系列的挑战。其中的一个挑战是需要设计一系列的会议、咨询和干预，使得工程不偏离轨道。一般来说，这些会议总被认为充满着冲突并且效率低下，每次会议都需要和来自不同职能部门，至少 6 个国家，多达 25 人进行讨论，人们觉得这些会议浪费了很多精力。

工程的整体时间安排非常紧张，而每次国际会议又非常低效——无论从资金、时间还是其他资源方面来看都是这样。因此，我们需要对这些国际会议进行精心的设计，使得它们尽可能地高效。例如，在开会之前，我们会发给参会者一份包括会议总体目标、背景信息以及期待结果的摘要。会议中会告诉大家会议的大纲或计划，他们各自的角色和责任以及在会前和会后需要做的事情。项目组成员需要做好会前工作，并将所做结果交给同事审查。这样使得我们的会议一开始就很高效。

在一次国际会议上，会议的目标是决定是否要继续执行某个概念并投入大量的组织资源。会前的准备工作需要所有团队为自己提出的每个概念准备 70 页左右的商业计划书——四个团队共准备了九个案例。每个人在会前都认真阅读这九个案例，并对每个商业计划书提出自己的建议。在这次会议上，成员们审查了所有的商业计划并用 ALUo 形式给予了具体的反馈。将每个概念放入如图 12-3 所示的评价矩阵中，20 个人每次评价一个产品概念。

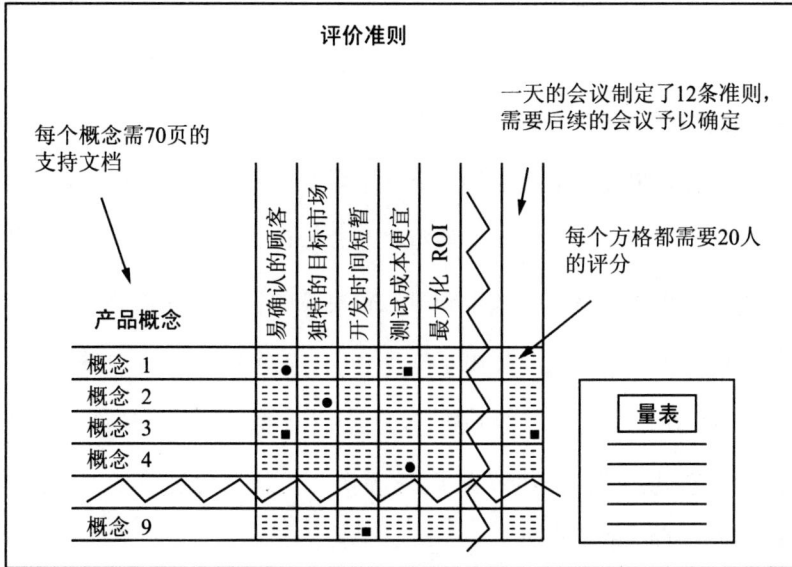

图 12-3　开发新产品使用的评价矩阵

这次会议让我们知道一个工具如何发挥巨大的效用。整整三天的会议中，循环使用该评价矩阵，帮助团队成员澄清他们的概念，完善和加强需要帮助的概念，选择最终实施的概念。单单准备评价矩阵就花费了高级管理团队两天的时间，花费四个项目组四个月的时间设计矩阵中的概念。评价矩阵总是花费如此长的时间吗？不是的。在本案例中，团队需要决定他们将要投资 500 万美元的新产品，所以需要花费如此多的时间和精力。

与来自不同文化的人一起共事，我们还需要面对不同英语水平的挑战。所以，确保会议期间对于所用语言的共同理解也是非常重要的。使用自然的创造性问题解决语言也是非常有帮助的，它给人们提供了一个共同的工作语言，帮助人们理解在给定的时间大家处于什么位置。

（三）我们做出哪些贡献

我们大大影响了这个公司在新产品开发过程中的速度和效率。过去，公司的产品开发过程是这样的：先开发出一个概念性的产品，然后，看看顾客是否喜欢，最后，进行测试。因为缺乏对真正的客户及其需求方面的知识，平均每四个概念中只有一个能够进入市场。每个产品在第一轮决策过程中就需要花费 40000 美元，大部分的钱都用在制作样品以供在内部推销概念上。平均来说，每 24 个想法中有 10 个想法可以得到完善，最终变成产品的只有 2 个，并需要 18 个月至 2 年的时间。

整合了创造性问题解决以后，要使得产品开发可以站在国际水平上，只需关注具体客户的需求。现在，从想法产生到第二轮决策的过程，只需要花费 13000 美元用于了解顾客的需求。这一次，提出了 9 个想法，5 个在 8 个月内进行了测试并准备推向市场，1 个在 9 个月内进行了测试，其他 2 个将在市场条件许可时进行测试。仅在第一阶段，新过程就为公司节省了 25 万美元，从概念到市场的时间减少了将近一年的时间（见图 12-4）。

新过程的结果	• 关注基于客户需求的产品开发 • 跨部门、跨文化地开发概念性产品 • 减少开发时间：超过 50% • 减少概念开发的资金投入：88% • 提高成功率：大约 401%

图 12-4　创造性问题解决的影响

正如一位参与者所说的："成功啦！我们迅速地开始，聚在一起，努力工作，很快取得了一致意见，并且聚焦愿景，在过程中没有浪费时间、金钱以及情感，和过去完全不一样。"在出版本书的时候，最初提出的 9 个概念中，有 7 个即将投放市场。对于该组织来说，这个比率实在是太高了。这个工程的成功提醒我们，组织是可以做到更好、更快和更便宜地运行的（Dorval & Stead，2000）。

四、　准备应用创造性问题解决

使用创造性问题解决的准备工作，很大程度上取决于应用的类型以及参与的人数。我们建议你做好下列四项准备工作，它们会提高你使用创造性问题解决的效果。

(一) 人员的准备

正如我们在第七章所说的，个性与偏好会对你使用创造性问题解决的结果产生很大影响。如果你准备单独使用创造性问题解决，从一开始就需要确定你使用创造性问题解决的原因以及想要取得的结果。考虑自己偏爱的问题解决风格，会让你知道自己的优势和劣势。回忆一下你完成任务的经验，确定你是否需要他人的支持与帮助。如果需要他人的参与，最好提前让他们知道你的目的和期望的结果。给他们分配相应的责任和角色，并告诉他们，在你使用创造性问题解决之前和之后，你希望他们做些什么。

(二) 创造性问题解决过程的准备

不管你是单独工作还是与团队一起工作，你都要知道需要应用创造性问题解决的哪些成分、阶段和工具。记住创造性问题解决是非常灵活的，如果有必要，你可以使用不同的成分、阶段和工具。

在创造性问题解决工具水平，首先，找到你认为可能需要的工具。注意！一定要选择你需要的工具，而不是想要或喜欢的工具。例如，当你确定了所需要的新颖性类型之后，选择生成工具能够帮助你得到最想要的结果(参考第四章的选择工具模型)。当你考虑需要聚焦选项的不同特性时，可考虑第五章的选择聚焦工具模型。其次，收集你所需要的恰当辅助材料，以便有效地使用工具。必要时可以即兴发挥！例如，如果你没有视觉识别关系工具所需的图片，可以让人们看看窗外或者出去走走。

过程的准备应当生成一个日程表或者工作计划。日程表应当包括活动的一般流程、需要使用的创造性问题解决元素以及每个元素所需的时间。如果有其他人参与，在开会前应该将日程表发给他们。

(三) 准备需要解决的主题

有时我们总是忙于做事情，却迷失了方向，不知道自己已完成了什么或将要去哪里。准备主题意味着你需要将使用创造性问题解决的原因和最终目标等方面的信息综合起来。任务概述包括需求的陈述、与任务相关的关键背景信息以及期望目标。对于必须专注的工作也需要一个界定。你还需要在评价任务过程中收集这些信息。如果你单独工作，可能没有必要制作一个正式的任务概述。在团队中使用创造性问题解决时，这么做就非常必要了。对于团队来说，给成员提供一些你希望他们生成的选项案例。另外，提前将任务概述发给他们。

（四）工作环境的准备

正如我们在第八章所说的，应用创造性问题解决的环境对你的结果会产生重大影响。即使你拥有全世界最好的工具，如果环境不利于你发挥创造性，也很难得到创造性的结果。考虑你开展工作所需要的物理环境，选择一个你或其他参与者都认为既具有刺激性又实用的空间。

一旦拥有了这样的环境，就为有效地使用创造性问题解决做好了准备。例如，可以考虑在墙上挂上一些图画或印刷品；用海报的形式呈现创造性问题解决的指导原则、定义和框架；创建一些可以来回走动的开放空间；对不同类型的工作设置不同的休息区。环境的准备还包括确定你可以得到所需的设备、物资和资源。

五、 初学者使用创造性问题解决的一般性建议

下列的 12 条建议来自很多有经验的专家，不管你是准备单独使用还是团队使用创造性问题解决，都可以作为新手开始使用创造性问题解决的参考(见图 12-5)。

- 亲自试用，验证其有效性
- 展示创造性问题解决的优势
- 在读完本书后，立即练习使用创造性问题解决
- 继续学习
- 交流使用创造性问题解决的情况
- 灵活使用创造性问题解决框架
- 先在低风险的任务上使用创造性问题解决
- 将创造性问题解决融入你现在的工作中
- 找到支持你使用创造性问题解决的人
- 找一个安全的团队练习使用创造性问题解决
- 与了解创造性问题解决的人组成小组
- 使用外面的专家以获得帮助

图 12-5   准备使用创造性问题解决的建议

（一）亲自试用，验证其有效性

我们发现，在我们的课程上和工作坊中的很多学员，通过把创造性问题解决应用于真实任务，熟练掌握了创造性问题解决工具。在你准备与他人一起使用创造性问题解决之前，最好自己先验证一下它的有效性。先练习创造性问题解决语言和工具，这样你在与他人一起使用时会更有自信。

（二）展示创造性问题解决的优势

我们的一位同事曾经参与过一次团队的改革项目。不同的团队成员使用不同的方法管理自己负责的那一部分改革工作。我们的同事在其负责的三个项目中使用了创造性问题解决，每个项目都很成功，而其他的团队成员的项目则需要重做。效率的不同给公司 CEO 展示了使用创造性问题解决的好处，促使公司的很多改革开始使用创造性问题解决。证明和展示其特有价值可以增加使用创造性问题解决的信心，并激发你更好地学习和使用它。

(三) 在读完本书后，立即练习使用创造性问题解决

你从本书中所学到的关键知识之一就是要取得领导对于使用创造性问题解决的支持。为了使用创造性问题解决语言和工具，要与你的长官、经理或者同事一起制订详细的计划。你可能希望应用本书的方法和工具帮助你制订明确的计划。研究发现，使用本书所学知识的最佳时间大约是两周，之后，你使用它的可能性会明显下降。

(四) 继续学习

一本书、一篇文章、一次培训可以让你大概了解创造性问题解决，这足以让你开始使用它。然而，这些都不足以让你透彻地了解我们历时 55 年对于创造性问题解决的研究和实践。我们的很多顾客和同事还一直致力于开发更高级的创造性问题解决框架、语言和工具。事实上，大家对这些非常感兴趣，我们申请了一个基于创造性问题解决技能的发展项目，让人们从了解工具过渡到学习如何和团队一起使用创造性问题解决。这本书只是你学习使用创造性问题解决的开始。

(五) 交流使用创造性问题解决的情况

我们的很多同事都说，他们的最大收获往往来自于分享别人叙说自己从课程中学到什么以及如何学习。此时，他们会学得很快，并提高了应用创造性问题解决的效果。我们参与了一个聚焦于开发新产品的工作坊，每天结束时，都会反省自己所学的内容以及如何修改以后的使用方案。交流活动使得我们能够提高会议的价值，从而对工作坊中出现的意外做出恰当的反应。

留出充裕的时间来考察优势或强项、需要改善的地方以及工作中的新颖方面。然后，想想下次使用工具、阶段或成分时可以做出哪些改变。反思自己的创造性问题解决使用过程是促进学习非常有效的方式。

（六）灵活使用创造性问题解决框架

尽管创造性问题解决是一个包含四种成分、八个阶段的系统，但是，有效使用创造性问题解决的方式却是灵活多样的。例如，一个同事告诉我，他只使用描述问题阶段中的语言。当他参加一个会议的时候，发现两个人正在争论，这阻碍了会议的正常进行。我的同事注意到这两个人似乎在争论两个完全不同的问题，他阻止了他们，转向其中的一人，问道："你想解决的究竟是什么问题?"这个人回答了他。他又问另一个人："那么，你想解决的又是什么问题呢?"结果发现两人的问题完全不同。最后，他要求他们分别聚焦于这两个问题，一次只关注一个问题。这种微妙的干预使得会议顺利地进行。如果你想一次就用所有的成分和阶段，那你可能永远也没有使用创造性问题解决的机会。一旦遇到合适的机会，就要尝试使用部分工具。在个人任务上使用一个具体的工具，或者将一个工具或者一个阶段介绍给一个团队。

（七）先在低风险的任务上使用创造性问题解决

据我所知，有一个咨询师在参加完"激发创造潜能"课程后，立即就去执行一个重要的国际项目，这个项目的风险非常大，幸运的是他最终成功了，但他说自己更希望在接受如此巨大的挑战前，能有一些实践创造性问题解决的机会。尝试用创造性问题解决去解决一些无关"生死"或不会威胁到你或他人工作的问题。一个"安全"的任务可以让你轻松地使用创造性问题解决，不用担心没有"正确"使用框架、语言或工具可能造成的恶果。

（八）将创造性问题解决融入你现在的工作中

我们从学员那里获得最多的反馈就是将创造性问题解决直接融入自己现在的工作中，这点非常重要。与其为创造性问题解决设置合适的情境，还不如在每天遇到的挑战和任务中使用创造性问题解决。你可以将它运用在选择保姆、购买汽车、选择职业或度周末上，你还可以用它确定工作任务的优先顺序、给员工反馈或设定新项目的方向。只有在真实的个人和组织需要中使用创造性问题解决，你才能看到它的价值。这种结合实施起来很简单，特别是当你以自然的和透明的方式使用创造性问题解决的时候。

（九）找到支持你使用创造性问题解决的人

我们课程的一些参与者往往会得到强有力的支持。他们通常可以获得上级的批准和支持，那些支持者希望他们在课程结束后可以将学到的新技能用在适合创造性问题解决的任务或项目上。这些支持者有些是我们的学员，有些接受了适当的培训，另外一些则希望通过这种"明智"的投资获得回报。确定你身边是否有希望事情变得更好和更有效的重要人士，当他们想要变革或者提高时，你可以向他们提供创造性问题解决方法，获得使用创造性问题解决框架、语言或工具的机会。

（十）找一个安全的团队练习使用创造性问题解决

一个英国人学习了我们的课程之后，立即将她所学的内容用于解决团队的工作，因为这是一支积极进取的团队。他们对她学到的东西非常感兴趣，给她提供了练习新技能的安全氛围。如果你想在第一次使用创造性问题解决时与他人合作，最好组织一支5～7人的小团队，你觉得与他们在一起很舒服，他们会支持你的工作。有时候，在团队里分享一个工具并体验到小小的成功可以让你越来越成功。

（十一）与了解创造性问题解决的人组成小组

我们的一个学员非常幸运，他需要完成一个项目，并且项目组有一个得到我们认证的培训师。他们在了解双方共同的知识和技能后，就一起寻找成功运用创造性问题解决的机会。他们完成得非常好，项目的当事人很满意，要求他们继续完成下一个大项目，并且要求很多人过来听他的报告，很多人受到了创造性问题解决的培训。你可以在自己的朋友圈里与了解和用过创造性问题解决的人组成团队，这样在使用创造性问题解决时就可以获得支持。与了解创造性问题解决框架、语言和工具的人合作既能确保效率，又能让自己学到更多创造性问题解决的相关知识。

（十二）使用外面的专家以获得帮助

你可以联系我们获得帮助，也可以与自己组织内的不同单位、部门或职能部门的其他人合作。他们被称为"外面的专家"，当你的组织支持跨部门或跨领域的合作时，他们是最容易获取的资源。如果你的任务需要帮助，可以请外面了解创造性问题解决的人协助项目的开展。当你的任务需要使用创造性问题解决时，自己做任务的负责人或创造性问题解决的管理者会存在一定难度。外面的专家可以是非常有经验、训练有素的培训师，也可以是接受过创造性问题解决工具使用培训的人员，可以让他们帮助你开展项目。

六、 其他的资源

下面介绍的辅助材料将会对你非常有帮助，它们可以加深你对创造性问题解决的理解，也可以在你具体使用创造性问题解决的框架、语言和工具时提供帮助。

Treffinger，D. J.，Isaksen，S. G.，&Stead-Doral，K. B.（2006）. Creative problem solving：An introduction(4th ed.)Wacom，TX：Prufrock Press.

这本书简要介绍和概述了创造性问题解决的最新进展。它基于创造性问题解决在教育、商业和其他组织的广泛研究、发展和实践经验，也是工作坊、课程、培训项目或研讨会使用的极佳的入门教科书。你可以通过 www. creativelearning. com 和 www. prufrock. com 获得该书。

Isaksen，S. G.，Doral，K. B. ，& Treffinger，D. J.（2005）. Toolbox for creative problem solving：Basic tools and resources(3rd ed.). Orchard Park，NY：Creative Problem Solving Group，Inc.

"工具箱"的概念源于一个退休的美国空军喷气机飞行员，他看了我们的培训材料后说："你们应该制作一个检查表，就像我以前开飞机时用的那种。检查表可以总结我使用工具时需要做的事情。"因此，我们建立了这一资源。

《创造性问题解决工具箱》用来帮助人们发展创造性问题解决团队。它提供了 16 份可移动的工具册。每份小册子有四页纸，确定了使用工具的时间以及有效使用的关键步骤，提供了一系列修改具体工具的建议以及一个支持你使用工具的可重复工作单。工具册还包括生成思维和聚合思维的指导原则和帮助你选择和使用工具的模型。你会发现这本书对创造性问题解决的使用非常有价值。

Isaksen，S. G.（Ed.）.（2000）.Facilitative leadership：Making a difference with Creative Problem Solving（1st ed.）. Dubuque，IA：Kendall/Hunt Publishing.

支持性领导是一种聚焦于服务的领导类型——通过激发动机、共享承诺的方式，帮助、发展和增强他人的优势。该书分享了很多实际的建议和资源，将我们了解的支持性领导的信息集中在一起，告诉大家如何激发他人的创造性能力。它考察了在激励团队、管理团队动机、创设创造性氛围时，你可能面临的挑战。它还详细描述了创造性问题解决促进者技能，提供了一些有效使用的辅助方法。你会发现当你需要领导创造性问题解决或想给组织带来真正的改变时，这本书非常有价值。

Isaksen，S. G.，&Tidd，J.（2006）. Meeting the innovation challenge：Leadership for transformation and growth（1st ed）. Chichester，UK：Wiley.

这本书描述了成功使用创造性问题解决的核心系统，目的在于帮助领导或管理组织变革的领导者。本书全面介绍了如何领导和管理变革，并对如何将创造性问题解决应用于不同的组织中进行了概述。

CPS 101：A distance-Learning Module.

"创造性问题解决 101"远程学习课程，是用来提高各种实践者的创造、创新和促进技能的。CPSB 与 IBM 高管学习中心合作，开发了创造性问题解决 101。它为掌握创造性问题解决 6.1™的核心技能提供了多种机会，并介绍了可以用来增强你的促进能力的各种工具、方法和技术。你可以联系 CPSB（www. cpsb. com）。

七、 关于我们的组织

我们已经简要介绍过我们的两个组织。如果需要我们为您使用创造性解决问题提供服务，请与我们取得联系。

（一）创造性问题解决集团（CPSB）

CPSB 致力于提高组织员工的创造性才能，从而给企业带来丰硕的成果。我们将研究和开发活动结合起来，旨在给领导变革的企业顾问或项目主管提供一系列产品和服务，他们可以用其来满足顾客的需要，应对创新的挑战。

我们的团队有来自不同学科，如工业和组织心理学、认知心理学、组织领导学、社会学以及学习和教学等领域的顶级专家。这些学者通过科学研究，探索创造性、领导和变革的前沿知识，帮助我们解决顾客的问题。该团队也包括受过顶级培训的顾问和培训师。这些经过认证的实践者利用他们的知识和技能帮助你或者你的组织应对重大挑战。

如果你需要开发产品和服务、设计和开展组织变革、发展领导潜能或者提高创造性和问题解决技能，都可以和我们联系。我们会提供一系列服务和资源，帮助你释放组织内的创造性。

创造性问题解决集团

邮政信箱 648-6，大观小道

果园公园，纽约　14127

电话：（716）667-1324

传真：（716）667-6070

电子邮件：info@cpsb.com

网站：www.cpsb.com

(二) 创造性学习中心(CCL)

CCL 的基本宗旨是作为一个思想和信息的资源库，激励和培养人们的创新学习能力，让个体认识到并培养自己身上具有的特殊优势和才能。我们的创造性学习方法和创造性问题解决是建立在 40 多年的理论、科研和全球性学校与机构的实践基础之上的。我们提供了一系列图书、简报和培训师资源产品，涉及创造性学习、创造性问题解决、才能开发和学习风格等方面的内容。我们还提供聚焦于教育、宗教和其他非营利组织使用创造性问题解决的培训课程与咨询服务。

创造性学习中心

4921 灵伍德草甸

萨拉索塔，佛罗里达　34235

电话：(941)342-9928

传真：(941)342-0064

电子邮件：info@creativelearning. com

网址：www. creativelearning. com

八、 邀请

我们试图提供应用创造性问题解决达成目标所需的基本信息，让你对创造性问题解决有所了解，并有信心用好它。我们也总是对如何使用创造性问题解决的案例感兴趣，因此，如果你有新故事愿意分享，请与我们联系。但愿创造性问题解决的运用让你的生活和工作越来越美好。

(一) 访问我们的网站

如果你对相关的专业人士、我们的机构及其提供的服务感兴趣，可以访问我们的网站 www. cpsb. com 和 www. creativelearning. com 获取更多的信息，这两个网站有我们的定期简报，并提供大量可以下载的资源。

（二）课程培训

就我们所知，创造性问题解决 6.1™ 是创造性问题解决的最新版本。我们的团队以及国际认证组织都可以提供工作坊和培训课程，你可以通过参加培训班获得更多的创造性问题解决知识和技能。你可以登录网站 www. cpsb. com 获得更多"激发创造性潜能"线上服务的信息。

九、 将本章内容运用到工作中

本章有两个目的。第一，提供创造性问题解决的应用案例，让你知道如何将创造性问题解决的不同部分结合起来以获得成功。第二，提供有助于你更好掌握本书内容的建议和资源。

反思和行动

完成下列活动，以加深对本章内容的理解，并在真实情境中练习这些内容。如果你将本书作为一门课程或研究小组的内容，你可以先自己做，然后将你的答案与小组进行对比，或者与团队成员一起做。

第一，回顾你的个人、学术或者职业生涯，确定一些你想要解决的压力事件或机会。找出两个最适合和两个不适合使用创造性问题解决的潜在问题或者机会。对比这两类问题，并指出每类任务适合或不适合使用创造性问题解决的原因。

第二，思考你当前正在解决的问题，从中找出一个想法，使用 ALUo 法对这个想法进行完善。至少要找出 5～7 个优势、5～7 个缺陷以及 3～5 个独特之处。把其中最坏的缺陷找出来，并生成大量的、各异的和不寻常的克服每个缺陷的方法。完成之后，对照最初的想法，观察并解释 ALUo 法的作用，总结自己通过使用 ALUo 工具学到了什么，指出你完善想法时所采取的关键行动。

第三，从第一个活动中选择一个你有所有权的任务。对这个任务进行"任务评估"，判断它是否适合使用创造性问题解决。如果不合适的话，回到活动 1 的任务清单中，对另一个任务进行评估。重复这个过程，直到你找到适合使用创造性问题解决的任务为止。

确定任务后，根据创造性问题解决框架设计最合适的方法。找出你需要使用创造性问题解决的成分和阶段。运用成分、阶段、语言和工具分析和解决你的任务。将你使用创造性问题解决后的感想与他人分享，包括你的需求、满足需求的过程、应用的结果以及这些结果造成的影响。

第四，从身边找到一个需要帮助的人，他有需求、问题或挑战。将这个人看作你的潜在客户，将他的问题视为任务，按第三个活动系列再做一遍。

参考文献

Altshuller, G. (1996). *And suddenly the inventor appeared—TRIZ: The theory of inventive problem solving.* Worcester, MA: Technical Innovation Center.

Amabile, T. M. , & Gryskiewicz, S. S. (1988). Creative resources in the R & D laboratory: How environment and personality affect innovation. In R. L. Kuhn (Ed.), *Handbook for creative and innovative managers* (pp. 501-524). New York: McGraw-Hill.

Babij, B. (1999). A study in change: From bedsores to quality care. *Communiqué, 7,* 8-9.

Barker, J. A. (1990). *The power of vision.* Burnsville, MN: Charthouse Learning Corporation.

Basadur, M. (1994). *Simplex®: A flight to creativity.* Buffalo, NY: Creative Education Foundation.

Besemer, S. P. (1997). *Creative product analysis: The search for a valid model for understanding creativity and products. Unpublished doctoral dissertation,* University of Bergen, Norway.

Besemer, S. P. (2006). *Creating products in the age of design: How to improve your new product ideas.* Stillwater, OK: New Forums Press.

Besemer, S. P. , & O'Quin, K. (1987). Creative product analysis: Testing a model by developing a judging instrument. In S. G. Isaksen(Ed.), *Frontiers of creativity research: Beyond the basics*(pp. 341-379). Buffalo, NY: Bearly.

Besemer, S. P. , & O'Quin, K. (1993). Assessmg creative products: Progress and potentials. In S. G. Isaksen, M. C. Murdock, R. L. Firestien, & D. J. Treffinger (Eds.), *Nurturing and developing creativity: The emergence of a discipline*(pp. 331-349). Norwood, NJ: Ablex.

Besemer, S. P. , & O'Quin, K. (1999). Confirming the three-factor creative product analysis matrix model in an American sample. *Creativity Research Journal*, *12*, 287-296.

Besemer, S. P. , & TrefFmger, D. J. (1981). Analysis of creative products: Review and synthesis. *Journal of Creative Behavior*, *15*, 158-178.

Blanchard, K. (1985). *The situational leadership SLII model*. San Diego, CA: Blanchard Training and Development.

Boden, M. A. (1991). *The creative mind: Myths and mechanisms*. New York: Basic Books.

Bognar, R. , Guy, M. , Purifico, S. B. , Redmond, L. , Schoonmaker, J. , Schoonover, P. , et al. (2003). *Practical tools for creative and critical thinking: Applications for Destination ImagiNation®*. Glassboro, NJ: Destination ImagiNation.

Brae, G. (2002). *Six Sigma for managers*. New York: McGraw-Hill.

Burnside, R. M. , Amabile, T. M. , & Gryskiewicz, S. S. (1988). Assessing organizational climates for creativity and innovation: Methodological review of large company audits. In Y. Ijiri & R. L. Kuhn (Eds.), *New directions in creative and innovative management: Bridging theory and practice* (pp. 169-185). Cambridge, MA: Ballinger.

Carroll, J. B. (1993). *Human cognitive abilities: A survey of factor-analytic studies*. New York: Cambridge University Press.

Couger, J. D. (1995). *Creative problem solving and opportunity finding*. Danvers, MA: Boyd & Fraser.

Covey, S. R. (1989). *The seven habits of highly effective people*. New York: Simon & Schuster.

Davis, G. A. , & Roweton, W. E. (1968). Using idea checklists with college students: Overcoming resistance. *Journal of Psychology*, *70*, 221-226.

Davis, T. (2000). *Innovation and growth: A global perspective*. London: Pricewaterhouse Coopers.

DeBono, E. (1970). *Lateral thinking: A textbook of creativity*. Harmondsworth,

UK: Penguin.

DeBono, E. (1986). *Six thinking hats*. New York: Little, Brown.

Deming, W. E. (1986). *Out of the crisis*. Cambridge: MIT Press.

Dewey, J. (1933). *How we think: A restatement of the relation of reflective thinking to the educative process*. Lexington, MA: D. C. Heath.

Dietrich, A. (2007). Who's afraid of a cognitive neuroscience of creativity? *Methods*, *42*, 22-27.

Dorval, K. B., & Stead, S. (2000). New product development: Changing the rules of the game. *Communiqué*, *10*, 1-3.

Eberle, B. (1971). *Scamper*. Buffalo, NY: DOK (Reprinted in 1997 by Prufrock Press, Waco, TX).

Ekvall, G. (1983). *Climate, structure and innovativeness of organizations: A theoretical framework and an experiment*. Stockholm: The Swedish Council for Management and Organizational Behaviour.

Ekvall, G. (1987). The climate metaphor in organizational theory. In B. M. Bass & P. J. D. Drenth (Eds.), *Advances in organizational psychology: An international review* (pp. 177-190). Newbury Park, CA: Sage.

Ekvall, G., & Arvonen, J. (1984). *Leadership styles and organizational climate for creativity: Some findings in one company*. Stockholm: Swedish Council for Management and Organizational Behaviour.

Ekvall, G., Arvonen, J., & Waldenstrom-Lindblad, I. (1983). *Creative organizational climate: Construction and validation of a measuring instrument*. Stockholm: Swedish Council for Management and Organizational Behaviour.

Ekvall, G., & Tangeberg-Andersson, Y. (1986). Working climate and creativity: A study of an innovative newspaper office. *Journal of Creative Behavior*, *20*, 215-225.

Elliott, P. (1987). Knight's move: A new technique for stimulating creativity and innovation. *Creativity and Innovation Network*. *12*, 2-12.

Fobes, R. (1993). *The creative problem solver's toolbox*. Corvalis, OR:

Solutions Through Innovation. Foster, J. (1996). *How to get ideas*. San Francisco: Berrett-koehler.

Freeman, T., Wolfe, P., Littlejohn, B., & Mayfield, N. (2001). Measuring success: Survey shows how CPS impacts Indiana. *Communiqué*, *12*, 1-6.

Fritz, R. (1999). *The path of least resistance for managers: Designing organizations to succeed*. San Francisco: Berrett-Koehler.

Gardner, H. (1993). *Creating minds*. NewYork: Basic Books.

Geschka, H., Schaude, G., & Schlicksupp, H. (1973, August). Modern techniques for solving problems. *Chemical Engineering*, 91-97.

Ghiselin, B. (1952). (Ed.). *The creative process*. NewYork: New American Library.

Gryskiewicz, S. S. (1980). *A study of creative problem solving techniques in group settings*. Unpublished doctoral dissertation, University of London, UK.

Gryskiewicz, S. S. (1987). Predictable creativity. In S. G. Isaksen (Ed.), *Frontiers of creativity research: Beyond the basics* (pp. 305-313). Buffalo, NY: Bearly.

Gryskiewicz, S. S. (1988). Trial by fire in an industrial setting: A practical evaluation of three creative problem-solving techniques. In K. Gronhaug & G. Kaufmann (Eds.), *Innovation: A cross-disciplinary perspective* (pp. 205-232). Oslo, Norway: Norwegian University Press.

Gryskiewicz, S. S. (1999, December). *Positive turbulence: How to use creativity to manage change and sustain healthy organizations*. Paper presented at Fit for the Future: The Sixth European Conference on Creativity and Innovation, Lattrop, The Netherlands.

Guilford, J. P. (1977). *Way beyond the IQ*. Buffalo, NY: Bearly.

Hall, D. (1995). *Jump start your brain*. New York: Time-Warner.

Higgins, J. M. (1994). *101 creative problem-solving techniques*. Orlando, FL: New Management.

Isaksen, S. G. (1984). *Organizational and industrial innovation: Using critical and creative thinking. Paper presented at the Conference on Critical Thinking: An Interdisciplinary Appraisal sponsored by Kingsborough Community College, NewYork.

Isaksen, S. G. (1987). *Frontiers of creativity research: Beyond the basics.* Buffalo, NY: Bearly.

Isaksen, S. G. (1995). CPS: Linking creativity and problem solving. In G. Kaufmann, T. Helstrup, & K. H. Teigen (Eds.), *Problem solving and cognitive processes: A festschrift in honour of Kjell Raaheim* (pp. 145-181). Bergen-Sandviken, Norway: Fagbokforlaget Vigmostad & Bjorke AS.

Isaksen, S. G. (1998). *A review of brainstorming research: Six critical issues for inquiry* (Monograph No. 302). Orchard Park, NY: Creative Problem Solving Group-Buffalo.

Isaksen, S. G. (Ed.). (2000). *Facilitative leadership: Making a difference with creative problem solving.* Dubuque, IA: Kendall/Hunt.

Isaksen, S. G. (2004). The progress and potential of the creativity level-style distinction: Implications for research and practice. In W. Haukedal & B. Kuvas (Eds.), *Creativity and problem solving in the context of business management* (pp. 40-71). Bergen, Norway: Fagbokforlaget.

Isaksen, S. G. (2007). The climate for transformation: Lessons for leaders. *Creativity and Innovation Management, 16, 3-15.*

Isaksen, S. G. , & Akkermans, H. (2007). *An introduction to climate.* Orchard Park, NY: Creative Problem Solving Group.

Isaksen, S. G. , & DeSchryver, L. (2000). Making a difference with CPS: A summary of the evidence. In S. G. Isaksen (Ed.), *Facilitative leadership: Making a difference with creative problem solving* (pp. 187-249). Dubuque, IA: Kendall/Hunt.

Isaksen, S. G. , & Dorval, K. B. (1993). Changing views of Creative Problem Solving: Over 40 years of continuous improvement. *International Creativity Network Newsletter, 3(1), 1-4.*

Isaksen, S. G. , & Dorval, K. B. (2000). Facilitating Creative Problem Solving.

In S. G. Isaksen (Ed.), *Facilitative leadership: Making a difference with creative problem solving* (pp. 55-76). Dubuque, IA: Kendall/Hunt.

Isaksen, S. G. , Dorval, K. B. , Noller, R. B. , & Firestien, R. L. (1993). The dynamic nature of creative problem solving. In S. S. Gryskiewicz (Ed.), *Discovering creativity: Proceedings of the* 1992 *International Creativity and Networking Conference* (pp. 155-162). Greensboro, NC: Center for Creative Learning.

Isaksen, S. G. , Dorval, K. B. , & Treffinger, D. J. (1998). *Toolbox for creative problem solving: Basic tools and resources*. Williamsville, NY: Creative Problem Solving Group-Buffalo.

Isaksen, S. G. , Dorval, K. B. , & Treffinger, D. J. (2005). *Toolbox for creative problem solving: Basictools and resources* (2nd ed.). Orchard Park, NY: Creative Problem Solving Group.

Isaksen, S. G. , & Ekvall, G. (with Akkermans, H. , Wilson, G. V. , & Gaulin, J. P.). (2007). *Assessing the context for change: A technical manual for the SOQ—Enhancing performance of organizations, leaders and teams for over 50 years* (2nd ed.). Orchard Park, NY: Creative Problem Solving Group.

Isaksen, S. G. , & Gaulin, J. P. (2005). A re-examination of brainstorming research: Implications for research and practice. *Gifted Child Quarterly, 49,* 315-329.

Isaksen, S. G. , & Geuens, D. (2007). Exploring the relationships between an assessment of problem solving style and creative problem solving. *Korean Journal of Thinking and Problem Solving, 17,* 5-27.

Isaksen, S. G. , & Lauer, K. J. (2002). The climate for creativity and change in teams. *Creativity and Innovation Management Journal, 11,* 74-86.

Isaksen, S. G. , Lauer, K. J. , & Ekvall, G. (1999). Situational Outlook Questionnaire: A measure of the climate for creativity and change. *Psychological Reports, 85,* 665-674.

Isaksen, S. G. , Lauer, K. J. , Ekvall, G. , & Britz, A. (2001). Perceptions of the best and worst climates for creativity: Preliminary validation evidence for the Situational Outlook Questionnaire. *Creativity Research Journal*, *13*, 171-184.

Isaksen, S. G., Murdock, M. C., Firestien, R. L., & Treffinger, D. J. (1993). *Nurturing and developing creativity: The emergence of a discipline*. Norwood, NJ: Ablex.

Isaksen, S. G., & Shephard, W. J. (2008). *An introduction to facilitating Creative Problem Solving*. Orchard Park, NY: Creative Problem Solving Group.

Isaksen, S. G., Stein, M. I., Hills, D. A., & Gryskiewicz, S. S. (1984). A proposed model for the formulation of creativity research. *Journal of Creative Behavior*, *18*, 67-75.

Isaksen, S. G., & Tidd, J. (2006). *Meeting the innovation challenge: Leadership for transformation and growth*. Chichester, UK: Wiley.

Isaksen, S. G., & Treffinger, D. J. (1985). *Creative problem solving: The basic course*. Buffalo, NY: Bearly.

Isaksen, S. G., & Treffinger, D. J. (2004). Celebrating 50 years of reflective practice: Versions of creative problem solving. *Journal of Creative Behavior*, *38*, 75-101.

Isaksen, S. G., Treffinger, D. J., & Dorval, K. B. (1997). *The creative problem solving framework: An historical perspective* (Idea Capsules Report No. 9009). Sarasota, FL: Center for Creative Learning.

Jones, L. J. (1987). *The development and testing of a psychological instrument to measure barriers to effective problem solving*. Unpublished master's thesis, University of Manchester, UK.

Kanter, R. M. (1983). *The change masters: Innovation for productivity in the American corporation*. New York: Simon & Schuster.

Katzenbach, J. R., & Smith, D. K. (2003). *The wisdom of teams: Creating the high-performing organization*. NewYork: HarperCollins.

Kaufmann, G., Helstrup, T., & Teigen, K. H. (Eds.). (1995). *Problem* solving and cognitive processes: A festschrift in honour of Kjell Raaheim. Bergen-Sandviken, Norway: Fagbokforlaget Vigmostad & Bjorke AS.

Keller-Mathers, S., & Puccio, K. (2000). *Big tools for young thinkers*. Waco, TX: Prufrock Press.

Kepner, C. H., & Tregoe, B. B. (1981). *The new rational manager*. Princeton, NJ: Princeton Research Press.

Koestler, A. (1969). *The act of creation*. New York: Macmillan.

Kouzes, J., & Posner, B. (2007). *The leadership challenge* (4th ed.). San Francisco: Jossey-Bass.

Lewin, K., Lippitt, R., & White, R. K. (1939). Patterns of aggressive behavior in experimentally created " social climates. " *Journal of Social Psychology*, *10*, 271-299.

Littlejohn, W., & Mayfield, N. (2005). CPS in the classroom: Blumberg Center brings programs to students. *Communiqué*, *14*, 6-8.

Looks, K. (1994). Managing organizational change: How leading organizations are meeting the challenge. Cambridge, MA: Arthur D. Little.

MacKinnon, D. W. (1975). IPAR's contribution to the conceptualization and study of creativity. In I. A. Taylor & J. W. Getzels (Eds.), *Perspectives in creativity* (pp. 60-89). Chicago: Aldine.

MacKinnon, D. W. (1978). *In search of human effectiveness*. Buffalo, NY: Creative Education Foundation.

Magyari-Beck, I. (1993). Creatology: A potential paradigm for an emerging discipline. In S. G. Isaksen, M. C. Murdock, R. L. Firestien, & D. J. Treffinger (Eds.), *Understanding and recognizing creativity: The emergence of a discipline* (pp. 48-82). Norwood, NJ: Ablex.

McCluskey, K. W., Baker, P. A., O'Hagan, S. & Treffinger, D. J. (1995). *Lost prizes: Talent development and problem solving with at-risk students*. Sarasota, FL: Center for Creative Learning.

McCluskey, K. W., & Treffinger, D. J. (1998). Nurturing talented but troubled children and youth. *Reclaiming Children and Youth*, *6*, 215-219, 226.

McCluskey, K. W. , & Treffinger, D. J. (Eds.). (2002). *Enriching teaching and learning for talent development*. Sarasota, FL: Center for Creative Learning.

Michalko, M. (1998). *Cracking creativity: The secrets of creative genius*. Berkeley, CA: Ten Speed Press.

Mintzberg, H. (1994). The fall and rise of strategic planning. *Harvard Business Review*, *72*, 107-114.

Newell, A. , Shaw, J. C. , & Simon, H. A. (1962). The processes of creative thinking. In H. E. Gruber, G. Terell, & M. Wertheimer (Eds.), *Contemporary approaches to creative, thinking: A symposium held at the University of Colorado*(pp. 63-119). New York: Atherton.

Noller, R. B. (1979). *Scratching the surface of creative problem solving: A bird's eye view of CPS*. Buffalo, NY: DOK.

O'Quin, K. , & Besemer, S. P. (1989). The development, reliability, and validity of the Revised Creative Product Semantic Scale. *Creativity Research Journal*, *2*, 267-278.

Osborn, A. F. (1942). *How to think up*. New York: McGraw-Hill.

Osborn, A. F. (1953). *Applied imagination: Principles and procedures for creative thinking*. NewYork: Scribner.

Parnes, S. J. (1961). Effects of extended effort in creative problem solving. *Journal of Educational Psychology*, *52*, 117-122.

Parnes, S. J. (Ed.). (1992). *Sourcebook for creative problem solving: A fifty-year digest of proven innovation processes*. Buffalo, NY: Creative Education Press.

Parnes, S. J. , Noller, R. B. , & Biondi, A. M. (1977). *Guide to creative action*. New York: Scribner.

Pasmore, W. A. (1988). *Designing effective organizations: The socio-technical systems perspective*. New York: Wiley.

Perkins, D. N. (1981). *The mind's best work: A new psychology of creative thinking*. Cambridge, MA: Harvard University Press.

Place, D. , McCluskey, K. W. , McCluskey, A. , & Treffinger, D. J. (2000). The Second Chance Project: Creative approaches to developing the talents of at-risk native inmates. *Journal of Creative Behavior*, *34*, 165-174.

Prajogo, D. I. , & Ahmed, P. K. (2006). Relationships between innovation stimulus, innovation capacity, and innovation performance. *R&D Management*, *36*, 499-515.

Puccio, G. J. , & Murdock, M. C. (1999). *Creativity assessment: Readings and resources*. Buffalo, NY: Creative Education Foundation Press.

Puccio, G. J. , Murdock, M. C. , & Mance, M. (2007). *Creative leadership: Skills that drive change*. Thousand Oaks, CA: Sage.

Raudsepp, E. (1988). Creative climate checklist: 101 Ideas. In R. L. Kuhn (Ed.), *Handbook for creative and innovative managers* (pp. 173-182). New York: McGraw-Hill.

Ray, D. W. , & Wiley, B. L. (1985). How to be an idea generator. *Training and Development Journal*, *39*, 44-47.

Reid, D. , & Dorval, B. (1996). CPSB tips the scales in Indiana. *Communiqué*, *2*, 5-7.

Rhodes, M. (1961). An analysis of creativity. *Phi Delta Kappan*, *42*, 305-310.

Rogers, E. M. (1995). *Diffusion of innovations* (4th ed.). New York: Free Press.

Rothenberg, A. (1971). The process of Janusian thinking in creativity. *Archives of General Psychiatry* 24, 195-205.

Rothenberg, A. (1979). The emerging goddess: *The creative process in art, science and other fields*. Chicago: University of Chicago Press.

Rothenberg, A. (1996). The Janusian process in scientific creativity. *Creativity Research Journal*, 9, 207-231.

Rothenberg, A. (1998). *The creative process in psychotherapy*. New York: Norton.

Rothenberg, A. (1999). Janusian process. In M. Runco & S. R. Pritzker (Eds.), *Encyclopedia of creativity* (Vol. 2, pp. 103-108). New York: Academic

Press.

Rothenberg, A. , & Hausman, C. R. (Eds.). (1976). *The creativity question.* Durham, NC: Duke University Press.

Selby, E. Treffinger, D. , & Isaksen, S. (2002). *VIEW: An assessment of problem solving style.* Sarasota, FL. Center for Creative Learning.

Selby, E. C. , Tre ffinger, D. J. , Isaksen, S. G. , & Lauer, K. J. (2004). Defining and assessing problem-solving style: Design and development of new tool. *The Journal of Creative Behavior*, 38, 221-243.

Selby, E. C. , Treffinger, D. J. , & Isaksen, S. G. (2007a). *VIEW: An assessment of problem solving style: Technical manual* (2nd ed.). Sarasota, FL: Center for Creative Learning.

Selby, E. C. , Treffinger, D. J. , & Isaksen, S. G. (2007b). *VIEW: Facilitator's guide* (2nd ed.). Sarasota, FL: Center for Creative Learning.

Service, R. W. , & Boockholdt, J. L. (1998). Factors leading to innovation: A study of managers' perspectives. *Creativity Research Journal*, 11, 295-307.

Spearman, C. (1931). *The creative mind.* New York: D. Appleton.

Spitzer, Q. , & Evans, R. (1997). *Heads you win: How the best companies think.* NewYork: Simon & Schuster.

Stead, S. , & Dorval, K. B. (2001). Master Blaster: The power of the evaluation matrix. *Communiqué*, 11, 24-27.

Stevens, G. A. , & Burley, J. (1997). 3000 raw ideas equal one commercial success. *Research Technology Management*, 40, 16-27.

Straker, D. , & Rawlinson, G. (2003). *How to invent almost anything.* London: Spiro Press.

Taffinder, P. (1998). *Big change: A route-map for corporate transformation.* New York: Wiley.

Thomson, K. (2000). *Emotional capital Maximising the intangible assets at the heart of brand and business success.* Oxford, UK: Capstone.

Torrance, E. P. (1979). *The search for satori and creativity.* Buffalo, NY: Creative Education Foundation & Creative Synergetic Associates.

Treffinger, D. J. (1992). Searching for success zones! *International Creativity Network Newsletter*, *2*(1), 1-2, 7.

Treffinger, D. J. (1996). *Creativity, creative thinking, and critical thinking: In search of definitions.* Sarasota, FL: Center for Creative Learning.

Treffinger, D. J. (2000). Understanding the history of CPS. In S. G. Isaksen (Ed.), *Facilitative leadership: Making a difference with CPS* (pp. 35-53). Dubuque, IA: Kendall/Hunt.

Treffinger, D. J. (2008, Summer). Preparing creative and critical thinkers. *Educational Leadership.* Retrieved July 24, 2009, from http://www. ascd. org/publications/educational_leadership/summer08/v0165/num09/Preparing_Creative_and_Critical_Thinkers. aspx.

Treffinger, D. J., & Isaksen, S. G. (2005). Creative Problem Solving: History, development, and implications for gifted education and talent development. *Gifted Child Quarterly*, *49*(4), 342-353.

Treffinger, D. J., Isaksen, S. G., & Firestien, R. L. (1982). *Handbook of creative learning.* Williamsville, NY: Center for Creative Learning.

Treffinger, D. J., Isaksen, S. G., & Stead-Dorval, K. B. (2006). *Creative problem solving: An introduction.* Waco, TX: Prufrock Press.

Treffinger, D. J., Isaksen, S. G., & Young, G. C. (1998). Brainstorming: Myths and realities. *National Inventive Thinking Association Newsletter*, 1-3.

Treffinger, D. J., & Nassab, C. A. (2000). *Thinking tool lessons.* Waco, TX: Prufrock Press.

Treffinger, D. J., & Nassab, C. A. (2005). *Thinking tool guides* (Rev. ed.). Sarasota, FL: Center for Creative Learning.

Treffinger, D. J., Nassab, C. V., Schoonover, P. F., Selby, E. C., Shepardson, C. A., Wittig, C. V., et al. (2006). *The Creative Problem Solving kit.* Waco, TX: Prufrock Press.

Treffinger, D. J., Selby, E. C., & Isaksen, S. G. (2008). Understanding individual problem-solving style: A key to learning and applying creative problem solving. *Learning and Individual Differences*, *18*, 390-401.

Treffinger, D. J. , Selby, E. C. , Isaksen, S. G. , & Crumel, J. H. (2007). *An introduction to problemsolving style*. Sarasota, FL: Center for Creative Learning.

Treffinger, D. J. , Young, G. C. , Selby, E. C. , & Shepardson, C. (2002). *Assessing creativity: A guide for educators*. Storrs, CT: National Research Center on the Gifted and Talented.

VanGundy, A. B. (1992). *Idea power: Techniques and resources to unleash the creativity in your organization*. New York: AMACOM.

VanGundy, A. G. (1984). How to establish a creative climate in the work group. *Management Review*, *73*, 24-38.

Van Leeuwen, M. , & Terhürne, H. (2002). *Innovation by creativity: 50 tools for solving problems creatively*. Dordrecht, The Netherlands: Kluwer.

Wallas, G. (1926). *The art of thought*. New York: Franklin Watts.

Ward, T. B. (2004). Cognition, creativity, and entrepreneurship. *Journal of Business Venturing*, *19*, 173-188.

Ward, T. B. (2007). Creative cognition as a window on creativity. *Methods*, *42*, 28-37.

Welsch, P. K. (1980). *The nurturance of creative behavior in educational environments: A comprehensive curriculum approach*. Unpublished doctoral dissertation, University of Michigan.

Wertheimer, M. (1945). *Productive thinking*. Chicago: University of Chicago Press.

Witt, L. A. , & Beorkrem, M. N. (1989). Climate for creative productivity as a predictor of research usefulness and organizational effectiveness in an R & D organization. *Creativity Research Journal*, *2*, 30-40.

Womack, J. , & Jones, D. (1996). *Lean thinking*. London: Simon & Schuster.

术语表

exploring data 探寻数据

F

feeling 感受

focus 聚焦

forced fitting 强制匹配

forcing relationships 强制联结法

formula for change 变革方程

frame 框架结构

framework 模式

framing problems 描述问题

freewheel 自由驰骋

G

generate 生成

generating ideas 产生想法

H

heartbeat 脉动

highlighting 突出亮点

hot spots 热点

How am I creative? 我是如何表现创造性的?

How creative am I? 我有多高的创造性?

How to...? H2...? 如何做……

How might...? HM...? 可能会如何……

I

imagination 想象力

imagery trek 想象跋涉

impressions 印象

influence 影响力

information 信息

initiative 工程

innovation 创新

interest 兴趣

J

janusian think 两面神思维

K

knowledge 知识

L

ladder of abstraction 抽象阶梯

level 范围水平

leverage 杠杆作用

leverage point 杠杆点

M

madness 神叨

magic 神奇

management component 管理成分

manner of processing 加工方式

mission 使命

model of organizational Change 组织变革模型

morphological matrix 形态矩阵法

musts/wants 必须/想要

transactional change 事务型的变革

transformational change 转换型变革

U

understanding the challenge 理解挑战

use affirmative judgment 肯定性评判

usefulness 有用性

V

vission 愿景

visually identifying relationships（VIR）形象化地找出关系

W

ways of deciding 决策方式

Who，What，Where，When，Why，How 5W1H 六何法

willingness 意愿

Wouldn't it be awful if...? WIBAI...? 如果……不是更糟吗?

Wouldn't it be nice if...? WIBNI...? 如果……不是更好吗?